海洋浅表层天然气水合物成矿特征及探测技术

孙治雷　李　清　吴能友　等 编著

海洋出版社
2023年·北京

图书在版编目（CIP）数据

海洋浅表层天然气水合物成矿特征及探测技术 / 孙治雷等编著. — 北京 : 海洋出版社, 2023.10
ISBN 978-7-5210-1152-4

Ⅰ. ①海… Ⅱ. ①孙… Ⅲ. ①海洋－天然气水合物－成矿特征②海洋－天然气水合物－探测 Ⅳ. ①TE5

中国国家版本馆CIP数据核字(2023)第150540号

策划编辑：江 波
责任编辑：刘 玥 江 波
责任印制：安 淼

海洋出版社 出版发行
http://www.oceanpress.com.cn
北京市海淀区大慧寺路 8 号 邮编：100081
鸿博昊天科技有限公司印刷 新华书店经销
2023年10月第1版 2023年10月第1次印刷
开本：787 mm × 1092 mm 1 / 16 印张：19.5
字数：406千字 定价：248.00元
发行部：010-62100090 总编室：010-62100034

《海洋浅表层天然气水合物成矿特征及探测技术》编委会

序　言

天然气水合物是资源量丰富的高效清洁能源，主要赋存于全球海洋沉积物中。它既可以替代化石燃料，有力地保障国家能源安全，又可以推动海洋矿产资源探测技术发展，支撑海洋强国建设，对占领全球海洋科技竞争制高点和推动经济社会高质量发展意义重大。随着2017年我国海域水合物试采成功和2020年试采创造了“产气总量”和“日均产气量”两项世界纪录，我国成功地实现从“探索性试采”向“试验性试采”的阶段性跨越，已经在全球水合物资源开发领域实现了领跑，为实现产业化开发迈进了关键的一大步。

浅表层水合物通常位于海底之上或接近海底的浅层沉积物内，具有饱和度高、易开发等优势，目前，在世界各大海域均有发现。随着勘探开发的逐步深入，继中深层扩散型水合物之后，浅表层水合物资源业已成为水合物产业化开发的另一重点目标；另外，浅表层水合物受赋存位置的限制通常处于亚稳定状态，是海底碳循环最为活跃的碳储之一。调查发现，全球多个海域因浅表层水合物动态活动造成的甲烷羽状流数量已经达到十万级以上，这些浅表层水合物赋存区既支撑了极端生物群落的生长，又潜在地造成了一系列环境问题，甚至引发严重的地质灾害，是目前海洋科学研究的热点和前沿。

目前，浅表层水合物引起了社会和各国政府的高度重视。日本从2013年开始针对浅表层水合物（其所谓“表层型水合物”）设立了专门的项目开展勘查和资源量评价，在2018年修订的《海洋基本法》中确定继续对表层型水合物的采收和生产技术开展研究，明显加快了浅表层水合物的研究和开发的脚步。我国在此领域的工作基本和日本同步，全球目前也只有我国和日本在浅表层水合物调查研究和开发方面有国家级计划。但由于浅表层水合物作为一种新型的水合物引起注意的时间并不长，在成藏机理、资源评价和环境效应研究等方面相对薄弱，其调查研究也仍沿袭中深层水合物甚至海洋石油地质的通常手段，缺乏针对性和有效性。有鉴于此，本书内容重点放在研究全球典型海域浅表层水合物的特征，归纳适用于浅表层水合物的调查技术，列举浅表层水合物地球物理特征、生物地球化学特征和地质环境特征等，探讨成藏模式，最终进行浅表层水合物环境效应和资源量评价。据目前掌握的信息，本书是第一本专门针对浅表层水合物的著作，希冀从发现的科学事实出发，以翔实的数据和生动的实例为读者揭示浅表层水合物的成因机制和探测评价方法，最终为我国的水合物产业化打下坚实的理论研究基础。

本书编写团队来自中国地质调查局青岛海洋地质研究所。该团队长期从事水合物资源调查、环境评价和相关的研究工作，在野外调查方面经验丰富，也具有突出的科研创新能力。团队坚持以习近平新时代中国特色社会主义思想为指导，矢志摸清我国海域浅表层水合物资源家底，实践其所信，励行其所知。近年来，已组织实施逾20个独立航次，对我国重点海域水合物资源家底进行了系统调查，并开展成藏机理研究与资源量评价，取得了一系列调查和科研的突破。值得一提的是，该团队在浅表层水合物的调查研究方面创新性地形成了一整套理论、技术和评价方法，并进行了大量实践，先后在我国海域发现多个浅表层水合物富集区，实施了多次精细探测和原位监测，获得了大量创新性认识，这也是本书的一个重要编写基础。

本书专门围绕海洋浅表层水合物进行系统论述，内容翔实，针对性强，编者衷心地希望能对相关专业的学生及科研工作者提供参考并具备一定的启发价值。

前 言

天然气水合物（以下简称“水合物”，但在需要区别“人工合成”或“人为来源”水合物以及意义有可能发生混淆的部分，仍以“天然气水合物”术语叙述）是资源量丰富的高质量清洁能源，具有接替煤炭、石油和天然气的良好潜力，其产业化开发利用是强化国家深海战略科技力量的重要前沿领域，对保障国家能源安全，引领促进海洋经济高质量发展，加快海洋强国建设具有重要的战略意义和现实意义。

当前，全球已有30多个国家和地区开展了水合物的调查研究工作，其中美国、日本等发达国家与我国在水合物产业化领域形成了激烈竞争的态势。早在1969年，苏联在西伯利亚的麦索亚哈气田就进行了商业化开采，14年总采气$50.17\times10^{8}\ m^{3}$。从20世纪80年代起，美国、日本、加拿大等国家相继开展了海域水合物调查研究。随着调查程度的加深、调查精度的提高，勘探海域范围逐步扩展，近年来，已经进入到水合物试采阶段，商业化开发已经提上计划日程。如美国于2019年制定了天然气水合物2035年路线图，计划于2025年在大西洋和太平洋进行勘探，2025—2035年在墨西哥湾实施海域试采；日本也于2019年宣称将于2027年前启动商业化开发；欧洲科技合作组织早在2015年就实施了为期5年的水合物合作研究项目，目前已经进入第二阶段，主要瞄准资源评价、生产和监测技术，试图使欧洲成为水合物开发领域的领导者。

我国从20世纪90年代末开始，在南海北部开展了十余年海洋水合物资源调查工作，并于2017年5月成功实施我国海洋水合物首轮试采，2020年3月又成功实施了第二轮试采，实现了从“探索性试采”向“试验性试采”的重大跨越，迈出水合物产业化进程中极为关键的一步。这两轮海域水合物试采，创造了“产气总量”和“日均产气量”两项世界纪录，打破了我国在能源勘查开发领域长期跟跑的局面，实现了世界上分布最广、开采难度最大的泥质粉砂储层类水合物首次成功试采。

现阶段，我国海域水合物主要试采区位于南海神狐海域，所产气体来自海底以下200～300 m沉积物中赋存的中、深层扩散型水合物（以下简称“中深层水合物”），目前，世界各国的试采工作也均瞄准此类水合物。但事实上，随着调查研究的发展，海底及浅表层沉积物内赋存的水合物（以下简称“浅表层水合物”）因其独特的优势也逐渐成为勘探开发关注的重要对象。我国周边海域的浅表层水合物资源与中深层水合物同样发育。如琼东南海域海马冷泉内的浅表层水合物的赋存深度仅为海底以下0.15 m，东沙海域发现的浅表层水合物赋存深度为海底以下8 ~ 30 m，台湾西南海域钻遇水合物的深度为海底以下20 m以浅，而东海海底多处高通量甲烷渗漏主要位于1 ~ 54 m的沉积层内。相比于中深层扩散型水合物，浅表层水合物埋深浅、局部资源聚集量大、饱和度高、易于开采，已经逐步成为水合物资源勘探中不可忽视的目标矿体。

海底浅表层水合物一般位于被动大陆边缘陆坡区域或者主动大陆边缘的逆冲褶皱带等构造活跃区域。由于其矿体上缘通常处于稳定和不稳定过渡状态，对构造活动、海平面变化甚至潮汐胁迫影响都十分敏感。通常而言，海洋水合物可被视作一个不稳定的碳库，而浅表层水合物则是其中最不稳定的部分。由于这种水合物一般发育于沉积物—水界面的位置及其附近，对外界环境的微小波动都可能发生明显的反馈，释放出甲烷，因此，浅表层水合物不仅是海底潜在地质灾害来源因素之一，也对全球海洋环境甚至气候变化具有潜在的影响。值得一提的是，浅表层水合物系统内相对活跃的流体支撑了繁盛的海底冷泉生态系统，使其成为探索极端生命科学问题的极佳窗口。因此，无论从资源、环境方面，还是从科学研究的角度看，海底浅表层水合物都是海洋科学、能源资源、生命科学等方向调查研究的重点对象，理应得到更多的关注。

海洋中的中深层水合物的形成以扩散性的流体流动为主，而浅表层水合物的形成则主要受集中流的对流和喷发活动支撑。目前，相比于调查研究程度日趋成熟的中深层水合物，浅表层水合物在勘查、评价、开采及环境效应研究方面仍存在许多亟须解决的问题。首先，浅表层水合物成藏机理与扩散型水合物具有明显不同，其全球分布、基础物性、成藏模式、控制因素等基础问题的研究仍相当薄弱，直接影响了后续开发利用进程；其次，现有的水合物资源勘查方法技术体系主要是瞄准中深层水合物建立的，而对于浅表层水合物的识别、矿体的精细刻画、成藏模式的表征、疏导体系的识别和资源量评价都存在诸多不足，尚缺乏有针对性的资源勘探和评价技术体系。总体上看，海洋浅表层水合物的调查装备与技术研发仍处于起步阶段，迫切需要建立一整套有针对性的调查方法、技术装备和资料处理体系。

本书作为国内第一本专门以海洋浅表层水合物为主要对象的专著，融入了许多最新调查研究工作内容，也是对我们这样一支专业从事海洋水合物调查研究团队前期工作认识的总结。本团队长期从事海域水合物资源与环境效应、海底极端生物生态调查研究以及相关的深海探测技术装备研发，从2011年起，依托“127工程”开展了海域水合物资源勘查及环境效应专项调查，13年时间累计承担水合物资源勘查专项8项，开展海域水合物调查逾20个航次，累计海上作业超过900天，自主研发了一系列深海矿产资源探测装备和技术，在我国多处重点海域对水合物资源和环境开展了全方位调查和充分的科学研究，取得了较好的成效，已经具备了开展海域水合物产业化调查的突出能力与丰富经验。同时，十余年来，我们主要的调查对象以浅表层水合物为主，并且在前期也取得了一系列重要进展，可以说本书是我们长期从事深海资源勘探和环境调查成果的升华。

本书是集体智慧的结晶，其中前言由孙治雷和耿威编写；第1章“天然气水合物概况”由孙治雷、耿威、吴能友、张侠和徐思南编写；第2章“浅表层水合物调查技术”由闫桂京、张喜林、董刚和曹又文编写；第3章“浅表层水合物赋存的地球物理特征”由骆迪、张栋和秦双双编写；第4章“浅表层水合物赋存的生物地球化学特征”由徐翠玲、曹红、陈烨和吴能友编写；第5章“浅表层水合物赋存的地质特征”由李清、翟滨和辛友志编写；第6章“浅表层水合物成藏体系”由李昂、董刚和吕泰衡编写；第7章“浅表层天然气水合物环境效应评价体系”由耿威和刘子琪编写；第8章“浅表层水合物资源评价体系及开采潜力”由孙运宝、耿威和周渝程编写。全书由李清和翟滨统稿。

本书的出版得到了国家自然科学基金面上项目“海洋‘甲烷拦截带’对冷泉流体的消耗研究：来自南海东沙海域的观测与模拟（42176057）”、国家自然科学基金重点项目“冲绳海槽海底冷泉—热液系统相互作用及资源效应（91858208）”、崂山实验室“十四五”重大项目课题“适于海底水合物资源探测的爬行车作业平台研制（LSKJ202203504）”和“西太典型边缘海盆地水合物运聚成藏过程研究（LSKJ202203501）”、国家重点研发计划课题“冷泉系统发育的地质条件及控制作用（2018YFC0310001）”、中国地质调查局海洋地质调查二级项目“重点海域中北部海洋区域地质调查（DD20230402）”的联合支持。

当前，全球经济迅猛发展，降低碳排放成为环境保护的首要任务，我国力争2030年前实现碳达峰、2060年前实现碳中和，天然气水合物的合理开发利用可以平衡能源需求与减少碳排放之间的关系，是实现这一重大战略决策的重要方式之一，事关中华民族永续发展和构建人类命运共同体。虽然海洋浅表层水合物调查研究刚刚起步，但已经显露出良好的开发前景，是未来水合物产业化不可或缺的重要对象，日本也已于2013年率先将其列为重点调查目标。在此形势下，我们想借本书的编著抛砖引玉，一方面通过本书加强与同行们的交流，共同呼吁深海资源开发进程中对浅表层水合物的重视，共同为我国开发利用新型清洁能源、有效落实2030年前碳达峰行动方案、加快建设海洋强国等方面开展实际工作；另一方面也希冀为海洋、地质、能源等相关专业的工作者和学生提供关于浅表层水合物的参考资料，把薪助火，为加快我国建设海洋强国、尽快实现能源结构调整储备必要的人才资源。

海洋浅表层水合物属于自然界存在的天然气水合物中的一种类型，仅是海洋资源中的沧海一粟，但仍是地质、地球物理、地球化学、生物生态、大气水文等多学科交叉的研究对象。囿于作者水平和当前的调查研究进程，我们在对浅表层水合物的理解上依然浅见寡识，不免管窥蠡测之见，也有“挂一漏万”之虞，文中错讹和疏漏在所难免，恳请读者批评指正！

目 录

天然气水合物是由天然气中的小分子气体（如甲烷、乙烷等）在一定的温度、压力条件下和水作用生成的笼形结构冰状晶体（Giavarini and Hester, 2011；Schulz and Zabel, 2006）。因其遇火即可燃烧，故经常被形象地称为“可燃冰”。天然气水合物属于气体水合物，是一种由气体和水分子组成的非化学计量性笼形包含物的化合物，又被称作笼形水合物（Clathrate Hydrate）。由于其燃烧只产生二氧化碳和水，并且拥有巨大的资源量，因此，天然气水合物成为21世纪最有希望接替常规油气的清洁能源（刘玉山等，2012；蔡峰等，2020），得到了世界各国的高度重视，目前已进入产业化开发阶段。

本章将从天然气水合物发现与研究历史、晶体结构、形成分布和成藏模式进行概述，然后落实到浅表层水合物的研究现状、意义、特征之上，最后以全球范围内已经发现的典型浅表层水合物为实例对其自然产状和发育特征进行介绍。

1.1 水合物研究历史沿革及主要国家产业化进程简述

早在1810年，英国科学家Humphrey Davy在实验室里配制并测定了氯化物水合物$Cl_2 \cdot 10H_2O$（Davy，1811），揭开了人类对气体水合物的研究序幕。在此后的100多年里，尽管科学家又发现和配制出了包括甲烷水合物在内的几十种气体水合物，也探索了测定水合物成分的技术方法，但总的来说，受限于当时的科学水平，该时期的探索研究尚未触及气体水合物属于笼形包含物这一本质。1934年，美国科学家首次在油气运输管道中发现了一种白色结晶物，当时被称为“堵塞物”，实际上，这种结晶物就是（含微量水的）天然气与水在低温下相互作用形成的天然气水合物，因此，当时的科学家将其称为“人造天然气水合物”。

由于这种人造天然气水合物对天然气的开发和传输工程造成了重大影响，就必须彻底查明其形成和分解的机制，并研究阻止气体水合物形成的化学抑制剂。因此，从20世纪40年代到20世纪70年代，各国科学家对气体水合物的物理化学性质、形成和分解的条件、气体水合物的晶体结构以及相平衡热力学等进行了广泛研究，使科技界对气体水合物有了全面和深入的认识。1965年，苏联地质学家在西伯利亚北部永久冻土带的麦索亚哈（Messoyakha）油气田的钻孔中首次发现了天然形成的水合物，引起了各国科学家的关注（Makogon，1965），极大地激发和推动了全球对水合物的研究和开发。1972年，美国在阿拉斯加北部西布鲁德霍湾钻井的岩芯中发现了水合物，1974年，美国Stoll等科学家在美国东海岸大陆边缘进行的地震地球物理调查中发现了“似海底反射层（Bottom Simulating Reflectors，BSR）”，并初步证明了BSR与水合物有关（Stoll等，1974）。此后，美国发起了国际深海钻探计划和大洋钻探计划，制订了对海洋水合物进行全面系统的勘查评估计划，先后实施了一系列调查工作，相继发现并确证了海域水合物的存在。

1998年，美国参议院能源委员会通过了“天然气水合物研究与资源开发计划”，水合物进入了开采时代。截至目前，已于加拿大麦肯齐三角洲、美国阿拉斯加北坡、日本南海海槽、我国祁连山冻土带和南海神狐海域先后进行了试开采工作。其中，2017年和2020年，我国在神狐海域成功地实施了两轮试开采，创下了“产气总量$86.14\times10^4\ m^3$，日均产气量$2.87\times10^4\ m^3$”的世界纪录（叶建良等，2020），实现了从“探索性试采”向“试验性试采”的重大跨越，向产业化迈出了极为关键的一步。

当前，世界范围内天然气水合物商业化开发进程逐步加快，以美国、日本为首的发达国家相继加快了相关技术研发的发展步伐，先后发布了商业化开发路线图。其中，日本于2019年2月新修订了《海洋能源和矿产资源开发计划》，针对研究的现状和存在的问题，明确了下一阶段的开发目标及实现路径、必要的技术研发、推进方式等，制定了未来5～10 年的研发路线图（图1-1），争取2027年前启动以民营企业为主导的商业化开发项目。在该阶段，砂层型水合物是日本海域水合物商业化开发的目标资源，但是针对表层型水合物（对应于本书的“浅表层水合物”）的研究仍处于基础研究和资源勘查阶段。日本提出将于2023—2027年择机试采，并推动实现2030年对表层型水合物的商业化生产目标。2019年，日本成立了由30余家单位组成的MH21-S研究联盟，开始实施以商业化为目标的新一轮水合物国家研发计划。

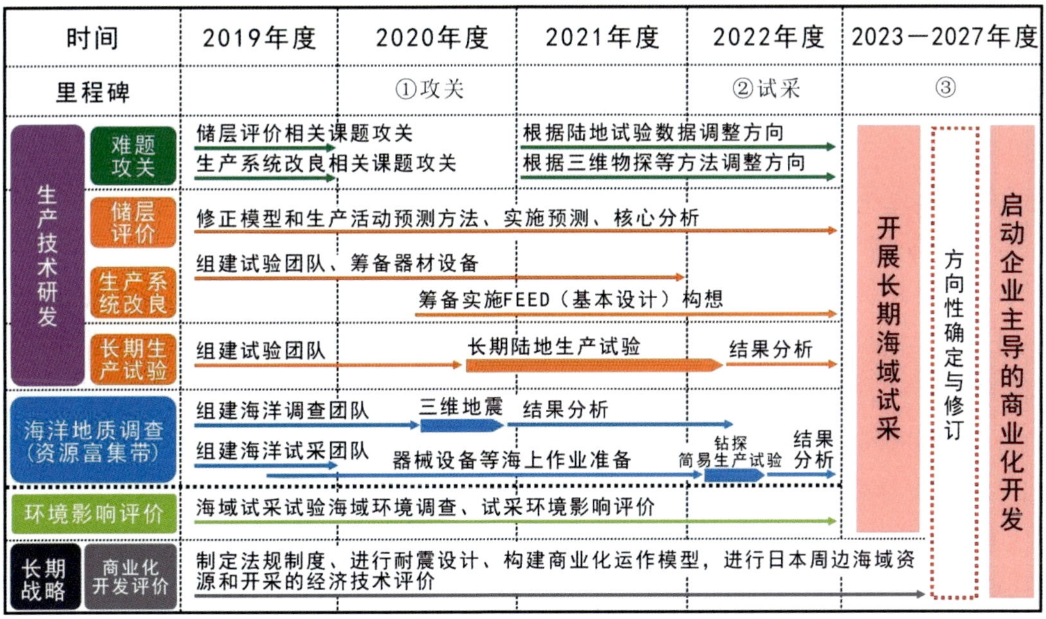

图1-1　日本天然气水合物2019—2027年研发路线（张涛等，2021）

美国能源部（DOE）天然气水合物咨询委员会于2019年制定了水合物2035年研发路线图（图1-2），确定了保持稳定持续投入的方针。未来，美国将扩大资源勘探范围，计划于2025年在大西洋和太平洋进行勘探，2025—2035年在墨西哥湾实施海域试采。这是继2006年和2013年后，美国发布的第3版水合物研发路线图。相比于2013年版路线图，最新发布的路线图将水合物研发周期从2015—2030年调整到2020—2035年，提出了近期和远期的两大目标：一是2022年在北极北坡完成水合物长期储层响应测试；二是到2035年，通过证明生产的可持续性和经济可行性，降低水合物开采的商业风险，并确保开采井的完整性。

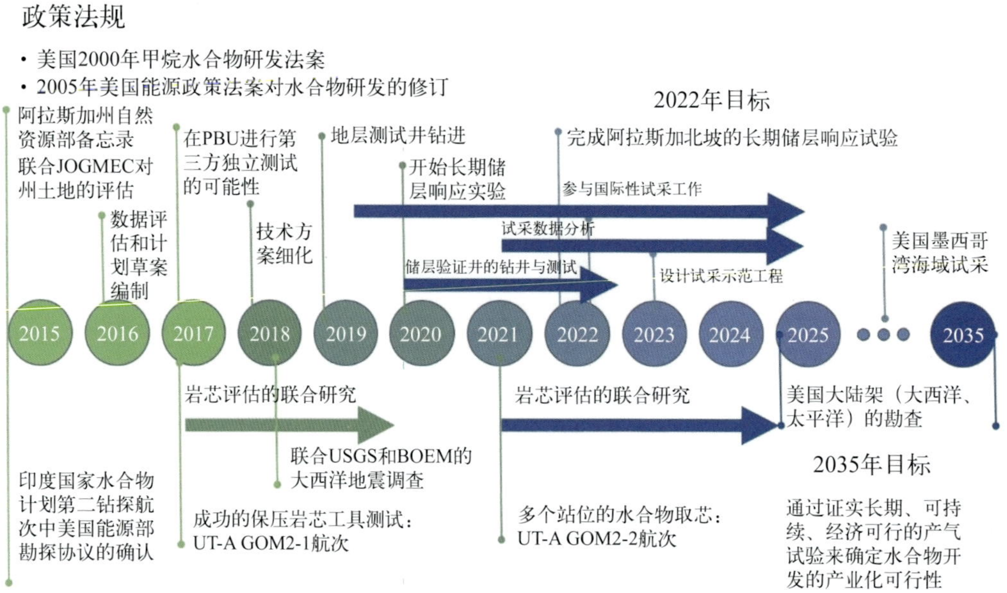

图1-2　美国天然气水合物2019—2035年研发路线（张炜和邵明娟，2019）

中国一贯高度重视水合物的开发和利用，并将规模化开发海洋水合物作为中国能源发展的重大战略之一。国家《能源发展战略行动计划》提出加大水合物勘探开发技术攻关力度，积极推进试采工程；国家《能源技术革命创新行动计划》提出突破水合物勘探开发关键技术，开展先导钻探和试采试验。2017 年11 月，原国土资源部宣布水合物获批成为中国第173个新矿种。随着“双碳”目标以及“搁置争议、共同开发”双轨维权的推进，水合物的规模化开发将迎来最佳历史发展机遇。据初步估计，在常规气供给缺乏弹性、非常规气增产有限的条件下，若实现水合物规模化开发，2035年可增加天然气产量超过800×10^8 m^3，这将使我国天然气的对外依存度大幅度降低，有助于改变当前的能源供给格局，有效改善能源消费结构。

目前，结合国内外深海水合物试采现状、国家能源需求与资源禀赋、水合物发展方向，我国也有学者提出2020—2035年海洋水合物开发理论与技术路线图（图1-3），供政府参考。按照该规划，未来将联合国内优势力量，启动“深海水合物—浅层气—油气一体化勘探开发”重大科技工程，以实现深海水合物规模开发为目标，技术经济可采为攻关方向，统筹部署、分步实施：① 2022—2025年，探索南海先导试验区成藏机制和资源评价方法，建立综合勘查技术装备体系，实现钻探取样、在线测试装备国产化，形成稳定的试采工艺、防砂工艺、流动安全保障工艺，实现水合物和常规气合采。② 2026—2030年，锁定南海先导示范区水合物及常规气富集区，实现井下机具（如电潜泵）等国产化，完善固态流化和降压法联合试采技术及工艺，实现“水合物—油气”一体化开发技术与装备配套，实现试采过程安全监测设施国产化，建成先导示范区，实现规模化试采。③ 2031—2035年，初步建立南海水合物规模开发技术方法，形成完全自主的作业装备、技术和工艺体系，建立示范区建设规范和标准，构建规模开发环境风险控制技术体系，建成商业化示范区，实现商业化开采。

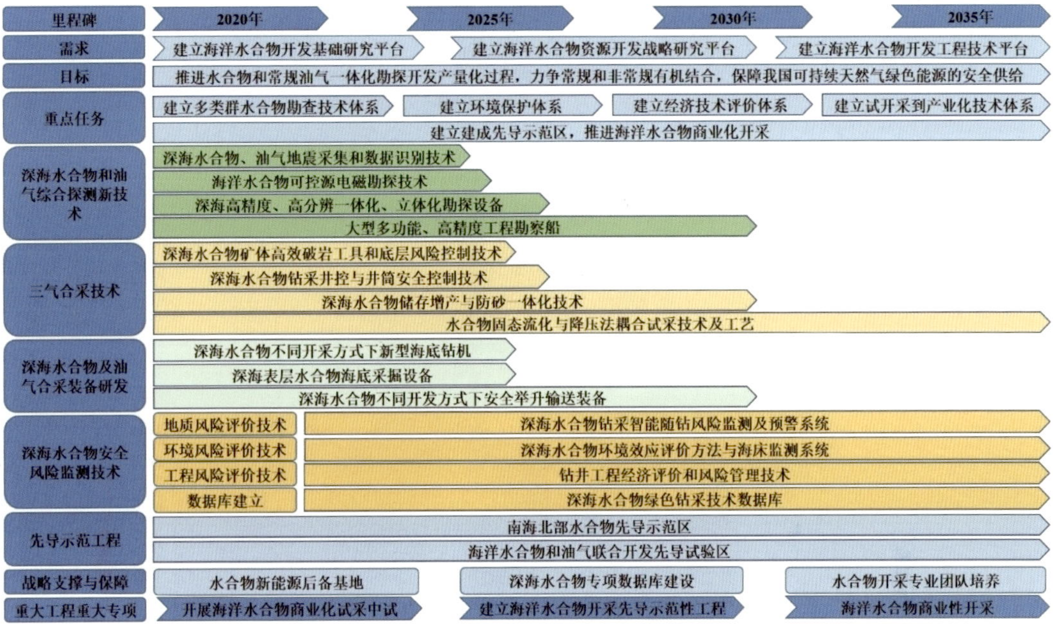

图1-3 我国2020—2035 年深海水合物开发理论与技术路线（魏纳等，2022）

1.2 天然气水合物的形成和分布

1.2.1 天然气水合物的晶体结构

水合物具有的笼形结构与一般的晶体化合物结构不同，它只是简单的分子物理组合，主体和客体分子之间没有连接的化学键，因此不具有严格的理论化学式，通常以 $M \cdot nH_2O$ 表示，其中M代表气体分子，n代表水分子数。这种气体分子主要为甲烷，此外，还可以存在乙烷、丙烷、异丁烷和异戊烷等烃类分子，而非烃类分子含量很少，主要为氮气、二氧化碳和硫化氢等。水分子在外部则形成五角十二面体、十六面体和二十面体等刚性多面体结构。

在水合物晶格水分子结点之间的空穴中，水合物依靠分子间的作用力保持平衡，结构的空穴部分或全部被水合物生成的分子所占据（图1-4）。水合物的结构类型按照晶格空位和形态的不同，一般分为Ⅰ型、Ⅱ型和H型3种类型（图1-5）。这些晶体结构都是由五角十二面体基本晶腔再搭配上若干个十四面体、十六面体或二十面体等更大的多面体晶腔所构成。五角十二面体（5^{12}）通过“共顶”互相拼接，形成Ⅰ型水合物晶格，5^{12}经“共面”连接为Ⅱ型结构，而H型晶格则是5^{12}连成一个面后再与其余多面体垒砌而成的（Khokhar et al., 2000）。表1-1中列出了自然界中已发现的3种天然气水合物晶体结构类型主要参数。

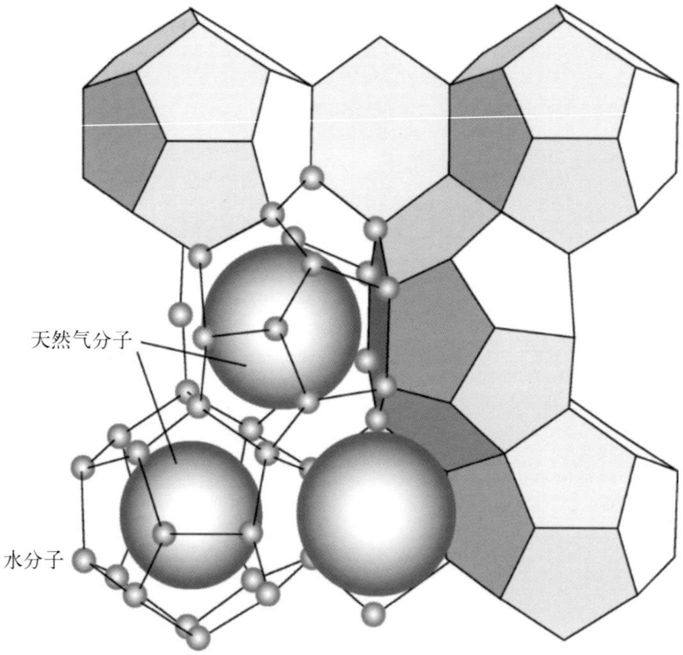

图1-4　天然气水合物晶体结构（Maslin et al., 2010）

如图1-5所示，Ⅰ型结构水合物为立方结构，仅能容纳甲烷、乙烷烃类小分子以及氮气、二氧化碳和硫化氢等非烃类分子，其中以甲烷为主，其他气体分子的含量很低。Ⅱ型结构水合物为菱形晶体结构，除了容纳甲烷、乙烷外，还能容纳丙烷和异丁烷等较大的气体分子。H型结构水合物为六方晶体结构，除了能容纳Ⅱ型结构水合物所能容纳的烃类分子外，还能容纳异戊烷和其他直径更大的烃类分子。研究表明，Ⅱ型和H型结构的水合物比Ⅰ型的要稳定得多，但自然界的水合物却以Ⅰ型为主（Ripmeester et al., 1987）。由于Ⅰ型水合物主要含甲烷气体，因此又被称为“甲烷水合物”或“甲烷冰”。

表1-1 已发现的3种天然气水合物晶体结构类型主要参数（Sloan，2003）

水合物晶格类型	Ⅰ型		Ⅱ型		H型		
晶系类型	立方		立方		六方		
多面体晶腔	小晶腔	大晶腔	小晶腔	大晶腔	小晶腔	中晶腔	大晶腔
描述	5^{12}	$5^{12}6^2$	5^{12}	$5^{12}6^4$	5^{12}	$4^35^66^8$	$5^{12}6^8$
晶胞中晶腔数	2	6	16	8	3	2	1
晶腔平均半径（Å）	3.95	4.33	3.91	4.73	3.91*	4.06*	5.71*
配位数	20	24	20	28	20	20	36
水分子数/晶胞	46		136		34		

*H型的晶腔平均半径均根据几何模型推算而获得的。

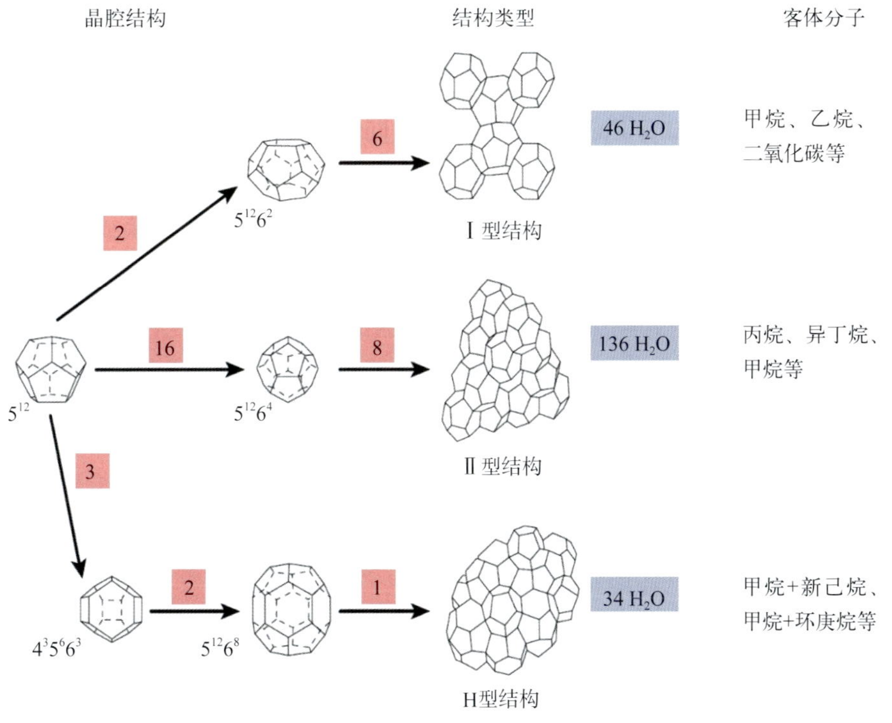

图1-5 天然气水合物的I型、II型和H型3种晶体结构的构成及各自的多面体晶腔数量图（Sloan，2003）

1.2.2 天然气水合物的形成条件

天然气水合物属于低能源密度资源，理想状态下每单位体积的水合物可以释放出164单位体积天然气和0.8单位体积水（Kvenvolden, 1993），其燃烧热值是煤炭的10倍，普

自然界中的水合物形成需要具备以下几个条件：充足的水和气体来源、足够低的温度和较高的压力以及有利的储藏空间（樊栓狮等，2004）。根据天然气水合物“源控”理论，气体来源对水合物的形成模式具有重要影响。理论研究（夏新宇等，2001）表明，水合物中气体的来源主要有4个：①海水中溶解的甲烷（来自海水溶解或悬浮有机质生成的甲烷以及由大气或海底进入海水的甲烷）。②海底之下水合物层有机质原位微生物发酵生成的甲烷。③海底水合物层之下深部沉积层中有机质热裂解生成的甲烷。④地球深部非生物成因的甲烷（无机成因）。

由于海水中甲烷的浓度很低（$10^{-8}cm^3/g$）（张正斌等，1999），不可能为水合物的大规模生成提供充足的物源。因此，来源①很难形成水合物。类似地，来源②也较难支持形成大规模的水合物藏。这是因为海底的水合物层位于一定厚度的沉积层中，但这段沉积层中的有机质对于水合物的贡献相对有限。最主要的原因是，水合物层的温度远低于有机质通过微生物发酵作用大量生成甲烷的温度（25 ~ 65℃）（戚厚发等，1997）。

来源③的甲烷生成水合物的可能性最大。这种天然气极有可能因为周围温度或孔隙压力的有利变化而转变为水合物，尽管也会因上述条件的不利变化而不断分解。因此，海底水合物应当分布于沉积盆地上方，沉积盆地中应存在有机质丰度足够高的烃源岩层系。而海洋大部分地区沉积层很薄或者缺失，不具备形成水合物的气源条件。这就是海底水合物只发现于大陆边缘海底的重要原因。根据这一原理，海底水合物的下方应当存在含有游离天然气的层系，也有可能存在常规天然气藏。这和很多地区的发现是相符的。

作为来源④，深部无机成因的甲烷也有可能形成一定规模的水合物。如海底超镁铁质基岩发生高温（>200℃）蛇纹石化后，产生的无机甲烷可能向上运移，并在合适的温压条件下形成水合物，因此，有学者认为覆盖沉积物的超慢速扩张洋脊侧翼代表了一个以前未被确认的无机甲烷储层，它甚至可能供应和维持整个北极地区的深水水合物系统（Johnson et al., 2015）。但该气源支撑水合物大规模成藏的机制还需要进一步调查研究。

海洋水合物的生成对温度和压力具有相对苛刻要求，同时，海平面高度、海底温度以及全球性气候变化均可对海底水合物系统的稳定性产生影响。自然的温压条件变化不仅影响水合物的成核聚集，而且可以导致沉积物中的水合物分解。海洋沉积物中的GHSZ厚度明显受地温梯度和稳定带水深的影响，一般的趋势是：随地温梯度的增高GHSZ相对变薄，而随水深增大而增厚。当沉积物不断加载，新的沉积物堆积于已有水合物的顶部，产生侧向挤压作用，水合物带的底部就有可能发生分解，从而释放出大量天然气。在渗透较好的沉积物中，这些天然气会向上运移并逸散；而在存在水合物的位置，气体渗漏变得困难，因为已形成的水合物层起到了密封盖层的作用，将这些气体圈闭于水合物层下；或者由于其他特殊因素，这些气体（以甲烷为主）向下部地层运移，以水合物伴生气（或称“游离气”）形式储存于地壳深部。因此，在野外也通常会看到水合物和伴生气在垂向上共存的现象。

1.2.3 天然气水合物的全球分布

当前，在全球许多海域均发现了水合物，并相继获得了实物样品。根据美国地质调查局（USGS）最新的统计数据（Waite et al., 2020），到目前为止，全球已经发现和推测出来的水合物矿点或赋存区有438处，直接观测到的有203处，其他均是通过物探、化探和地质证据推断出来的。

当前，已经发现的水合物矿点或富集区大多分布于大西洋和太平洋东西两侧的外陆缘及印度洋北部。沿大西洋西部陆缘有纽芬兰近海、巴尔的摩海槽、布莱克海台、墨西哥湾、加勒比海、巴西近海以及大西洋东缘的几内亚近海等。沿太平洋东部陆缘有白令海、东阿留申海沟、北卡斯卡迪亚陆缘、水合物脊、加利福尼亚近海、中亚美利加海沟、巴拿马盆地和秘鲁—智利海沟等。沿太平洋西缘有鄂霍次克海、日本海、南海海槽、中国南海、苏拉威西海、帝汶海沟、豪勋爵海底高原、新西兰北岛岛坡等。在印度洋北部有阿拉伯海的莫克兰增生楔、印度半岛西部陆缘的孟买盆地、克拉拉—康坎盆地、印度半岛东缘的克里希纳—戈达瓦里盆地（K-G盆地）、默哈讷迪盆地以及安达曼岛近海等。此外，在内陆地区还有地中海、黑海、里海、马尔马拉海以及贝加尔湖。

在极地和高纬度冻土带，水合物主要分布于北极圈周围的永久冻土带，潜力巨大。如阿拉斯加北坡、加拿大马更些三角洲、西西伯利亚麦索亚哈气田区、勒拿—通古斯克地区等；在极地附近海区也有水合物分布，包括北极的波弗特海、格陵兰海、挪威海、巴伦支海、伯朝拉海、喀拉海、拉普捷夫海、东西伯利亚海、楚科奇海等。

在南极地区，从20世纪70年代开始水合物调查和研究工作，依据海洋地质、地球物理数据和地球化学调查资料推测，水合物可能主要存在于南设得兰陆缘、南极半岛的太平洋陆缘、罗斯海陆缘、威尔克斯地陆缘、普里兹湾陆缘、里瑟—拉森海陆缘和南奥克尼群岛东南陆缘等。

1.3 天然气水合物成藏模式分类

随着水合物资源勘探开发逐步深入，对其成藏模式的研究也日趋广泛。通过解析典型地区水合物的成藏条件和成藏要素，考虑水合物的气体来源、运移通道、流体驱动方式、形成主控因素和圈闭类型等，迄今为止，已经提出了多种水合物成藏模式（Milkov，2000；Xu and Ruppel，1999；苏正和陈多福，2006；Tréhu，2006）。本节根据已有典型研究成果，予以概述。

早期，Ginsburg和Solovev（1990）依据水合物形成时是否有外来物质供给，将水合物划分为静态系统（环境变化系统）（图1-8）和动态系统（图1-9）。在静态系统中，水合物形成前已存在原始游离气或水溶气藏（图1-8a），水合物形成过程中无外来天然气的加入，后期因为流体或孔隙中的天然气因温度降低、压力增加或因埋藏压实导致丰度增加而形成水合物。依据形成主控因素，可进一步分为与冷却作用相关的低温冷冻模式（图1-8b）、与挤压作用相关的海侵模式（图1-8c）以及与天然气丰度增加相关的成岩作用模式（Ginsburg and Solovev, 1990）（图1-8d）。而在动态系统中，水合物形成时有外来天然气加入，依据天然气的来源和运移通道等因素可进一步分为渗流模式（图1-9中的B-①）、泥火山模式（图1-11中的B-②）、沉降模式和岩块位移模式（Ginsburg and Solovev, 1990）。

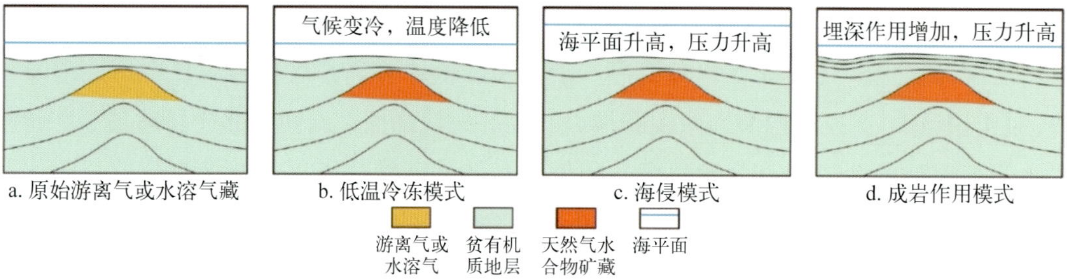

图1-8　天然气水合物的静态系统（环境变化系统）成藏模式（雷裕红等，2021）

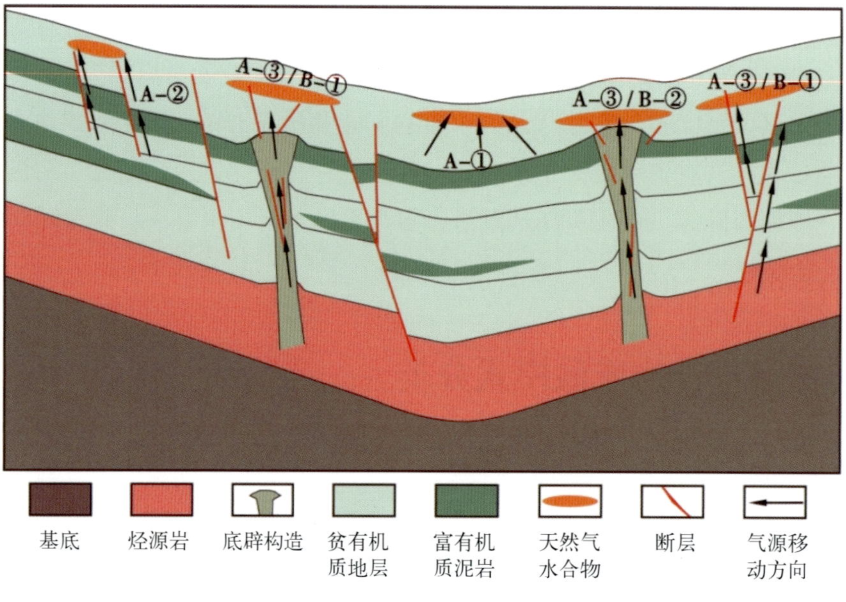

图1-9　天然气水合物的起源成因及动态成藏模式

A-①：浅部生物成因气模式；A-②：深部生物成因气模式；A-③：缓冻热解成因气模式；B-①：渗流模式；B-②：泥火山模式（修改自：雷裕红等，2021）

中国科学家杨木壮等（2010）、苏丕波等（2011，2014a，2014b）根据水合物中的天然气来源，将水合物划分为生物成因气源模式、热解成因气源模式和混合气源模式。陈永峤等（2010）根据生物气源位于稳定带内还是位于稳定之下，将生物成因气源模式进一步分为浅部生物气源模式和深部生物气源模式（图1-9中的A-①和A-②）；依据稳定带内水合物形成时热成因气是否需要运移，将热成因气模式进一步分为速冻热解成因气源模式和缓冻热解成因气源模式（图1-9中的A-③），其中的速冻热解成因气模式是Ginsburg和Solovev（1990）提出的低温冷冻模式中的一种，该模式类似于渗透模式（图1-9中的A-③和B-①）。

一些学者借鉴常规油气圈闭的概念，结合地质构造与水合物的关系，划分出断层构造型、泥火山型、地层型和构造—地层型4种水合物成藏模式（Milkov，2000）。张光学等（2006）在参考Milkov（2000）模式的基础上，根据地质构造对水合物的控制作用，将水合物成藏模式划分为增生楔型和海脊型（图1-10a）、盆缘斜坡型、断裂-褶皱型（图1-10b）、底辟型（泥火山、泥底辟和盐底辟等）（图1-10c）、滑塌构造型（图1-10d）和埋藏背斜型（图1-10e）。与前人相比，张光学等（2006）提出的模式中新增了增生楔型和海脊型，而盆缘斜坡型和埋藏背斜型均属于地层型，底辟型不仅包括了Milkov（2000）模式中的泥火山型，还包括了与泥底辟、盐底辟等底辟构造相关的水合物成藏类型。

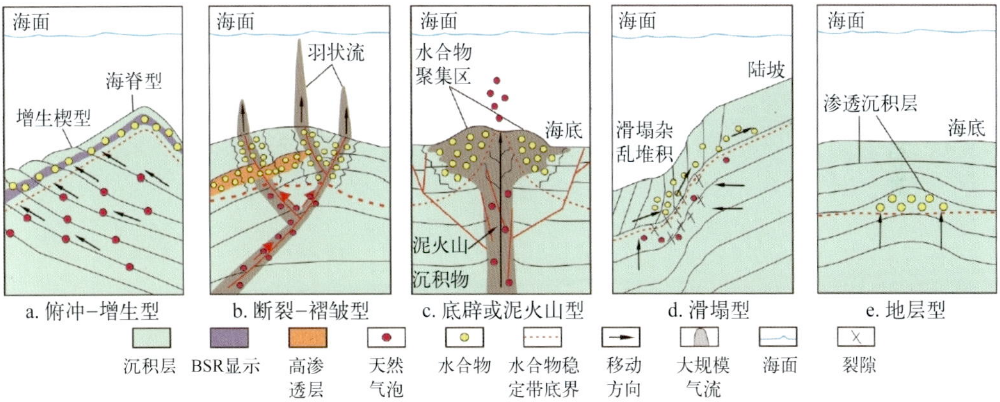

图1-10 天然气水合物的构造相关成藏模式（修改自：雷裕红等，2021）

张金华等（2018）依据沉积层中水合物的生成速度与分解速度的消长关系，将水合物矿藏分为成长型、成熟型和消退型3类。其中，成长型水合物矿藏表现为沉积层中水合物的生成速度大于分解速度，水合物规模不断增加；成熟型水合物矿藏表现为沉积层中水合物的生长速度与分解速度相平衡，水合物层相对稳定；消退型水合物矿藏表现为沉积层中水合物的生长速度小于分解速度，水合物层处于消退状态（樊栓狮等，2007）。

在综合前人研究成果的基础上，还有一些学者根据流体来源和运移方式将水合物成藏模式划分为渗漏型（对应裂隙充填型）、扩散型（对应孔隙充填型）两种基本类型，但有时候还衍生出了由扩散型与渗漏型混合共存的复合型（樊栓狮等，2004；苏正和陈多福，2006；Chen et al., 2006；Tréhu, 2006）。在扩散型成藏模式中，天然气主要来自浅层沉积物中有机质生物化学作用形成的生物气，可能伴有少量深部热解气，是“水—水合物”二相热力学平衡体系。这些天然气主要通过沉积物的孔隙、微裂缝以及层间断层，在浓度差、压力和毛细管力等作用驱动下以扩散的方式运移，形成自生自储的扩散型水合物，且天然气的运移通量较小，速度较慢（苏正和陈多福，2006；Tréhu, 2006）。

相比较而言，渗漏型水合物受流体活动控制明显，其天然气主要来自水合物稳定带下部的烃源岩或深部天然气藏，通过断层、裂隙和底辟等运移通道以高通量的渗漏方式运移至稳定域内转化为水合物（Ginsburg and Solovev, 1990），是“水—水合物—游离气”三相热力学非平衡体系，因而水合物发育于整个稳定带，往往存在于海底表面或浅层与断裂、底辟等构造有关的裂隙中。这类水合物在地震剖面上通常不具有BSR特征，但海底的地质特征、地球化学特征以及生物异常非常明显，通常具有强烈的甲烷厌氧氧化作用（AOM）。

实际调查中，还发现兼具这两种水合物特征的水合物类型，其气源既包括原位微生物气也包括深部的天然气藏，从气体运动方式上来说，补给方式包括扩散补给和渗漏补给两种，因此兼具扩散型和渗漏型两种水合物的特征，本书将其称为混合型水合物。自然界中，这3种水合物的成藏概念模型见图1-11。

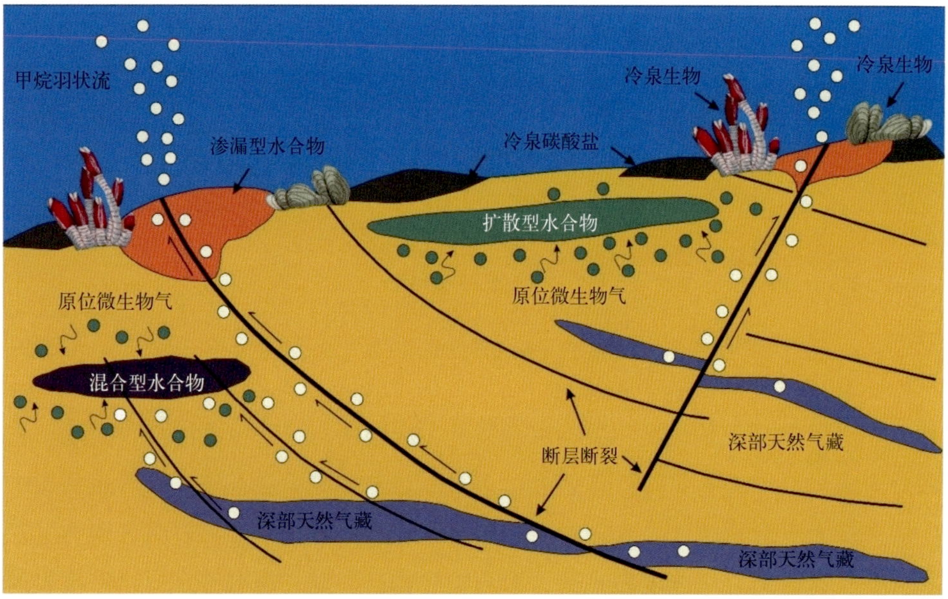

图1-11　自然界存在的天然气水合物成藏模式

由于实际工作中，经常将根据赋存位置划分的类型和根据流体来源及运移方式划分的类型搭配或者对比使用，因此本书有必要对根据这两种标准划分的不同水合物的类型的关系进行阐释，以避免混淆。

早期，根据海洋水合物在海底或沉积物内的赋存位置和实际状态，在实际应用中习惯将天然气水合物划分为两个大类：主要埋藏于中、深层沉积物的天然气水合物和出露于海底或浅层沉积物内的天然气水合物，前者一般称为“中深层天然气水合物”，后者称为“浅表层天然气水合物”。其中，浅表层天然气水合物形成于低温、高压、高甲烷通量条件，通常分布于海底之上或海底之下100 m以浅（可出露海底），主要是由渗漏系统形成的天然气水合物矿藏，具有分布集中、埋藏浅、饱和度高（40%～100%），易开采等特点（李清等，2011；刘玉山等，2012），日本科学家又将其称为“表层型天然气水合物”。事实上，根据赋存位置和状态划分的浅表层水合物基本上对应上文提到的渗漏型水合物，而中深层天然气水合物也基本上对应扩散型水合物。虽然在一些裂隙发育的位置，渗漏型水合物也可能因为深部流体的渗漏而在沉积物之下较深的位置形成，但绝大多数渗漏型水合物出现于浅表层或海底之上。

不仅如此，根据目前的勘探结果发现，在一些甲烷通量较高的地区，也可以在流体扩散系统和渗漏系统共同作用下，形成浅表层天然气水合物层和扩散型天然气水合物叠置而成的天然气水合物藏，即前文提及的扩散型与渗漏型的混合型，如2013年在我国东沙海域钻探发现的双层水合物藏（张光学等，2014）。但按这两种不同的划分体系来看，基本上，“浅表层水合物”对应“渗漏型水合物”，“中深层水合物”对应“扩散型水合物”，因此，有时候这两种分类体系的相应术语也可以通用，甚至可以同时出现在一类水合物类型中，来强调某种类型水合物的整体特点，如“渗漏型浅表层水合物”或“扩散型中深层水合物”。本书主要按此种分类标准，介绍浅表层水合物（有时还包括“混合型水合物”）的特征、分布、成藏和勘查开发技术。

1.4 浅表层天然气水合物的研究意义

早在2000年，在温哥华岛外海，当地渔民就发现海床上有巨大的冰状物出露，后查明为块状天然气水合物堆积（刘玉山等，2016）。在墨西哥湾水合物勘探中也发现海床上普遍存在高饱和度的水合物，有些块状水合物呈丘状，直径为5～6 m（MacDonald et al., 2003；Brooks et al., 1994），如图1-12所示。目前，在黑海、里海、挪威海、地中海、加的斯湾、日本海、南海海槽、鄂霍次克海（Milkov, 2000；Romer et al., 2012；Wang et al., 2018；Liang et al., 2019）、喀斯卡迪亚（Chapman et al., 2004）、波弗特海（Paull et al., 2007）、安哥拉近海（Serié et al., 2012）、印度陆缘（Kan-Hsi et al.,

1.5.1 海洋浅表层水合物的自然产状

近几年来，在水合物的勘查研究中，发现在陆缘近海赋存区中广泛分布着浅表层水合物，它们以产出部位浅，饱和度高以及易于开采而受到越来越多的关注（刘玉山等，2016）。到目前为止，全球各大海域都发现了水合物，但90%以上的属于中深层扩散型水合物（有时也称“浸染状水合物”），浅表层水合物的占比有限。现在已经开始勘探的浅表层水合物主要分布于美国墨西哥湾、日本海（日本上越盆地和韩国郁陵盆地）、北极巴伦支海、西太平洋鄂霍次克海、我国南海北部（包括台西南盆地、东沙海域和琼东南海域）、印度K-G盆地等区域。与中深层扩散型水合物相比，浅表层渗漏型水合物有自己独特的特征。本部分以日本上越盆地、北极巴伦支海和我国南海东沙海域为例，剖析浅表水合物的自然产状和发育特征。

1.5.1.1 日本上越盆地

日本海东缘的上越盆地位于日本海东北部新潟县富山湾与左渡岛之间的近海海域，相邻陆域有新潟油田和山形油田。据初步探测，该区存在36个羽状流、6个直径在150～500 m的麻坑、大量的气烟囱、菌席、冷泉碳酸盐岩及裸露于海底的块状表层水合物（Hiruta et al., 2009）。根据实测热流换算的地温梯度为10℃/100 m，水合物稳定带基底在海底之下150 m左右。日本曾于2007年和2010年在该区分别开展了水合物钻探调查，调查发现，该区一部分块状水合物裸露于海底，主要由大块的水合物及小块的碳酸盐结核组成。水合物中的烃类组分主要为甲烷，含量大于99%。通过对甲烷的C同位素研究表明，气源主要为热解成因气（Nakajima et al., 2014），而自生碳酸盐岩主要由镁方解石和文石组成。

除了裸露在海底的水合物外，在上越盆地钻探取样也获得了高饱和度的厚层浅表层水合物实物样品，见图1-14。该区钻探获得的水合物具有以下特征。①非扩散型。②呈结节状、透镜体状和厚层状。③分布于气烟囱的地球物理空白带中。④气烟囱偶尔伴随海底CH_4渗漏和羽状流。⑤高热流背景下沉积物高总有机碳（TOC）形成了高的烃类气体产出。⑥在水合物丘内，块状水合物分布在三层：10～45 mbsf、50～70 mbsf、80～115 mbsf。取样站位水深 902 m，地温梯度10℃/100 m，水合物稳定带基底深度为115 mbsf。⑦水合物丘中的气体组分主要为CH_4，C1/C2+C3> 400或更高，$\delta^{13}C$：−74‰～−30‰，VPDB。Mogami海槽和隐岐海槽水合物丘内的$\delta^{13}C$为−74‰～−68‰，VPDB，为典型生物成因。相反，上越盆地水合物丘内的$\delta^{13}C$为−65‰～−30‰，VPDB，为典型的热解成因气。⑧根据8个LWD钻孔的Vp和9个岩芯压榨水氯离子浓度异常估算了上越盆地水合物丘的资源量。这表明，水合物占沉积层孔隙空间的35%～86%，单个气烟囱中CH_4的总量约为$6\times10^8 m^3$。

图1-14 利用活塞取芯器从J20站位海底之下17 m采集到6 m厚的块状水合物岩芯
该站位位于上越盆地Umatake Spur J24站位西北150 m（Matsumoto et al., 2017）

1.5.1.2 北极巴伦支海

北极水合物大约蕴藏1 000×10^8 t～5 000×10^8 t的碳储，超过全球水合物总储量的10%。巴伦支海是北极地区水合物最发育的地区之一，已报道的水合物主要出现在西南部陆架的各个盆地、构造高地以及西北部的斯瓦尔巴群岛附近（Minshull et al., 2020）。在该区域，水合物埋藏深度浅，其下地层中发育大量常规油气藏。虽然浅表层水合物分解泄漏对钻井安全存在巨大的潜在风险，但这种类型水合物的大量聚集确实是能源勘探开发的直接目标。北极巴伦支海地区已发现大量油气资源，加之本区沉积物普遍存在低温特征，特别适合水合物生成（耿威等，2020）。由于巴伦支海GHSZ接近海底，因此，该区水合物层对温度变化、底层水温度和冰川变化都极其敏感（Mienert and Posewang, 1999；Mienert et al., 2005）。

巴伦支海的Håkon Mosby泥火山（HMMV）具有典型的泥火山型浅表层水合物成藏模式。它位于挪威和斯瓦尔巴特岛之间，水深为1 250 m，平面上呈近圆形，直径约为1 km，高出周围海底不足10 m，其上沉积了6 km厚的新生代沉积物（Hjelstuen et al., 1999），顶部有大量的CH_4和CO_2排出，是目前已知少数几个发育于非挤压环境中的海底泥火山之一。1996年，科学家首次在HMMV发现水合物样品，最深取样位置305 cm，样品为板状、片状、柱状、透镜体状等，取样站位发育海底冷泉，孔隙流体中Cl^-浓度高，Mg^{2+}/Cl^-比值低，地温梯度2.5～7.5℃/hm，推测水合物稳定存在于0～160 m地层中，呈同心带状构造分布（Ginsburg et al., 1999）。

HMMV的浅表层水合物成藏模式独特，闫大伟等（2022）已经对此做了系统阐述。事实上，当前关于泥火山型水合物成藏特征的认识最多的是来自于此地。首先，该区指示成藏的重要指标均围绕泥火山口呈近似同心圆的环带状分布（图1-15），在泥火山最活跃的区域a中未发现水合物，同时该区域具有高地温梯度，其沉积物温度也偏高（Ginsburg et al., 1999）；在区域b中，仅在沉积物内观察到小的水合物包裹体，沉积物的温度梯度变化明显，对应泥火山的喷发期和平静期。水合物在该区域的稳定状态较为脆弱，温度降低时结晶，温度升高时分解；在区域c中，观察到沉积物内充填有大量的脉状水合物，水合物饱和度最高达25%。由于沉积物温度低于平衡温度，且气体供应相对充足，因此，区域c具有水合物成藏的最佳条件；在最外层的区域d中，几乎没有水合物存在。通过钻探取芯调查，也发现其中的水合物饱和度极低，推测原因为气体通量较低。

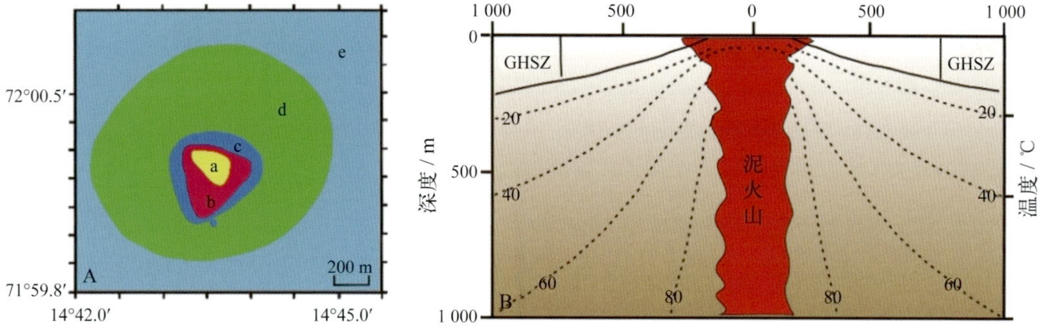

图1-15　HMMV沉积物中不同水合物含量的区域（A）和HMMV温度场与天然气水合物稳定带（GHsz）关系的剖面（B）

a区和e区未发现水合物，b区至d区水合物含量从0%～25%不等。（据 Milkov et al., 2004年修改）

通过对HMMV的研究，发现海底泥火山的发育演化控制了相关水合物藏发展的各个阶段（Ginsburg et al., 1999；Milkov et al., 2004）。在早期发育阶段，中央通道形成，提供了持续的深部气体供应；在中期喷发阶段，各种条件匹配良好，有利于水合物的形成和稳定聚集；在晚期演化阶段，泥火山喷发所伴生的高热量流体上侵于水合物稳定带底界，导致海底地层温度高于水合物稳定存在的临界温度，从而抑制水合物的形成，甚至导致早期形成的水合物发生分解、厚度减薄；而进入平静期后，在泥火山内部会再次聚集形成新的水合物。不仅如此，在海底泥火山温压场控制的相平衡区域内对构造变动等外界环境波动有较强的缓冲能力，易于二次成藏，因此往往在垂向上存在着多层水合物层（代表不同成藏期次）相互叠加的现象（Ginsburg et al., 1999；Milkov et al., 2004），表明了其优越的成藏潜力。因此，海底泥火山不同演化阶段的差异，导致天然气水合物处于“稳定—失稳—再稳定”的动态成藏过程之中。总之，HMMV是目前已经发现的泥火山型浅表层水合物最为典型的实例，依据对其研究所建立的成藏模式对今后该类型水合物的勘探开发具有借鉴意义。

1.5.1.3　我国南海东沙海域

我国南海东沙海域具备水合物形成的温度和压力条件，其GHSZ厚度为110～320 m，呈由北向南逐渐增厚的趋势。该区的水合物具有单层或双层分布特征，区内温压条件和沉积物来源是GHSZ顶部水合物层分布的主要控制因素；而硫酸盐还原带深度、海底地形以及砂泥岩分布是GHSZ底部水合物层分布的主要控制因素（王玥霖，2016）。

2013年下半年，中国地质调查局在南海东北部陆坡水深664 ~ 1 420 m 范围内13个站位钻探取芯，获取了大量的多种类型的水合物实物样品，其中CH_4气体含量超过99%。对南海东北部陆坡水合物成藏特征的研究表明：①地震反射剖面上具有多层BSR、振幅空白带（BZ），并且存在BSR与地层斜交、速度反转等地震异常；②测井曲线揭示含水合物沉积层具有高电阻率（200 Ω·m）、高纵波速度（2 700 m/s）的特征；③地震和测井异常特征暗示该区具有单、双层水合物藏组合特征；④该区域水合物藏位于海底之下埋深220 m以内的粉砂质黏土及生物碎屑灰岩沉积物中；⑤自然状态下，水合物呈块状、层状、瘤状、脉状、分散状5种赋存形式，几乎涵盖了当前在自然界发现的所有类型；⑥研究区水合物赋存类型多、饱和度高、甲烷纯度高，初步估算该区水合物地质资源量约为$1\ 250\times10^8\ m^3$（50%概率条件下），是有利的勘探目标区。

钻探取芯结果表明，5个站位的钻井（GMGS2-16、GMGS2-05、GMGS2-07、GMGS2-08、GMGS2-09）均不同程度地发现了水合物，以多种产状赋存于粉砂质黏土及生物碎屑灰岩中（图1-16）。另外，还有3个站位钻井（GMGS2-04、GMGS2-12和GMGS2-01）的测井资料显示声波速度和电阻率异常，据此推断存在扩散型水合物（图1-17）。据孔隙水Cl^-浓度含量推算，水合物饱和度介于45% ~ 100%，水合物中甲烷气体含量超过99%，为Ⅰ型结构水合物。

图1-16　东沙海域2013年钻探获得的天然气水合物实物样品产状

a、b为块状；c、d、e为层状；f为瘤状；g为脉状；h为分散状（张光学等，2014）

依据上述5口井的钻孔取芯和3口井的测井解释结果，绘制了研究区含水合物钻井的联井剖面，其水合物层及自生碳酸盐岩等特殊沉积层如图1-17所示。

综合上述各井水合物发育情况，以90 mbsf为界，大致可分为上部和下部两个水合物层，其垂向分布特征如下。

上部水合物层（0 ~ 90 mbsf）：在此层段范围内的不同深度处均发育水合物，如GMGS2-16、GMGS2-07、GMGS2-08、GMGS2-09井，水合物多呈块状、瘤状或脉状，且以可视的浅表层渗漏型水合物为主，厚度15 ~ 32 m，横向分布范围相对较窄。母岩为浅灰色粉砂质黏土，海底及该层段的中部发育两期自生碳酸盐岩。

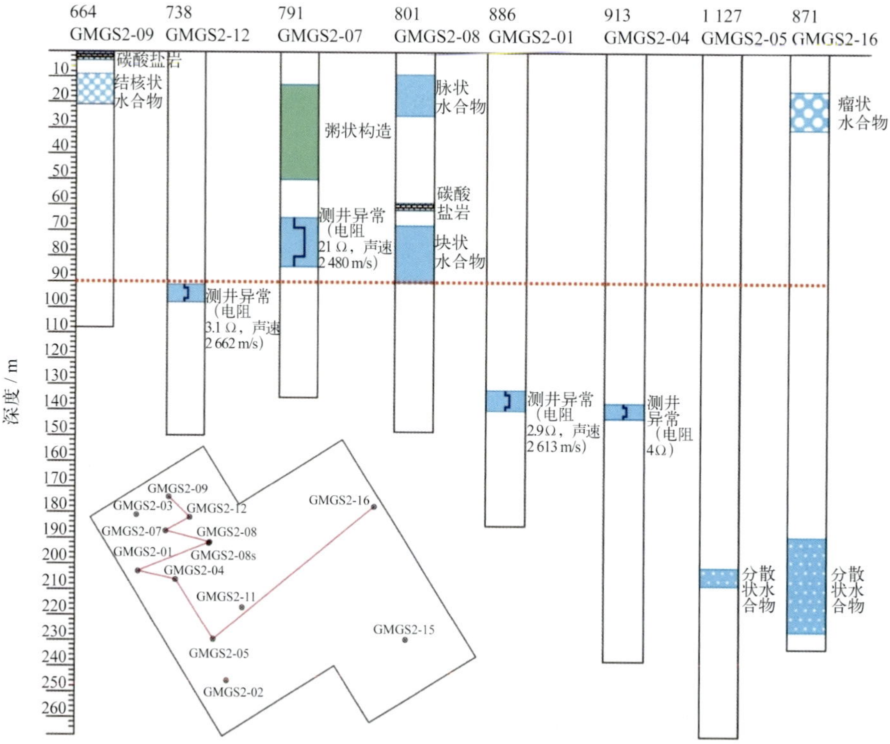

图1-17　东沙海域2013年钻探工区8个站位的连井地质剖面（张光学等，2014）

下部水合物层（91 ~ 226 mbsf）：在此层段范围内的不同深度处均发育水合物，如GMGS2-16、GMGS2-05、GMGS2-04、GMGS2-12、GMGS2-01井，水合物多呈分散状（即为扩散型），肉眼不可视，饱和度高，横向分布范围相对较宽，水合物层厚度6 ~ 37 m。母岩为灰绿色粉砂质黏土，少见自生碳酸盐岩。

根据钻测井资料解释和取芯结果，圈定出水合物藏的分布范围（图1-18），面积约55 km^2。以台湾峡谷的一个分支为界，将研究区的水合物分为东、西两个成藏区，西成藏区由7口井（分别为GMGS2-08、GMGS2-09、 GMGS2-07、GMGS2-05、GMGS2-04、GMGS2-01和GMGS2-12）控制，水深664 ~ 1 127 m，各井发育水合物的层数不均，除GMGS2-08井发育深、浅两个水合物层形成复式水合物藏以外，其他大多数站位仅发育单个水合物层，依此圈定的西成藏区面积相对较大，成藏区平面整体呈NW—SE向，与上述分支海槽走向近似一致；东成藏区仅由W16站位单井控制，目前面积尚难以准确划定。

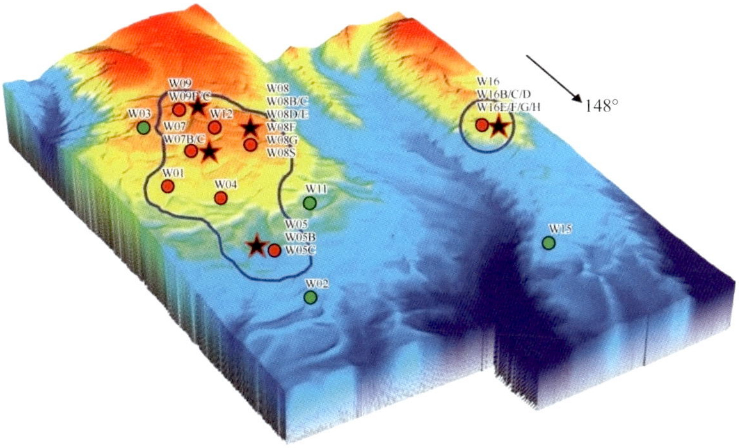

图1-18　东沙海域钻探工区水合物藏平面分布（张光学等，2014）

1.5.2　海洋浅表层水合物的发育特征及控制因素

到目前为止，对海洋浅表层水合物的发育特征及控制因素有如下认识。

（1）浅表层水合物通常在流体运移通道发育的区域聚集。通道系统是流体运移发生并且最终形成水合物藏的基础要素之一，浅表层水合物的形成更是受控于该要素。

在墨西哥湾北部陆坡区，断裂与盐底辟广泛发育，为烃类流体的运移提供了良好的天然通道。其中，该区断裂是连通烃类气源与水合物稳定带间的重要通道；而盐底辟一般位于海底丘以下几千米，连通盐底辟至海底的断裂常使得盐底辟上部沉积物表现为一系列的裂缝，充当着从海底深部油气藏至上层沉积物的流体运移通道作用，直至到达海底。当盐底辟正上方海底隆起的表层沉积物出现滑塌时，就可形成“麻坑”（pockmarks）或“微型盆地”（minibasins），这些盐底辟和断裂系统控制了该区浅表层水合物的形成与分布。目前，在墨西哥湾多个盐底辟或断裂发育海区均已发现该类型水合物样品。因此，断裂、盐底辟及微渗漏系统不仅是烃类气体运移的通道，而且其形成的裂隙空间也成为水合物主要聚集场所（杨传胜等，2010）。

（2）海底冷泉系统通常伴生浅表层水合物（Suess，2014）。通过探测冷泉以推断浅表层水合物的存在已经成为一种高效实用的勘探方法。事实上，冷泉系统中的化能自养合成生物群落（Mienert et al., 2022）以及气泡羽状流也是浅表层水合物的重要勘探标志。

2015年3月，“海洋地质六号”调查船利用“海马号”遥控水下机器人（ROV）在琼东南盆地西部深水区发现了一个活动冷泉，命名为“海马”冷泉，并在其中采获了浅表层水合物（Liang et al., 2017）。海马冷泉是我国首次在南海北部西陆海域发现的、规模空前的活动性冷泉，其水深为1 370～1 390 m，底层水温3.0℃，地形平坦，没有明显的山脊和凹陷。该冷泉包括两个相距约7 km的活动渗漏区（ROV1和ROV2），活跃着大量以CH_4和H_2S能量来源的化能自养型冷泉生物，包括贻贝、管状蠕虫和蛤类等（图1-19）。此外，在浅层沉积物内还发现了丰富的古菌（赵静等，2020）和自生碳酸盐岩。通过多波束调查，确认海马冷泉流体泄漏活跃，海底存在4个高度超过750 m的气泡羽流（杨力等，2018），同时，在多道地震上还识别出麻坑、流体运移通道、气烟囱等流体渗漏相关的构造。与其他海域观测到的反射特征不同，该区羽状流下方沉积物内的流体运移通道呈强振幅“串珠”反射。

图1-19　海马冷泉的冷泉生物（贻贝、管状蠕虫和蛤类）和冷泉碳酸盐结壳（Liang et al., 2017）

海马冷泉内的浅表层水合物发育。2015年5月和10月，“海洋四号”调查船，利用重力活塞取样在两个站位上获得冷泉生物样品和浅表层块状水合物（图1-20）。其中，水合物的埋深仅为海底之下数米，最浅的埋藏深度为0.15 mbsf。经分析，两个站位的浅表层水合物都是烃类气体通过气烟囱向上运移到达浅层，受温压条件、地质构造和沉积等因素控制而形成的。2019年，又利用“海洋地质六号”调查船采集了表层沉积物样品，对其中的生物标志物分析显示，海马冷泉的CH_4流体为兼具热成因和生物成因来源的混合气（吴一帆等，2022）。

（3）与扩散型水合物相比，浅表层水合物通常伴随着一系列特征的海底地形地貌出现，比如海底排气孔、泥火山、麻坑、水合物丘和卤水湖等。这些特征都可作为浅表层水合物勘探的标志。

在日本上越盆地近SN向和WE向断层交汇处，海底CH_4渗漏及浅表层水合物丘非常发育。到目前为止，在日本海东部边缘和北海道周边63 700 km^{2}的盆地和海槽范围内识别了指示浅表层水合物赋存的特殊地质体1 700个，其中A型水合物丘300个，B型水合物丘900

个，麻坑500个。通过高精度三维地震调查，发现气烟囱内部为层状结构，说明该区的气烟囱和传统的泥火山具有明显区别。经解析，高浓度的水合物主要分布在A型、B型水合物丘中，BSR的上拉结构为高速块状水合物的显示，其中气烟囱中的BSR深度在A型水合物丘为0.12 ~ 0.14 s（TWT），在B型水合物丘为0.16 ~ 0.18 s（TWT），而气烟囱之外的BSR深度为0.20 ~ 0.22 s（TWT）。

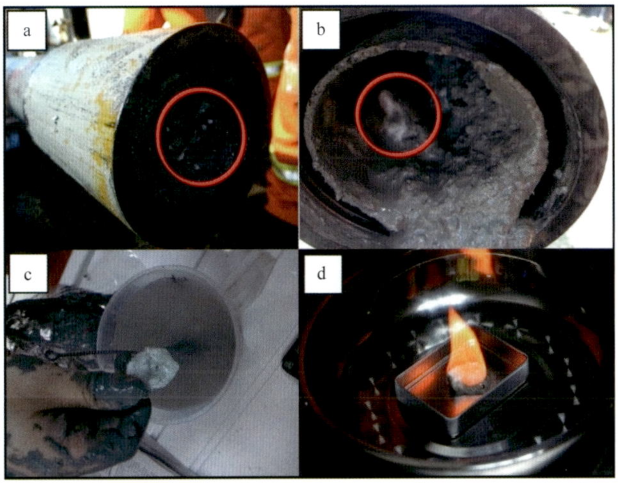

图1-20　海马冷泉重力取样中发现浅表层水合物，岩芯直径约7.5 cm

其中，a为重力活塞沉积物取芯中的水合物颗粒，红色圆圈内的浅色颗粒；b为较大的水合物颗粒，以红色圆圈圈定；c为获得的水合物手标本样品；d为手标本点燃后的情形，手标本同c（Liang et al., 2017）

（4）在海底及浅层沉积物内形成的冷泉碳酸盐岩可作为封存伴生气（或称为“游离气”）的有效盖层，从而在其下的GHSZ内形成浅表层水合物。同时，固态水合物层形成之后又可加强对气体的密封作用。

海底冷泉碳酸盐岩目前已经得到了广泛的重视，一方面它代表了除有机质、正常海相碳酸盐岩之外第三个重要的甲烷汇（Schrag et al., 2013），具有重要的研究意义；另一方面，海底冷泉碳酸盐的形成意味着可能发生密封作用（Hovland, 2002），浅表层水合物和冷泉碳酸盐岩层可以作为自由气体在GHSZ内封存的条件，因此又是浅表层水合物一种重要的勘探标志（Sun et al., 2014）。在墨西哥湾，冷泉碳酸盐岩薄层下面，赋存着大量的水合物，正是因为冷泉碳酸盐的封堵作用，深部来源的甲烷流体才在此成核和聚集。在东地中海尼罗河深海扇，由于碳酸盐岩结壳的阻隔，来自深部的甲烷气泡羽流只能从冷泉碳酸盐岩结壳的裂缝处逃逸，更多的甲烷在结壳下成核聚集成水合物（Römer et al., 2012）。如果没有结壳的阻挡，甲烷流体可以在温压合适的底水处自由生成水合物，由于其密度小于海水，这些在海水中形成的水合物就会向上自由运移到上部水体中，并发生溶解，难以成藏。通过原位观测，发现从海底逃逸的甲烷气泡均带有水合物结壳，证实了上面的观点（Römer et al., 2012）（图1-21）。由此可见，碳酸盐岩结壳对浅表层水合物的成藏也可以起到重要的促进作用。

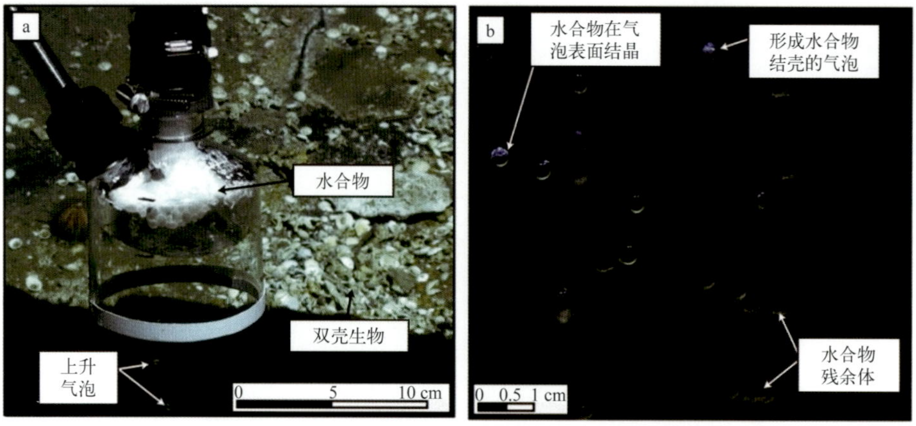

图1-21　深海原位合成天然气水合物（a）及原位观察到的带有水合物结壳的甲烷气泡上升逃逸的场景（b）（Römer et al., 2012）

在已经形成水合物的沉积物内，由于水合物的胶结作用，储层密实度显著增加，下部的气体难以越过，实际上也起到了类似冷泉碳酸盐的密封作用：一方面在水合物稳定带，继续捕捉无法找到出口的甲烷气体，成藏规模不断扩大；另一方面，在温压条件不满足形成水合物的更深处地层，这些气体又作为伴生气聚集在水合物层之下，形成资源潜力可观的水合物和伴生气复合系统，这也是未来所谓“多气合采”的理论基础。实践中，在我国某重点海域的峡谷发育地区，通过调查已经发现了上层与冷泉活动相关的浅表层水合物对下部伴生气的封堵现象，导致该区水合物的成藏规模不断扩大；同时，在水合物稳定带之下也识别出数量可观的伴生气藏（图1-22）。此外，还有一部分甲烷气体从峡谷侧翼的断裂区逃逸，形成海底甲烷泄漏点，具体模式如图1-23所示。

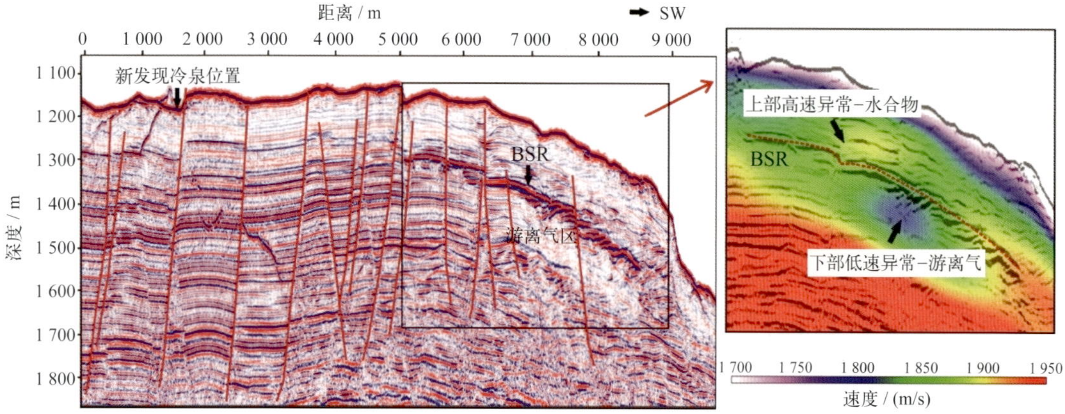

图1-22　我国某重点海域先成水合物层（以BSR为标志）对于下部游离气的封堵实例

左侧为地球物理剖面图，右侧为速度异常及解释图，显示上部高速异常带（水合物层）之下明显存在低速异常带（游离气）

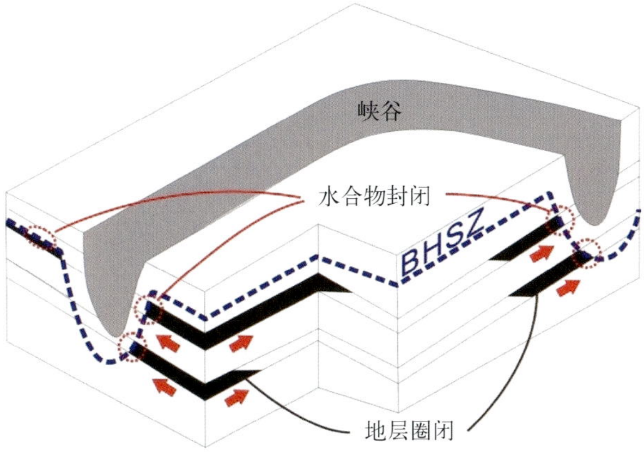

图1-23 我国某重点海域水合物封堵之下游离气的侧向运移模式

其中BHSZ为水合物稳定带底界

1.6 小结

天然气水合物是资源量丰富的高效清洁能源，是21世纪最有希望接替常规油气藏的清洁能源。目前，全球范围内各主要国家已经将水合物产业化开发提上日程。其中，美国和日本在水合物产业进程中最为积极，均制定了产业化路线图。我国的海域水合物试开采也在稳步推进，目前已经成功完成两轮海域试采，取得了关键领域内的领跑优势。

水合物通常发育在由温度、压力、流体盐度等条件限定的特定地质环境，即主要赋存于水合物稳定带中，同时还受到孔隙流体中甲烷气体溶解度等其他多种因素的控制。到目前为止，全球已经发现水合物矿点或赋存区数百处，遍布大西洋、太平洋、印度洋、南北极浅海或高纬度冻土带，在内陆地中海、黑海、里海等区域也发现了水合物资源的赋存。

考虑水合物的气体来源、运移通道、流体驱动方式、形成主控因素和圈闭类型等，迄今为止，已经提出了多种水合物成藏模式。本书采用的方案是将水合物成藏模式划分为渗漏型、扩散型两种基本类型，以及衍生出的扩散型与渗漏型混合共存的“混合型”。其中，按水合物出现的具体位置和特征划分，所谓的“浅表层水合物”基本对应“渗漏型水合物”，“中深层水合物”基本对应“扩散型水合物”。

浅表层水合物通常伴随着流体运移通道和海底冷泉系统，伴生着化能自养型生态群落、海底气体渗漏和典型的地形地貌。这些特征均可以作为海底浅表层水合物的勘探标志。此外，与浅表层水合物有关的冷泉碳酸盐岩结壳和水合物层都可以作为下部后成水合物和伴生气藏的盖层，有利于水合物成藏规模进一步扩大。

美国墨西哥湾、日本上越盆地、北极巴伦支海、我国东沙和琼东南海域都是浅表层水合物发育的典型区域。其中，墨西哥湾的断裂、盐底辟及微渗漏是形成浅表层水合物的重要因素；上越盆地各型水合物丘体和麻坑与水合物关系密切；北极巴伦支海的

HMMV是目前已经发现的泥火山型浅表层水合物最为典型的实例；我国的东沙海域发现了世界上几乎已识别出来的浅表层水合物的全部类型；琼东南海马冷泉则具有浅表层水合物勘探所需要的重要标志，包括麻坑、气烟囱、气泡羽状流化能自养合成生态系统、冷泉碳酸盐岩以及串珠状流体运移通道反射等。

参考文献

蔡峰, 吴能友, 闫桂京, 等, 2020. 海洋浅表层天然气水合物成藏特征[J]. 海洋地质前沿, 36: 73-78.

蔡峰, 闫桂京, 梁杰, 等, 2011. 大陆边缘特殊地质体与水合物形成的关系[J]. 海洋地质前沿, 27: 11-15.

陈多福, 徐文新, 赵振华, 2001. 天然气水合物的晶体结构及水合系数及比重[J]. 矿物学报, 21: 159-164.

陈永峤, 李伟华, 汪凌霞, 等, 2010. 极地永冻区与海洋环境天然气水合物形成模式差异[J]. 石油天然气学报, 32(6): 49-53.

樊栓狮, 关进安, 梁德青, 等, 2007. 天然气水合物动态成藏理论[J]. 天然气地球科学, 18(6): 819-825.

樊栓狮, 刘锋, 陈多福, 2004. 海洋天然气水合物的形成机理探讨[J]. 天然气地球科学, 15(5): 524-530.

耿威, 孙治雷, 吴能友, 等, 2020. 巴伦支海西南部天然气水合物形成与分解影响因素[J]. 海洋地质前沿, 36(9): 109-120.

雷裕红, 宋颖睿, 张立宽, 等, 2021. 海洋天然气水合物成藏系统研究进展及发展方向[J]. 石油学报, 42(6): 801.

李清, 王家生, 蔡峰, 等, 2011. 天然气水合物系统多幕次甲烷渗漏作用的底栖有孔虫同位素响应——以IODP 311 航次为例[J]. 海洋地质前沿, 27(6): 29-36.

刘斌, 李柯良, 杨力, 等, 2019. 浅表层水合物多频率数据成像特征[J]. 海洋地质前沿, 7: 54-61.

刘玉山, 祝有海, 吴必豪, 2012. 天然气水合物——21 世纪的新能源[J]. 矿床地质, 31(2): 401-404.

刘玉山, 祝有海, 吴必豪, 2016. 更具开发前景的浅成天然气水合物[J]. 海洋地质前沿, 32(4): 24-30.

戚厚发, 关德师, 钱贻伯, 等, 1997. 中国生物气成藏条件[M]. 北京：石油工业出版社.

苏丕波, 梁金强, 沙志彬, 等, 2011. 南海北部神狐海域天然气水合物成藏动力学模拟[J]. 石油学报, 32(2): 226-233.

苏丕波, 乔少华, 付少英, 等, 2014a. 南海北部琼东南盆地天然气水合物成藏数值模拟[J]. 天然气地球科学, 7: 1111-1119.

苏丕波, 沙志彬, 常少英, 等, 2014b. 珠江口盆地东部海域天然气水合物的成藏地质模式[J]. 天然气工业, 34(6): 162-168.

苏正, 陈多福, 2006. 海洋天然气水合物的类型及特征[J]. 大地构造与成矿学, 30(2): 256-264.

王玥霖, 2016. 南海东沙探区天然气水合物成藏条件和分布主控因素研究[D]. 北京：中国石油大学 .

魏纳, 白睿玲, 周守为, 等, 2022. 碳达峰目标下中国深海天然气水合物开发战略[J].天然气工业,

42(02): 156-165.

吴一帆, 管红香, 许兰芳, 等, 2022. 南海北部海马冷泉区表层沉积物的AOM生物标志化合物特征及意义[J]. 地球科学, 47(8): 3005-3015.

夏新宇, 戴金星, 宋岩, 2001. 海底天然气水合物气源及资源评价问题[J]. 天然气地球科学, 12(1-2): 11-15.

闫大伟, 孙治雷, 耿威, 等, 2022. 海底水合物丘与泥火山的演化特征及其对天然气水合物聚集的影响[J]. 海洋地质前沿, 38(1): 1-13.

杨传胜, 李刚, 龚建明, 2010. 墨西哥湾北部陆坡天然气水合物成藏系统[J]. 海洋地质动态, 26(3): 35-39.

杨力, 刘斌, 徐梦婕, 等, 2018. 南海北部琼东南海域活动冷泉特征及形成模式[J]. 地球物理学报, 61(7): 2905-2914.

杨木壮, 潘安定, 沙志彬, 2010. 陆缘地区天然气水合物成藏地质模式[J]. 海洋地质与第四纪地质, 30(6): 85-90.

叶建良, 秦绪文, 谢文卫, 等, 2020. 中国南海天然气水合物第二次试采主要进展[J]. 中国地质, 47(3): 557-568.

张光学, 梁金强, 陆敬安, 等, 2014. 南海东北部陆坡天然气水合物藏特征[J]. 天然气工业, 34(11): 1-10.

张光学, 祝有海, 梁金强, 等, 2006. 构造控制型天然气水合物矿藏及其特征[J]. 现代地质, 20(4): 605-612.

张金华, 魏伟, 陈龙桥, 等, 2018. 天然气水合物藏的界定及思考[J]. 科技导报, 36(9): 84-90.

张涛, 冉皞, 徐晶晶, 等, 2021. 日本天然气水合物研发进展与技术方向[J]. 地球学报, 42(2): 196-202.

张炜, 邵明娟, 2019. 中国地质调查局地学文献中心关于"美国国家天然气水合物研发计划2020—2035年路线图"的报道[R]. 北京：中国地质图书馆中国地质调查局地学文献中心.

张正斌, 陈正东, 刘莲生, 等, 1999. 海洋化学原理和应用——中国近海的海洋化学[M] . 北京：海洋出版社: 1-173.

赵静, 梁前勇, 尉建功, 等, 2020. 南海北部陆坡西部海域"海马"冷泉甲烷泄漏及其海底表征[J]. 地球化学, 49(1): 108-118.

ARCHER D, BUFFETT B, BROVKIN V, 2009. Ocean methane hydrates as a slow tipping point in the global carbon cycle[J]. Proceedings of the National Academy of Sciences, 106(49): 20596-20601.

BAHK J J, KIM J H, KONG G S, et al., 2009. Occurrence of near-seafloor gas hydrates and associated cold vents in the Ulleung Basin, East Sea[J]. Geosciences Journal, 13(4): 371-385.

BOSWELL R, COLLETT T S, 2011. Current perspectives on gas hydrate resources[J]. Energy & environmental science, 4(4): 1206-1215.

BOSWELL R, COLLETT T, 2006. The gas hydrates resource pyramid[J]. Natural Gas & Oil, 304: 285-4541.

BROOKS J M, ANDERSON A L, SASSEN R, et al., 1994. Hydrate occurrences in shallow subsurface cores from continental slope sediments[J]. Annals of the New York Academy of Sciences, 715(1):

of massive gas hydrate, Eastern Margin of the sea of Japan[C]. 9th International Conference on Gas Hydrates, Denver, Colorado USA.

MIENERT J, BÜNZ S, GUIDARD S, et al., 2005. Ocean bottom seismometer investigations in the Ormen Lange area offshore mid-Norway provide evidence for shallow gas layers in subsurface sediments[J]. Marine and Petroleum Geology, 22(1-2): 287-297.

MIENERT J, POSEWANG J, 1999. Evidence of shallow-and deep-water gas hydrate destabilizations in North Atlantic polar continental margin sediments[J]. Geo-Marine Letters, 19(1): 143-149.

MIENERT J, TRÉHU A M, BERNDT C, et al., 2022. Finding and Using the World's Gas Hydrates[M]// World Atlas of Submarine Gas Hydrates in Continental Margins. Springer, Cham, 33-52.

MILKOV A V, SASSEN R, PANASOVICH T V A, et al., 2003. Global gas flux from mud volcanoes: A significant source of fossil methane in the atmosphere and the ocean[J]. Geophysical Research Letters, 30: 1-4.

MILKOV A V, VOGT P R, CRANE K, et al., 2004. Geological, geochemical, and microbial processes at the hydrate-bearing Håkon Mosby mud volcano: a review[J]. Chemical Geology, 205(3-4): 347-366.

MILKOV A V, 2000. Worldwide distribution of submarine mud volcanoes and associated gas hydrates[J]. Marine Geology, 167(1-2): 29-42.

MINSHULL T A, MARÍN-MORENO H, BETLEM P, et al., 2020. Hydrate occurrence in Europe: A review of available evidence[J]. Marine and Petroleum Geology, 111: 735-764.

NAKAJIMA T, KAKUWA Y, YASUDOMI Y, et al., 2014. Formation of pockmarks and submarine canyons associated with dissociation of gas hydrates on the Joetsu Knoll, eastern margin of the Sea of Japan[J]. Journal of Asian Earth Sciences, 90: 228-242.

PAULL C K, MATSUMOTO R, 2000. Leg 164 overview[R]. in: C.K. Paull, R. Matsumoto, P.J. Wallace, W.P. Dillon (Eds.), Proc. ODP, Sci. Results 164, Ocean Drilling Program, College Station TX, 164: 3-10.

PAULL C K, USSLER III W, DALLIMORE S R, et al., 2007. Origin of pingo - like features on the Beaufort Sea shelf and their possible relationship to decomposing methane gas hydrates[J]. Geophysical Research Letters, 34(1): L01603.

RAMANA M V, RAMPRASAD T, PAROPKARI A L, et al., 2009. Multidisciplinary investigations exploring indicators of gas hydrate occurrence in the Krishna-Godavari Basin offshore, east coast of India[J]. Geo-Marine Letters, 29: 25-38.

RIPMEESTER J A, TSE J S, RATELIFFE C I, et al., 1987. A new clathrate hydrate structure[J]. Nature, 32: 135-136.

RÖMER M, SAHLING H, PAPE T, et al., 2012. Geological control and magnitude of methane ebullition from a high-flux seep area in the Black Sea-the Kerch seep area[J]. Marine Geology, 319-322: 57-74.

RUPPEL C D, KESSLER J D, 2017. The interaction of climate change and methane hydrates[J]. Reviews of Geophysics, 55(1): 126-168.

SASSEN R, MACDONALD I R, 1997. Hydrocarbons of experimental and natural gas hydrates, Gulf of Mexico continental slope[J]. Organic Geochemistry, 26(3-4): 289-293.

SCHRAG D S, HIGGINS J A, MACDONALD F A, et al., 2013. Authigenic Carbonate and the History of the Global Carbon Cycle[J]. Science, 339: 540-543.

SCHULZ H D, ZABEL M, 2006. Conceptual models and computer models[M]. In: Schulz, H.D., Zabel, M. (eds) Marine Geochemistry, 2. Edn. Springer-Verlag, Berlin, Heidelberg, New York, 513-547.

SERIÉ C, HUUSE M, SCHØDT N H, 2012. Gas hydrate pingoes: Deep seafloor evidence of focused fluid flow on continental margins[J]. Geology, 40(3): 207-210.

SHA Z, LIANG J, ZHANG G, et al., 2015. A seepage gas hydrate system in northern South China Sea: Seismic and well log interpretations[J]. Marine Geology, 366: 69-78.

SLOAN E D, 2003. Fundamental principles and applications of natural gas hydrates[J]. Nature, 426(6964): 353-359.

STOLL R D, 1974. Effect of gas hydrates in sediments. In: Nature of Gases in Marine Sediments (Ed. I. R. Kaplan)[M]. Plenum Press, New York:235-248.

SUESS E, 2014. Marine cold seeps and their manifestations: geological control, biogeochemical criteria and environmental conditions[J].International Journal of Earth Sciences. DOI:10.1007/s00531-014-1010-0.

SUN Z, WEI H, ZHANG X, et al., 2014. A unique Fe-rich carbonate chimney associated with cold seeps in the Northern Okinawa Trough, East China Sea[J]. Deep-Sea Research Ⅰ, 95: 37-53.

TRÉHU A M, TORRES M E, BOHRMANN G, et al., 2006. Leg 204 synthesis: Gas hydrate distribution and dynamics in the central Cascadia accretionary complex[R]. In: Proceedings of the Ocean Drilling Program, Scientific Results, 204: 1-40.

TRÉHU A M, 2006. Gas hydrates in marine sediments: Lessons from scientific ocean drilling[J]. Oceanography, 19: 124-142.

WAITE W F, RUPPEL C D, BOZE L G, et al., 2020, Preliminary global database of known and inferred gas hydrate locations: U.S[R]. Geological Survey data release, https://doi.org/10.5066/P9lIFVJM.

WANG X, LIU B, QIAN J, et al., 2018. Geophysical evidence for gas hydrate accumulation related to methane seepage in the Taixinan Basin, South China Sea[J]. Journal of Asian Earth Sciences, 168: 27-37.

XU W, RUPPEL C, 1999. Predicting the occurrence, distribution, and evolution of methane gas hydrate in porous marine sediments[J]. Journal of Geophysical Research: Solid Earth, 104(B3): 5081-5095.

YE J L, QIN X W, XIE W W, et al., 2020. The second natural gas hydrate production test in the South China Sea[J]. China Geology, 3(2): 197-209.

ZATSEPINA O Y, BUFFETT B A, 1997. Phase equilibrium of gas hydrate: Implications for the formation of hydrate in the deep sea floor[J]. Geophysical Research Letters, 24(13): 1567-1570.

第 2 章

浅表层水合物调查技术

野外资料采集是天然气水合物调查的重要环节之一，只有根据勘探区实际的地震地质条件，采用先进而实用的采集技术方法，才能获得高质量的第一手资料，为后续处理、解释和综合研究评价工作打下了良好的资料基础。

海域浅表层水合物与水体、海底微地貌和浅表层沉积构造的关系非常密切。Bouriak和Akhmetjanov（1998）通过TTR-8 航次的调查，深入分析了天然气水合物的形成与分解造成的区域浅层地质地貌特征，并推测天然气水合物的形成及其与海底地形地貌的成因密切相关。苏丕波等（2020）根据国内外的最新研究成果绘制了天然气水合物形成及其与海底地形地貌的成因关系示意图（图 2-1），表明水体中的羽流，海底的麻坑、丘状体、碳酸岩岩隆、泥火山、海底滑塌体、浊积体、生物群落，以及浅表层的泥底辟、气烟囱、断裂系统，均可作为浅表层水合物的勘探标志。

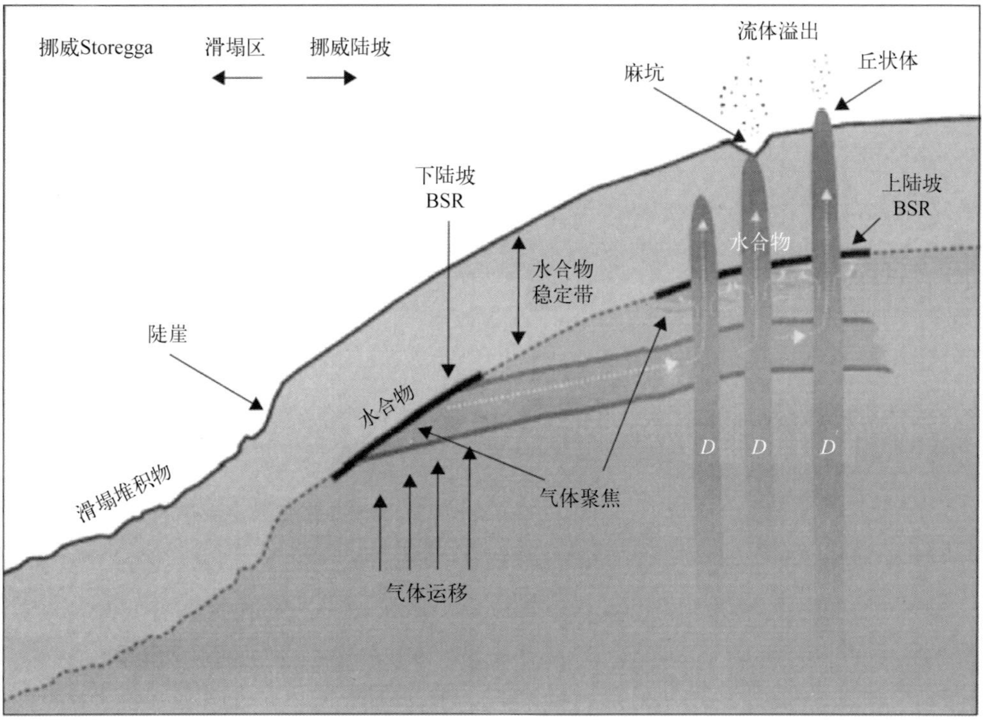

图2-1　天然气水合物的形成及其与海底地形地貌的成因关系示意（苏丕波等，2020）

这些指示浅表层水合物存在的异常标志的发现必须借助综合地球物理调查、地球化学调查和地质取样等技术手段。由于地学中多解性的普遍存在，除了钻探取样这类水合物的直接获取手段外，其他任何单一的调查技术都不可能对浅表层水合物进行可靠的识别。最有效的做法是根据各种技术的特点，采用地球物理、地球化学和地质方法有机组合进行综合调查。

2.1 浅表层天然气水合物地球物理勘探技术

自首次发现海域天然气水合物以来，地球物理调查技术（尤其多道地震调查）一直是天然气水合物最有效的探测技术。目前，海域天然气水合物有效地球物理探测技术手段主要有高分辨率多道地震调查技术、海底热流调查技术、高频浅层剖面调查技术、侧扫声呐技术、多波束调查技术、海洋可控源电磁法探测技术、海洋垂直缆调查技术等。

根据浅表层水合物的勘查实践，本部分对小道距高分辨率多道地震调查技术、宽拖多源双传感器拖缆多方位采集技术、阵列式浅层剖面调查技术、高分辨率多波束调查技术、海洋可控源电磁法、海洋垂直缆调查技术、海底热流测量、钻探取芯和随钻测井等技术方法进行简单介绍。

2.1.1 高分辨率多道地震调查技术

多道地震调查是根据沉积层弹性和密度的差异，利用人工激发地震波作为声源，利用检波器接收被地层改造后的弹性波，进而通过计算机信号处理分离出其携带的地层信息，达到推断地层构造形态和岩性特征目标的地球物理方法。现如今，海洋多道地震采集多采用空气枪震源。多道地震资料分辨率主要分纵向和横向分辨率两类，前者主要与震源的特征有关，后者主要与观测系统有关。

高分辨率多道地震调查技术是目前世界海域天然气水合物勘查最常用，也是最有效的技术手段。其优点是分辨率高、探测深度大，但现有的高分辨率多道地震调查技术对浅表层水合物的识别精度不够。

针对浅表层水合物赋存层的特点，我们以理论分析、正演模拟和充分的海上试验为基础，自主研发了一套小道距高分辨率多道地震采集技术，技术核心包括大容量重复性强的电火花震源、3.125 m道距高动态接收范围电缆、合适的观测系统，在实际勘探中取得了很好的应用效果。

2.1.1.1 震源分析

气枪震源和电火花震源资料的子波差异大，电火花震源资料的频率高、子波延续时间短、分辨率高。从频谱分析来讲，气枪震源资料的主频在55 Hz，电火花震源资料主频在250 Hz。因此，用55 Hz的雷克子波代表气枪震源子波，用250 Hz的雷克子波代表电火花震源子波进行模型正演及相关分析。

根据地质体的形态、产状和物性数据建立数字模型，通过模拟野外放炮来获得一定程度上能反映真实地质体的响应特征，从而达到定量评价采集参数的目的。为了能够真实模拟地震波的运动学与动力学特征，获得精确的地震波响应，数值模拟采用波动方程算法，进行照明分析及记录波场传播过程。

选用代表两种震源类型的子波进行模型正演，对模型正演的道集进行叠加前时间偏移。从偏移结果来看，频率更高的电火花震源分辨率更高、地层沉积构造变形成像清晰（图2-2）。因此，从分辨率的角度考虑，电火花震源资料更有利于高分辨率天然气水合物的勘探。

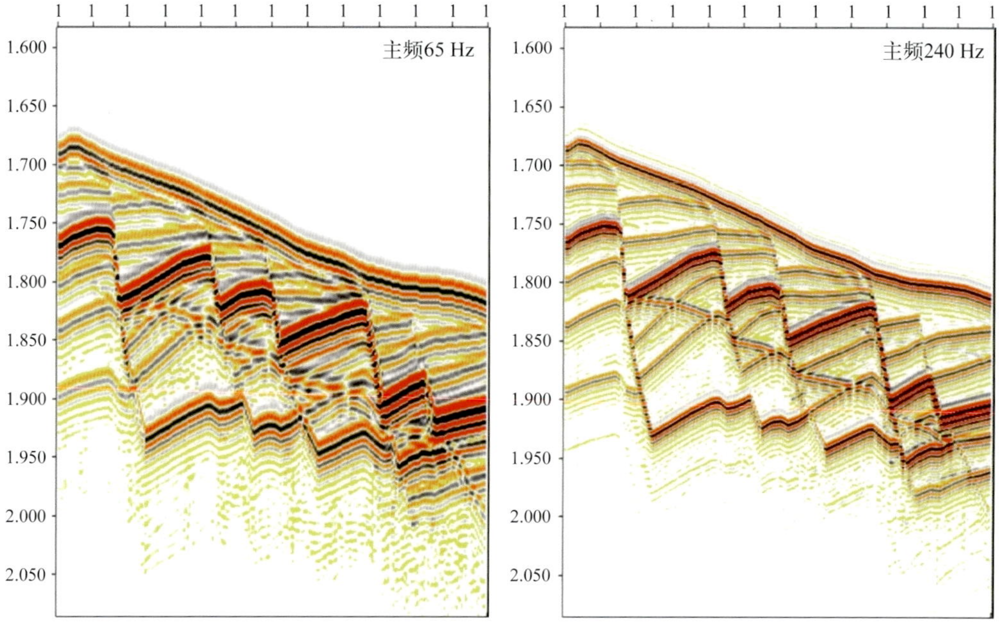

图2-2　气枪震源与电火花震源模型正演数据的偏移叠加剖面

（左：主频65 Hz；右：主频240 Hz）

对气枪震源和电火花震源资料的子波、单炮和叠加剖面的对比分析结果显示，两种震源资料的波形特征差异较大。电火花震源在速度分析精度、分辨率方面均优于气枪震源。

2.1.1.2　采集参数优化

理论分析可以对各类采集参数的各种组合进行模拟分析，考虑到野外实际情况，虽然决定资料品质的采集参数很多，但野外能试验的参数并不多。采集参数论证主要针对最大偏移距、道间距、覆盖次数、震源和电缆沉放深度等参数。

（1）最大偏移距

最大偏移距越大接收到的反射信息越丰富，在处理过程中再根据成像需要选择最佳的偏移距，但在实际采集过程中受成本因素的影响和采集设备能力的制约，需要选择恰好满足勘探需要的最大偏移距。最大偏移距的选择主要从速度分析精度和对成像影响的角度考虑。速度精度计算公式：

$$x=\sqrt{\frac{t_0v^2}{f}\times\frac{1}{\frac{1}{(1-k)^2}-1}} \tag{2-1}$$

其中，k为速度精度；v为速度；t_0为双程时；f为有效波主频；x为炮检距。

从速度精度考虑，要使速度精度达到90%，最大偏移距应大于302 m；要使速度精度达到95%，最大偏移距应大于432 m。

综合考虑各种因素，采用的最大偏移距应大于400 m。

（2）道间距

道间距的选择必须考虑以下4个因素：第一菲涅尔带半径大小；目标地质体的大小；最高无混叠频率大小；横向分辨率。道间距选择应考虑：叠加剖面最浅目的层不出现空间假频；能够压制较严重的相干噪声；保证叠加、偏移剖面不出现空间假频。

根据“最高无混叠频率”法则，每一个倾斜同相轴都有一个偏移前的最高无混叠频率F_{max}，它依赖于对应同相轴的上一层的地层速度V_{int}、倾角θ和道间距。

$$b=V_{int}/(4\times F_{max}\times\sin\theta) \tag{2-2}$$

其中，F_{max}为最大有效频率；V_{int}为上一层的地层速度；b为道间距；θ为地层倾角。

根据横向分辨率要求，道距尺寸小于最小有效波的视波长的一半。

$$b=V_{int}/2\times F_{dom} \tag{2-3}$$

其中，b为道间距；V_{int}为上一层的地层速度；F_{dom}为有效波的优势频率。

综合考虑接收道间距应小于6.38 m。考虑到国外技术垄断，国内能获得的电缆最小道距是6.25 m，但数量不多。实际工作中我们采用国内自主研发的3.125 m小道距缆。

（3）覆盖次数

覆盖次数是影响地震资料信噪比的重要因素，通过对试验资料扩展面元、增加覆盖次数来评价覆盖次数对信噪比的影响，结果表明，当覆盖次数依次增加时叠加剖面的信噪比有较大改善。因此，增加震源资料覆盖次数可以提高信噪比、改善成像品质。

虽然地震资料采集中应尽量增加有效覆盖次数，但在道间距、电缆长度确定后，决定叠加次数的采集参数是炮间距。炮间距由船速、记录长度、震源充电时间等参数综合确定。

（4）震源沉放深度

在海洋地震采集过程中气泡效应和虚反射是影响地震资料品质的重要因素，电火花震源是瞬间放电激发，气泡效应影响不大，主要考虑虚反射的影响。根据陷波公式，炮点沉放深度越深陷波频率越低，频率高、沉放深度大会导致虚反射与有效反射分开以多次波的形式出现。

$$F_n = C / 2d \tag{2-4}$$

其中，F_n为陷波频率；C为地震波在水中的速度；d为激发点到虚反射面的距离。

电火花震源的频率高、频带宽，考虑保护500 Hz以内的有效信号炮点沉放深度应小于1.5 m。

（5）电缆沉放深度

沉放在海面下的接收电缆会因为虚反射而导致陷波，情况与炮点相同。电火花震源频率高，考虑到保护500 Hz以内的有效信号，电缆沉放深度应小于1.5 m。在实际施工过程中，电缆沉放深度过浅会导致地震资料噪声背景重、信噪比低；电缆沉放深，虚反射不但会导致陷波而且会以伴随波形式出现，很难压制；虚反射不但改变子波波形而且影响地震资料品质。根据实际设备情况，电缆沉放深度1 ~ 2 m。

2.1.1.3　注重参数的海上试验，选择实际采集资料效果好的参数组合

实践永远是检验真理的唯一标准，面对各种不同的环境和要求，必须重视海上作业参数试验工作。通过海上试验，发现新问题及时求证原因，指导仪器设备和施工方式的改进和完善，力求取得更高品质的第一手资料。图2−3是同一条测线上常规采集与小道距高分辨率多道地震采集的资料效果对比，小道距高分辨率多道地震成果剖面在刻画气体泄漏通道上明显优于常规采集成果剖面。

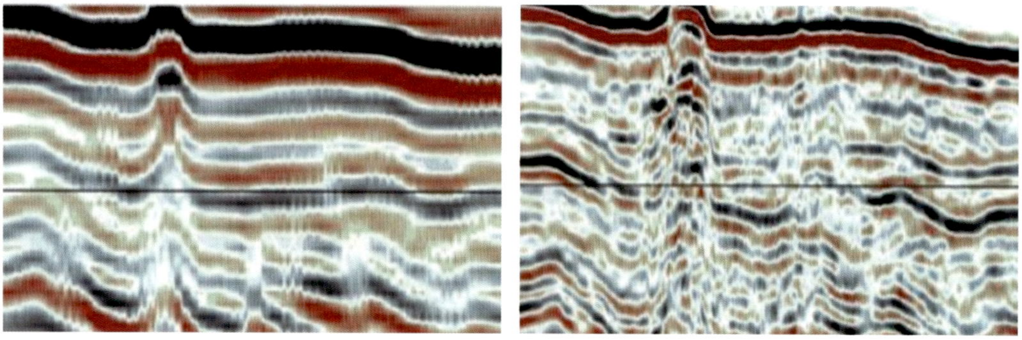

图2−3　常规采集与小道距高分辨率多道地震采集的资料效果对比

（左：常规采集；右：小道距高分辨率采集）

2.1.2　宽拖多源双传感器拖缆多方位采集与成像技术

2.1.2.1　宽拖多源双传感器拖缆多方位采集技术

在海洋地震勘探中，常规3D地震数据采集、处理及解释面临着许多挑战。①采集脚印的影响，传统浅海拖缆地震勘探，由于勘探目标和拖缆水听器之间反射角度的限制，地层通常以大反射角数据成像，缺乏近偏移距数据（Widmaier et al., 2021），相邻测

线覆盖范围边界的近偏移空隙导致空间采样不均匀，在地震剖面上出现条带状的采集脚印，这会掩盖浅地层真实的地震振幅信息（Widmaier and O'Dowd, 2017）。更严重的情况是水听器记录不到来自浅层的反射信息，无法对浅地层成像。传统的解决方案是增加采样密度或加密测线，而这会增加采集成本（Widmaier and O'Dowd, 2020）。②多次波的影响，尤其在浅海环境，最小偏移距相对水深较大，大部分震源能量转换为沿海底传播的折射波，近偏移距记录的初至以折射波为主，由折射波形成的自由界面短周期水层多次波发育，导致地震剖面中的一次反射不易识别（赵思为和周超，2019；Barnes et al., 2015），随着水深的变浅，多次波阶数增多，更难去除。③粗糙海面反射和环境噪声的影响，常规海洋拖缆地震勘探不可避免地受粗糙海面反射和各种环境噪声影响，这会导致地震数据的频带变窄，分辨率降低，由于传统水听器拖缆的拖曳深度较浅，其受恶劣天气和环境噪声的影响严重（Osnes et al., 2010）。④窄方位角的影响，传统的标准勘探方法除了近偏移范围之外，大多数激发—接收组合被限定于一个相对有限的方位角范围内，即地震波仅能从一个特定的窄方位照射地下地质体（Reiser and Mueller, 2021），而对于每个偏移量，更多方位特征有利于目标照明、地震成像以及各种复杂噪声的消除，尤其在结构复杂的地质环境中（Beaumont and Söllner，2013；Widmaier，2015）。

2.1.2.2 宽拖多源双传感器拖缆多方位成像技术与应用

Petroleum-Geo Services（PGS）公司提出了一种适合浅层环境的高分辨率采集和成像方案，该方案的突出特征包括以下几方面：一是将双传感器拖缆（Geostream）和宽拖多源拖曳方式结合，为高分辨率地震成像拓宽了频带、提供了均匀的近偏移覆盖（Widmaier et al., 2021）以及密集的空间采样（Widmaier and O'Dowd, 2017），为AVA的精确分析提供了常规拖缆采集普遍缺失的小角度数据（Feuilleaubois et al., 2017），提高了采集效率，图2-4和图2-5分别对比了标准三源和宽拖三源的几何配置及CMP覆盖范围。通过改变拖缆长度配置，采用长、短拖缆组合模式，为全波形反演提供长偏移量，以实现浅层和深层目标的最佳成像（Naumann et al., 2019）（图2-6）。二是结合上述的震源和拖缆拖曳方案，提出了经济高效的多方位地震采集方法（图2-7），实现了具有丰富方位信息的多次覆盖数据的采集（Reiser and Mueller，2021），有效地提高了照明能力和信噪比（Widmaier et al., 2019）。与传统拖缆采集系统相比，该采集方案显著地改善了地震数据质量，确保不同深度目标的最佳成像效果（Oukili et al., 2020）。三是将反射层析成像、全波形反演以及分离波场成像等算法融合到高精度速度模型构建和地震成像的流程中，该全波场成像方案更适合浅海环境，以提高浅部和深层地质目标的成像精度。

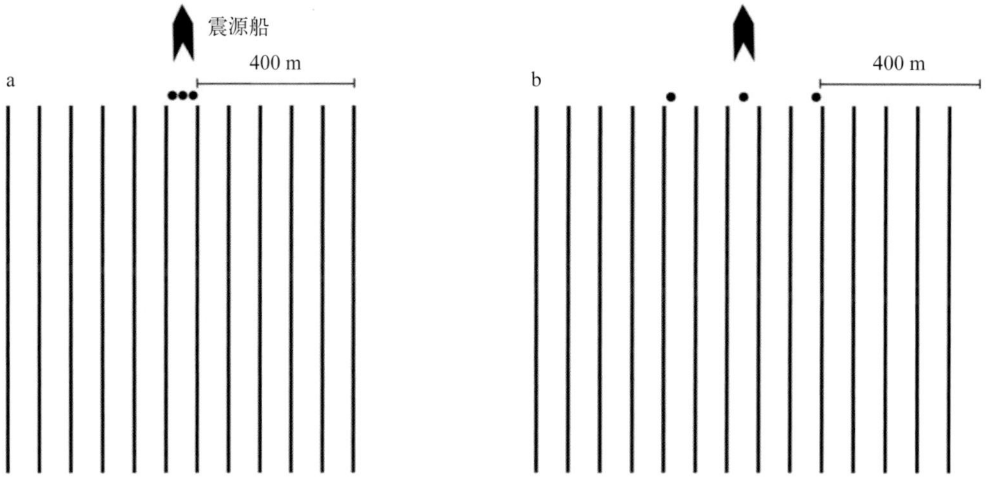

图2-4　震源拖曳与拖缆排列（Widmaier et al., 2019）

a. 标准三源配置的12 m×75 m拖缆排列；b. 宽拖三源配置的14 m×75 m拖缆排列

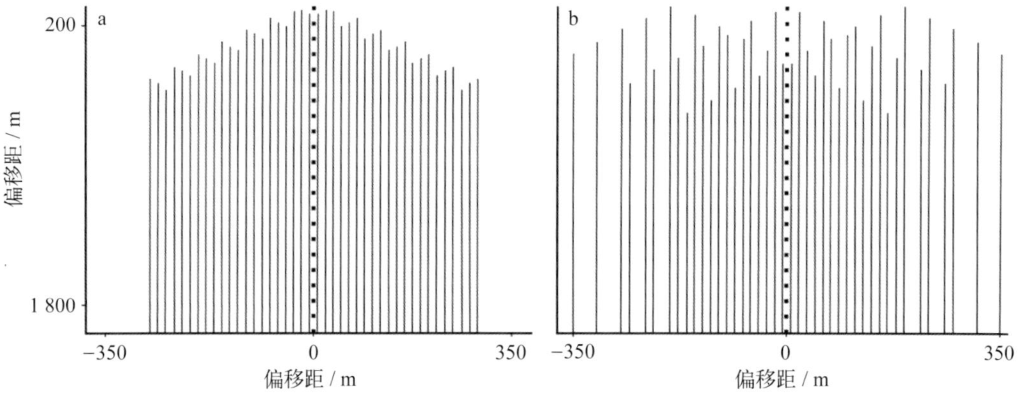

图2-5　CMP覆盖范围（Widmaier et al., 2019）

a. 标准三源14 m×75 m拖缆的CMP覆盖范围；b. 宽拖三源14 m×75 m拖缆的CMP覆盖范围

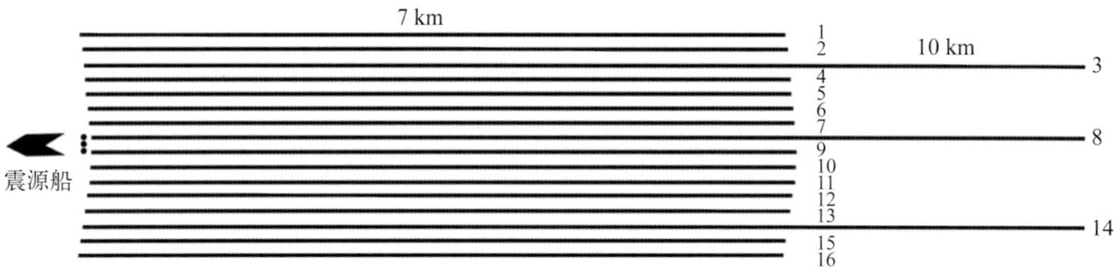

图2-6　16 m×56.25 m密集拖缆排列（Naumann et al., 2019）

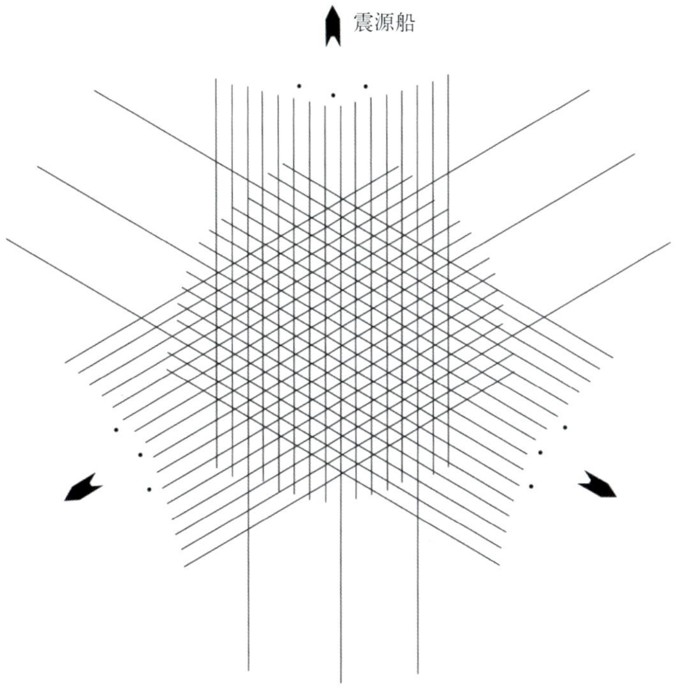

图2-7 GeoStreamer *X*多方位采集方案（Oukili et al., 2020）

该成像方案已成功地应用于北海浅水区地震调查。结果显示，全波形反演速度建模在表征浅地层通道、麻坑及气烟囱等构造的高分辨率速度变化方面能力更突出，明显好于传统的反射层析成像速度模型（图2-8）（Rønholt et al., 2014）。该技术方案还成功用于巴伦支海西南部不同深度目标的成像（Naumann et al., 2019），由于深拖，记录的低频信息信噪比高，以低至2～4 Hz的频率开始基于折射的全波形反演，随后频率范围逐渐增至2～15 Hz。深度为1 km的15 Hz全波形反演速度切片（图2-9a），存在明显的低速带和断裂构造（白色箭头），与初始速度（图2-9b）相比，全波形反演速度模型（图2-9c）清晰地显示了浅层的轮廓及其内部的速度变化。

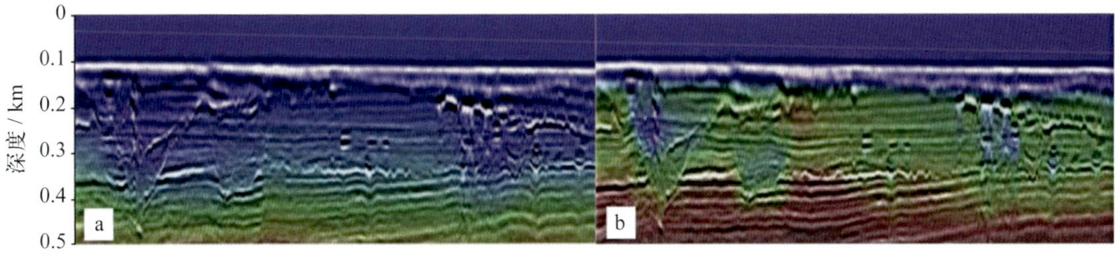

图2-8 速度与地震剖面叠合（Rønholt et al., 2014）

a. 小波变换层析速度与克希霍夫深度偏移成像叠合；b. 全波形反演速度与克希霍夫深度偏移成像叠合

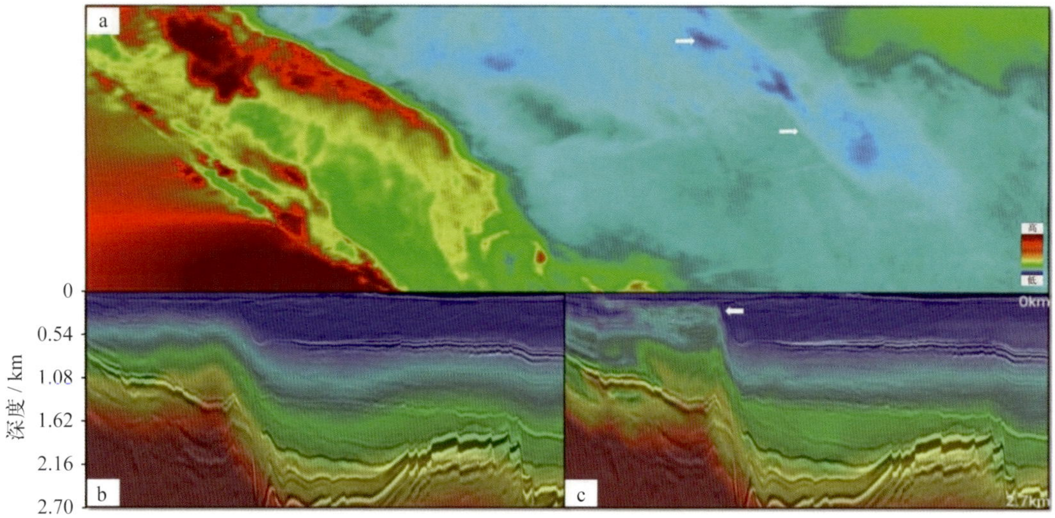

图2-9 全波形反演速度模型（Naumann et al., 2019）

a. 深度为1 km的15 Hz 全波形反演速度切片；b. 叠加偏移剖面与初始速度叠合；c. 叠加偏移剖面与全波形反演速度叠合

2.1.3 浅地层剖面调查技术

浅地层剖面（Sub-bottom Profile）调查是基于声学原理探测水下浅部地层结构的地球物理调查技术。以连续走航方式，通过发射主动源高频声波信号，接收海水及海底浅表层沉积层中不同密度界面的声阻抗差产生的回波信号，经过信号处理，得到反映水体及海底沉积物结构形态和空间展布的信息剖面。该技术具有高工作效率、高灵敏度和高分辨率、强信号可重复性特征，是海底浅表层沉积层结构、沉积特征、浅层气和矿产分布精细探测必不可少的技术手段。

浅地层剖面系统探测范围可达海底以下 40 m。可以有效识别天然气水合物或流体渗漏相关的声混浊、速度异常、振幅异常、断裂、泥底辟、气烟囱等声学异常特征和滑塌、麻坑、泥火山、自生碳酸盐岩岩隆等海底微地貌异常。浅地层剖面测量地层分辨率高达 0.2 m。浅地层剖面与高分辨率多道地震剖面相比，垂向和横向分辨率高、施工效率高、成本低，但探测地层深度浅，非常适合海域浅表层水合物的调查。相对于海域浅表层水合物多赋存水深800 m以深的位置，船载和船拖曳式的浅层剖面在垂向分辨率方面的优势弱很多。

2.1.3.1 仪器选型

浅层剖面仪种类繁多，如日本产 SP-2 型和 SP-3 型、美国产 PTR-106B 型、Bathy-2000P 型和X-Star 型，挪威产 TOPAS PS18型等。根据发射的声波类型可以分为两种：一种采用调频声波发射与匹配滤波相关技术，以达到较好的勘测效果；另一种采用大功率电脉冲声源，以达到高分辨率。针对浅表层水合物赋存水深等实际情况，我们选择使用TOPAS PS18全海深参量阵浅地层剖面仪。参量阵高频浅地层剖面技术是非线性调频浅地层剖面探测技术，其原理是利用地层波阻抗差异特性，通过发射两组相近的原始声波信号，利用声波在介质中传播的非线性特征，自解调产生差频信号，形成参量阵声学场，实现差频窄波束声波发射，减少水体噪声和海底混响等干扰。基于非线性调频技术的参量阵高频浅地层剖面仪具有穿透性强、发射波束角小以及分辨率高等优点，体积小、重量轻的换能器具有足够的穿透力，从而获取更高分辨率和更深地层的剖面数据。

2.1.3.2　TOPAS PS18全海深参量阵浅地层剖面测量系统

挪威Kongsberg公司生产的船载TOPAS PS18全海深参量阵浅地层剖面仪，它利用两个高强度声束在较高频率下（大约18 kHz中心对称）的非线性相互作用而产生低频声波。TOPAS PS18浅地层剖面仪产生的信号具有较高的带宽，窄波束剖面（接近所发射的高频信号）并且没有旁瓣，可高精度的刻画浅部地层结构。该浅地层剖面仪工作水深为20 m至全海深，穿透能力较好，且分辨率非常高。

TOPAS系统最大的特点是操作者可以根据水深、地层等实际情况进行发射信号的选取。系统可使用的发射信号波形包括：Ricker波、Bursts波（CW波）、Chirp波和其他根据用户指定的波形外接输入（图2-10）。系统主频率为12.5 ~ 17.5 kHz，次级频率为0.5 ~ 5.0 kHz，发射模式可以是单脉冲，也可以是多脉冲。每种发射信号波形都具有不同的特点，Ricker波具有高分辨率的特点，Bursts波具有高穿透率的特点，Chirp波是介于Ricker波和Bursts波之间的一种波形，兼顾了一定的分辨率与穿透能力。由实际工作经验分析，高分辨率的Ricker波比较适合于对水深小于1000 m的地层进行测量；当水深大于2500 m时，使用Bursts波进行地层测量比较适合；水深在1000 ~ 2500 m时可以用Chirp波进行地层测量。3种发射信号波形使TOPAS系统从理论上实现了全海深的测量能力。

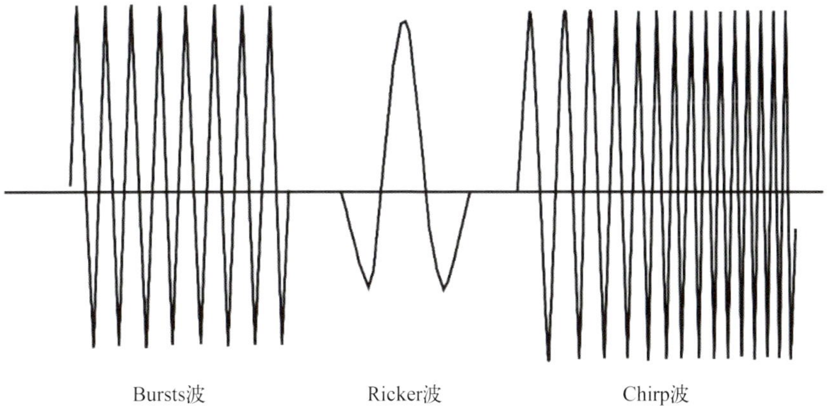

图2-10　TOPAS系统使用的3种波形

扇区指向的正交性形成对海底地形的照射脚印，对这些脚印内的反向散射信号同时进行到达时间和到达角度的估算，结合测量的声速剖面数据、吃水数据、潮汐数据通过公式计算得到水深值，当连续测量并将结果合理拼接后，就可以得到海底地形图。多波束测深系统是在单波束回声测深仪的基础上发展起来的，与单波束测深仪相比，有测量范围大、测量速度快、精度和效率高的特点。

自20世纪80年代初美国SeaBeam公司首先将多波束测深系统用于商业领域以来，各发达国家非常重视该技术的研发，使多波束测深技术飞速发展，实现了全海深、全覆盖、高分辨测量。目前，国际上代表性的产品主要有：德国L-3 ELAC Nautik公司的SeaBeam系列，挪威Kongsberg公司的EM系列，德国ATLAS公司的FANSWEEP系列，丹麦Reson公司的Seabat系列和美国R2SONIC公司的SONIC系列等。经过40余年的发展，从最初的波束少、集成度低、扫幅宽带仅60°、数据无法实时处理为特点的第一代产品，发展到目前采用宽带技术、近场自动聚焦和水体显示等技术的第四代产品，测量的精度和密度得到极大提高。

多波束测深系统长期以来作为地形测量仪器获取高分辨率的海底地形数据，随着技术的不断发展，多波束水体反射数据也在海洋学研究中逐渐显示出其应用价值（Keir Colbo，2014）。多波束声学系统除了地形测量外，还可用于军事、渔业、物理海洋和海洋地质方面的研究（Lurton Jackson，2004；Anderson et al., 2003）。Skarke等针对美国北部大西洋沿岸的50～1 700 m海域的500多处海底甲烷溢出口进行了研究，利用ROV进行现场观测，确定甲烷气泡体积参数，结合多波束水体数据，估算了该区域甲烷溢出量（A. Skarke et al., 2014）。Weber等利用单波束和多波束对墨西哥湾水体中的气泡进行了观测（Weber et al., 2005），Schneider von Deimling J等利用180 kHz和50 kHz的多波束系统分别对North Sea和Black Sea的两处甲烷溢出区进行了观测，均在水体数据中发现了甲烷气泡的反射特征，结果复现性一致（Schneider von Deimling J et al., 2013）。Matsumoto研究发现，在日本海汇聚边缘的东侧的回声探测图像上，显示的甲烷羽状流为直立的或轻微偏斜的圆锥体，多数羽状流能上升到海平面之下200～300 m，每个羽状流的直径向下变大，到海底可达300～500 m（Matsumoto，2000）。

2.1.4.2　EM122型万米深水多波束测深系统

EM122多波束测深系统是挪威Kongsberg公司生产的深水多波束测深系统，是目前国内使用的第四代多波束测深系统，其覆盖范围广、分辨率、探测精度都是非常高的。最大探测范围可到10 000 m，最大脉冲发射率20 Hz，波束宽度1°×1°，波束数 288个，工作频率 12 kHz，双条幅模式每一 Ping 可以获取 864 个水深点信息，整个收发换能器系统固定安装于船底。

2.1.4.3 多波束校准方法

（1）Roll 误差测定

选择一处比较平坦的海区布置一条测线（AB 线），在海况良好时，以正常的航速往返测量（航向相反，航迹较直且重复性较好，时间相隔短）， 然后用多波束系统的横摇偏角校正模块，在垂直测线方向截取剖面（CD 线），通过调整横摇偏角，使两剖面最佳重合，这时的值就是横摇偏角。

（2）Pitch 误差测定

找一个有斜坡的海域，布设一条垂直于等深线方向的测线（AB线），在海况良好时，以正常的航速往返测量，选择符合要求的测线，然后用多波束系统的纵倾偏角校正模块，在测线方向截取剖面（CD 线），通过调整纵倾偏角，使两剖面最佳重合，这时的值就是纵倾偏角。

（3）Heading 误差测定

找一个有斜坡的海域，布设两条垂直于等深线方向的测线（AB线、CD线），在海况良好时，以正常的航速同向测量，然后用多波束系统的 Heading 校正模块，在两测线重叠区域截取剖面，通过调整 Heading 角的数值，使两剖面最佳重合，这时的值就是 Heading 偏角。

2.1.4.4 多波束测深资料应用

利用高质量的海底地形数据和来自海底的反向散射声信号，通过声成像对海底地形、地貌、底质分类进行刻画。通过识别出的滑塌体、泥火山喷口、丘状体等与浅表层水合物相关的微地貌，进而达到间接探测浅表层水合物的目的。图2-14是用EM122多波束测深系统获取的泥火山喷口影像图，能清晰地刻画泥火山喷口特征。

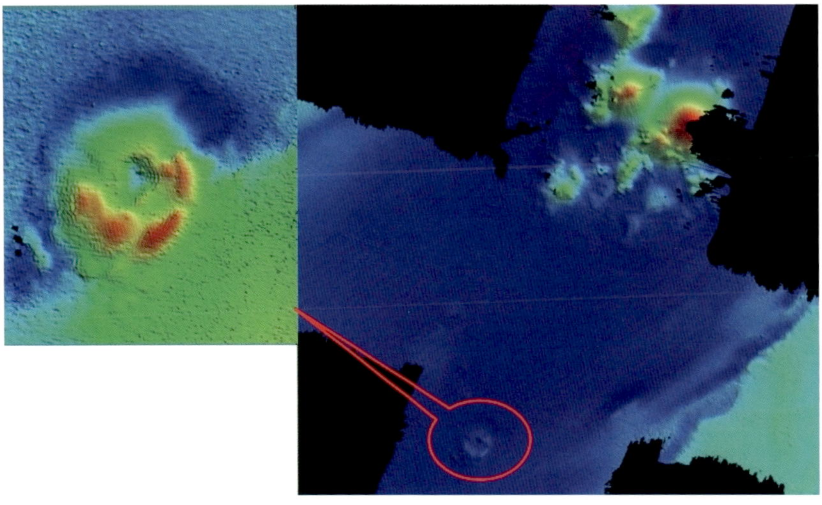

图2-14 泥火山喷口精细刻画影像

2.1.4.5 多波束海水羽流反演

声波在海水中的传播能量作为回波回到声源处叫作后向散射，其中水体反射包含了水体中的鱼及水中其他生物、悬浮固体、气泡，某些区域的温度变化也能形成水体散射界面。目前的主流多波束，特别是深水多波束都具备了水体和底质反射数据的采集和记录功能。多波束的水体后向散射数据信息中包含了从换能器至海底的完整声学反射信息，在气体溢出区，由于含气水体会对多波束声波产生较强的反射作用，所以在气、液界面以及气、液混合水体中，多波束水体的后向散射强度值会产生异常的峰值，而这个峰值大小和峰值区间与海水中气体含量和气体分布范围是相关的。通过数据反演就可以获取水体中的羽流信息（图2-15）。

当然，解释时必须考虑多解性问题，需要结合浅地层剖面和多道地震剖面资料显示的逸散通道来确定合理的解释结果。

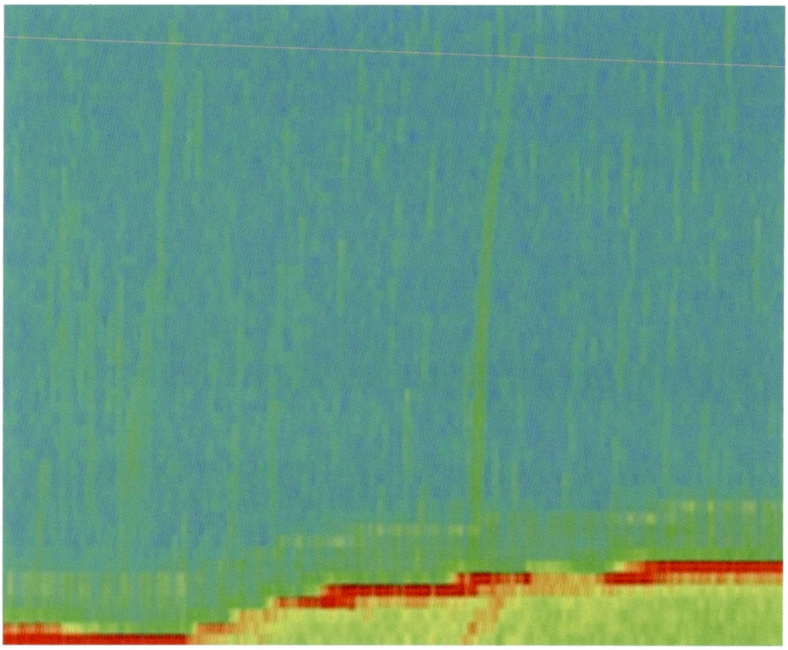

图2-15 利用多波束后向散射数据求取的水体中的羽流

2.1.5 海洋可控源电磁法

海洋可控源电磁法是一种采用可以控制的人工源作为激励场源，激发电磁波以弥补海洋环境中所缺失的低频信号，通过测量海底电磁场，计算电磁场的视电阻率和相位，或者直接利用所观测到的电场和磁场振幅以达到探测地下电性结构分布的方法（Marine Controlled-Source Electromagnetic Method，MCSEM）。采用近海底拖曳的电磁发射系统向海底发射多制式大功率电磁场信号，利用布设在海底的电磁场接收机采集电偶源电磁场信号，海洋电磁法工作原理见图2-16。

采集站接收到传播途径不同的3种信号：通过海水直接到达的直达波；来自海水—空气界面的反射波和折射波；来自海底地层的反射波和折射波。对接收到的海洋可控源电磁数据进行数据增益与频谱分析、频谱标定、校正与归一化处理、合并航行数据等信号处理工作，得到电磁场振幅随偏移距变化（MVO）曲线和相位随偏移距变化（PVO）曲线，进而通过模型反演获得海底以下地层电性结构信息。

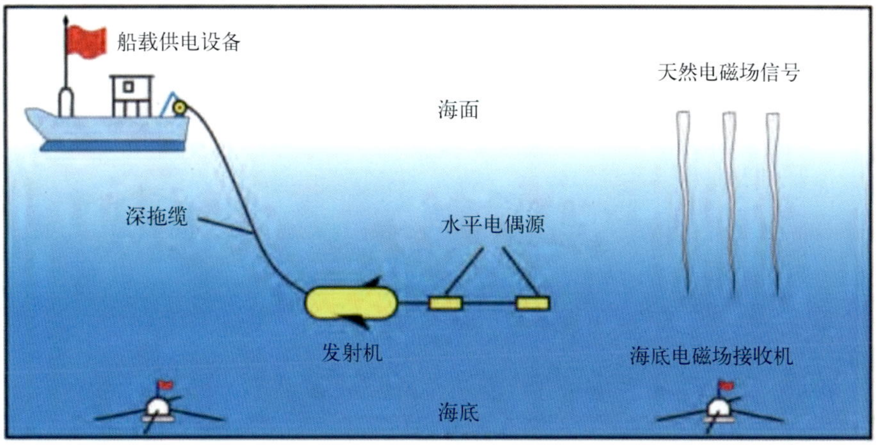

图2-16　海洋电磁法工作原理示意（景建恩等，2016）

海洋可控源电磁法能够得到海底的导电性参数，可以为天然气水合物研究提供重要电性信息。国内外研究表明（Edwards，1997；Schwalenberg et al., 2010；Lee et al., 2011；Hsu et al., 2014；景建恩等，2016），利用海洋可控源电磁法研究天然气水合物可以弥补地震资料BSR与水合物对应的多解性、水合物内幕结构不清和难以界定水合物顶界等方面存在的缺陷，正逐步成为地震勘探的有效辅助手段。

2.1.6　海洋垂直缆调查方法

2.1.6.1　海洋垂直缆系统

海洋垂直缆系统是一种高分辨率地震数据采集系统，它最初是基于反潜技术研发的（Krail，1994）。垂直缆系统主要由水听器、数字包、超短基线、浮球、声学释放器、配重组成（图2-17）。实际作业时，将垂直缆底部固定在海底，利用浮球的浮力使其悬浮在海水中，震源船可以在任何方位沿测线激发，水听器记录来自海底和地层的反射信号（图2-18）。与传统的海洋地震勘探相比，其优点概括如下：①水听器可相对静止地布设在较深海水中，距离目标地质体更近，从而显著降低背景噪声水平，获得更高的信噪比。②有效地避免了水听器与复杂海底耦合问题导致的地震数据质量的损害。③该系统水听器可实现上行波场（反射波）和下行波场（直达波和海面反射波）的分离，从而可获得更高精度的图像。④该系统可接收来自任何方位的地震信号，从而获得全方位覆盖，对表征地下方位的各向异性至关重要。⑤该系统更易于部署和回收，为4D时移地震勘探提供了经济的解决方案。总之，垂直缆技术真正实现了广角、宽频的高分辨率三维数据采集，可对极浅的目标地质体进行高精度成像。当前研制的海洋垂直缆系统也存在一些弊端，比如：勘探范围有限；造价成本相对较高；水听器的定位精度和深拖震源时的激发点位置精度差，影响高分辨率成像等。

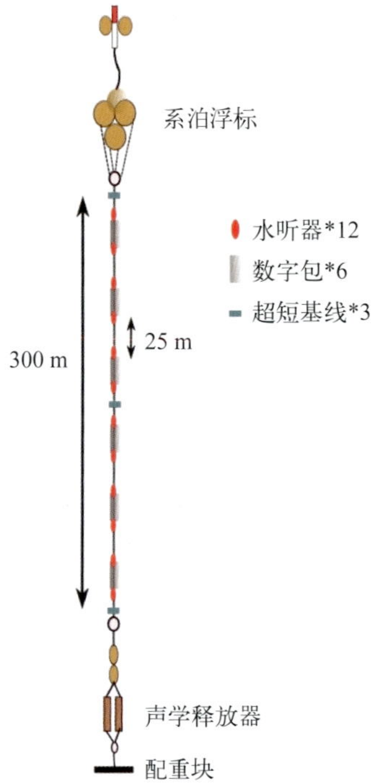

图2-17　海洋垂直缆采集系统（Zhang et al., 2021）

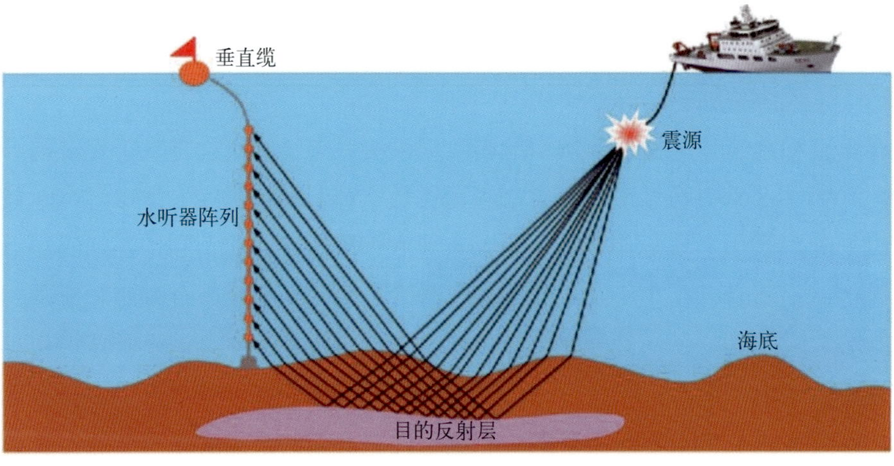

图2-18　海洋垂直缆地震勘探（Wang et al., 2021）

2.1.6.2 海洋垂直缆系统的应用

到目前为止，海洋垂直缆技术已在全球深海勘探中得到了广泛应用，例如在墨西哥湾，应用该技术进行了数次高分辨率地震勘探，发现了深海石油产区，并圈定出更多的勘探远景区域（Krail，1994）；在北海Strathspey区域，大规模垂直缆调查获得了高质量的地震数据，提高了解释的可靠性，改善了对该地区剩余勘探潜力的评估，提高了井位选址和储层模型的精度（Leach，1999）；在Biwa湖，日本科学家于2009年11月首次进行了24道垂直缆试验研究，发现其成像效果优于传统地震勘探（Asakawa et al., 2012）；2011年和2013年日本科学家在冲绳海槽的两个硫化物矿区进行了海洋垂直缆勘探（图2-19），获得了高分辨率的叠前深度偏移3D数据体，海洋垂直缆勘探可以表征海底结构，聚焦浅部地层，并在海底以下约30 m处的沉积物下方发现一处硫化物矿床（Asakawa et al., 2015）。

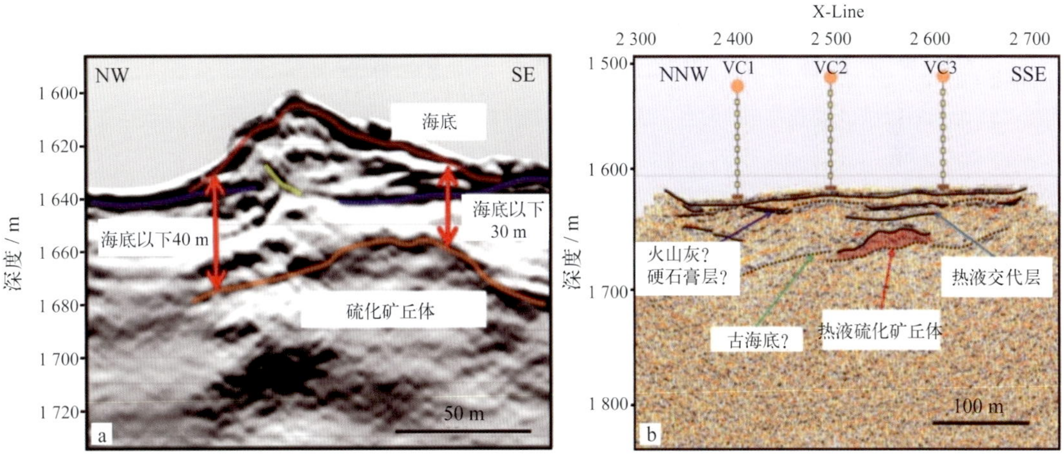

图2-19 a. 2011年冲绳海槽Izena Cauldron热液活动区北部的海洋垂直缆地震剖面（气枪震源）；b. 2013年冲绳海槽 Izena Cauldron热液活动区南部的海洋垂直缆地震剖面（电火花震源）（Asakawa et al., 2015）

针对浅层的天然气水合物勘探，相比于传统 3D 地震勘探海洋垂直缆更有优势，中国海洋大学于 2017 年完成了用于天然气水合物勘探的分布式垂直缆地震采集系统的开发，并于同年 4 月在南海神狐海域成功进行了三维垂直缆勘探试验（Zhang et al., 2020；Zhang et al., 2021），获取了高质量的 3D 地震数据，利用基于共散射点道集的精确速度分析，获得可靠的速度模型。然后，利用该速度场对共接收点道集进行逆时偏移，获得含水合物的沉积物的高分辨率图像，成像剖面清楚地显示了 BSR 和水合物层的反射（Wang et al., 2021）。剖面的分辨率与 P 波速度曲线的分辨率有关，测井数据的 P 波速度和剖面的叠合图像说明了垂直缆成像的高分辨率特征，尤其是在 1 249 m深度附近（图2-20a），合成地震记录与测井曲线吻合效果较好（图2-20b），说明垂直缆数据的成像具有较高的分辨率和信噪比，可很好地确定水合物层的结构（Wang et al., 2021）。

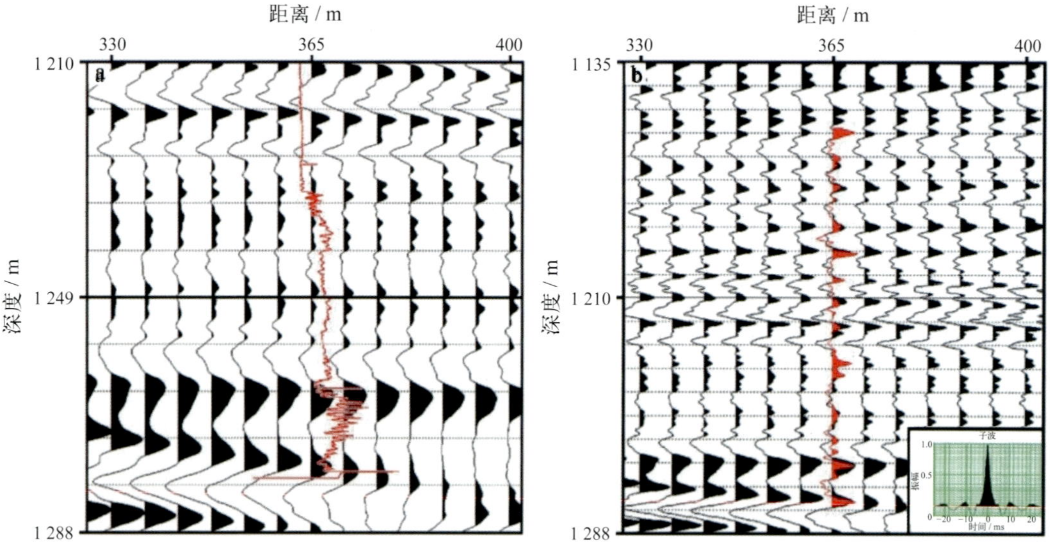

图2-20　a.测井数据与垂直缆剖面叠合，红色曲线是测井数据的P波速度；b.合成地震记录（红色曲线）与地震剖面叠合（Wang et al., 2021）

2.1.7　水合物钻探

水合物钻探是天然气水合物勘探和发现的直接手段，通过钻探可以获取水合物赋存特征，评价已建立的天然气水合物成藏模式和找矿标志的可信度和精度，获取天然气水合物资源评价所需关键基础地质参数，是天然气水合物勘探开发的必要环节。

近年来，为了查明海域水合物的赋存位置、产出特征及地质控制因素，相继实施了一系列钻探计划，如大洋钻探计划（Ocean Drilling Program, ODP）164航次和204航次、综合大洋钻探计划（Integrated Ocean Drilling Program, IODP）311航次、墨西哥湾“联合工业计划”（Joint Industry Project, JIP）、南海海槽“日本甲烷水合物开发计划”（Japan’s Methane Hydrate Exploitation Program, JMHEP）、“郁陵盆地水合物勘探计划”（Ulleung Basin Gas Hydrate Expedition, UBGHE）以及“印度国家水合物计划”（India National Gas Hydrate Program, INGHP）等。

上述海域水合物钻探计划的成功实施，不仅证明了水合物在这些区域的存在，还为研究水合物形成、产出和聚集提供了大量的第一手地质资料，使海域水合物的勘探技术和成藏理论得到了飞速发展，从而能更好地回答“水合物如何分布”和“水合物分布的控制因素”这两个关键的科学问题。

2.1.7.1 随钻测井

2.1.7.1.1 方法原理

随钻测井和电缆测井是应用于天然气水合物钻探的两种主要测井方法。测井具有勘探精度高、分辨率高等特点。随钻测井（Logging While Drilling，LWD）指在钻井过程中实时测量岩石物理参数，并通过数据遥测系统将测量结果实时传送到地面记录系统的测井方法。随着技术的不断发展，除了部分成像测井、核磁测井等系列外，现如今，石油随钻测井几乎可以完成电缆测井能实现的所有其他项目，能满足天然气水合物勘查的需要。随钻测井仪包括井下数据测量系统、数据传输系统及地面数据采集和处理系统。

相较于电缆测井，随钻测井方法有助于提高勘探效率，降低钻井风险，具有直接测量原位状态下的天然气水合物储层的物理性质的优势，可以为天然气水合物地层识别和参数评价提供高分辨率、连续的数据资料，且相对于钻探取芯更具有经济性和动态性等突出特质，充分显示了测井方法在天然气水合物勘探、评价和开发中的重要作用。

Manabu等（2017），利用随钻测井研究了日本 Juetsu 区域水合物的物理性质。在 J24L 站点测井结果显示了水合物储层具有高电阻率（约 10 000 Ω·m）、高纵波速度（约 3 700 m/s）、高横波速度（370 ~ 1 839 m/s）、高中子孔隙度（约 1.2）、低自然伽马射线强度（约 0 API），低中子伽马密度（约0.8 g/cm^3）等物理特征。

2.1.7.1.2 LWD在水合物勘探开发中的应用

天然气水合物的存在改变了原始沉积层的特性，必然会引起测井曲线的明显异常。简单归纳如下。

（1）井径测井：钻井过程中会造成井径周围天然气水合物的分解，引起井壁垮塌和井径扩大。

（2）钻井速率：含天然气水合物层的硬度明显增加，钻井过程中由于受到水合物和沉积骨架间胶结的影响，钻井速率具有明显降低的特征。

（3）自然伽马测井：天然气水合物储层放射性比常规沉积层段低，因此，水合物所在层位的自然伽马曲线表现为突然减小特征。

（4）电阻率测井：天然气水合物导电性差，其所在层位电阻率曲线急剧增高（其数值通常为围岩的几十倍）。

（5）地震波速测井：天然气水合物较常规沉积物具有更高的地震纵波速度。

（6）自然电位测井：天然气水合物存在降低了气体的扩散和渗透，与气水饱和层比自然极化电位小，同时钻井扰动造成水合物分解，使围岩中高活度水向钻孔扩散，造成水合物储层钻井液中负电荷数量增加，表现为负自然电位异常。

能的分布范围。随着水合物研究的快速推进，大量学者从不同方面探讨了热流与水合物之间的关系。Yamano等（1982）利用水合物的相平衡资料和 BSR资料来估算地温梯度，结合沉积物的热物理特性估算了日本南海海槽、中美海槽等几处的热流值。王力锋等（2009）利用南海北部陆坡获取的127个地热数据，分析了海底热流平面分布特征，并用静态模式讨论了热流对天然气水合物稳定带厚度的控制作用。谭淋耘等（2013）通过对研究区似海底反射层、水深及热流值分布进行交汇，研究了水深、热流双因素对天然气水合物形成的共同控制机理。徐行等（2005）探讨了探针热流、钻孔热流和BSR计算热流3种之间的对应关系，探讨了热流、热导率等参数与水合物赋存的相互影响。

2.2 海洋浅表层天然气水合物地质取样技术

天然气水合物是由甲烷等气体在高压低温环境下与水结合形成的冰状固态物质，在陆地永久冻土带和深海大陆坡附近（水深大于300 m）均有发现。勘探实践证明，水合物资源量巨大，是未来潜在的替代资源。另外，水合物分解易引起海底滑坡，释放的甲烷气体对全球气候变化也有重要影响（吴能友等，2008；Hester and Brewer，2009；邬黛黛等，2010）。埋藏于海底以下120 m范围内沉积层中的浅表层水合物具有分布集中、厚度大、纯度高等特点（蔡峰等，2020；孙运宝等，2020），多赋存在冷泉、泥底辟和泥火山附近，这种类型的水合物与深层的甲烷气体泄漏密切相关。海洋浅表层水合物在世界各地分布广泛（Liang et al., 2019；Matsumoto et al., 2017），是重要的水合物调查研究对象。浅表层水合物赋存于近海底沉积物中，埋深浅，对勘探手段和方法的分辨率具有较高的要求（骆迪等，2020）。利用合适的地质取样工具和样品处理手段，在勘探目标区可以获得浅表层水合物存在的标志，如碳酸盐结壳、冷泉生物、菌席、黄铁矿等，甚至直接获得水合物样品，这些样品为浅表层水合物成藏研究提供了可靠资料。

水合物地质调查中，通常采用地质、地球物理、地球化学等多种调查方法获得各类地质资料，利用这些资料来掌握水合物赋存区的沉积和构造特征、资源分布特征和潜力，其中地质取样是其中最直接的方法（张训华和赵铁虎，2018）。常用的地质取样技术包括表层取样、重力取样、海底钻探等，还有各种针对水合物的新型取样技术，如水合物的保压取芯技术。在实际的调查作业中，一般根据勘查目标、水深、海底地形、底质类型和水合物产状等来选择合适的采样方法和设备。

本节以水合物存在的指示标志和赋存特征为基础，结合已有调查成果和实际调查经验，总结适用于浅表层水合物的地质取样方法，介绍不同取样方法的特点。最后介绍海洋水合物取芯样品的现场处理分析方法。

（1）水合物存在的指示标志和赋存特征

海洋水合物的形成和分解是同时进行的动态过程。海底水合物分解释放的CH_4气体能够以冷泉的形式排放到海水中（Peckmann et al., 2001），CH_4气体在沉积物中向上运移过程中，一部分气体会通过生物地球化学作用被消耗掉，为沉积物中的微生物提供营养物质，促进地层中的微生物活动。微生物活动将沉积物孔隙中的SO_4^{2-}还原，同时将CH_4氧化成HCO_3^-，引起海底局部的化学组分异常，在海底生成自生碳酸盐岩（Sassen et al., 2004；Teichert et al., 2005）。通过收集附着在海底的自生碳酸盐岩及其沉积物中的孔隙水和CH_4气体等样品并进行分析，可以判断是否有CH_4气体的泄漏。沉积物孔隙水中的离子浓度异常可作为水合物存在的标志（Hesselbo et al., 2000），常用的离子指标包括Ca^{2+}、Mg^{2+}、Cl^-、SO_4^{2-}等。另外，在水合物富集区和甲烷渗漏发育区，存在大量的以CH_4为营养源的生物群落，包括细菌、古生菌、腹足类、双壳类和管状蠕虫等生物类型（梁金强等，2018；Sahling et al., 2002），这些生物以甲烷为物质基础构成极端环境下的一个完整的生态系统。

按照气体运移方式的差异，水合物成藏模式可划分为扩散型和渗漏型两种类型（Tréhu et al., 2006）。渗漏型水合物多形成于断层、泥火山和底辟构造较发育的地区，在底部气源充足的条件下，气体沿这些运移通道上升至浅表层沉积物中，在适宜的温压条件下与水结合形成水合物（图2-21）。渗漏型水合物藏中水合物以裂缝充填和块状产出，水合物的丰度高，分布集中。扩散型水合物藏的形成与原地生物成因甲烷或气体在地层中的缓慢渗透作用有关，水合物的产状以孔隙充填为主，粒度粗的砂质沉积物更有利于扩散型水合物藏的形成。这两种类型的水合物藏在海底浅表层沉积物中均可形成，而渗漏型水合物藏更具有资源前景和勘探价值。

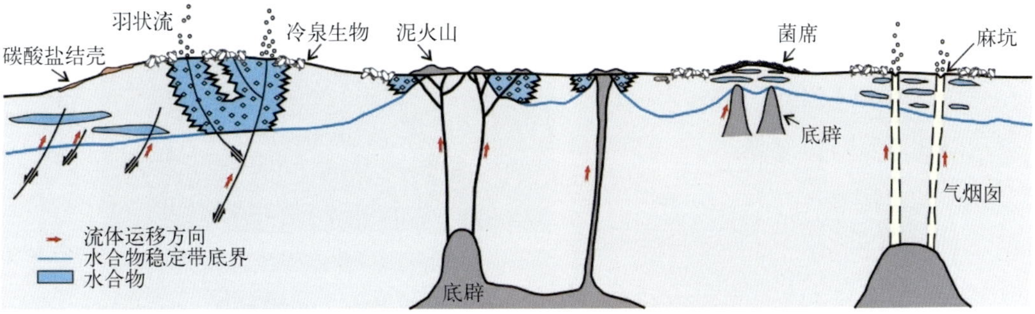

图2-21　海洋天然气水合物的指示标志和赋存特征示意

（2）浅表层水合物地质取样方法

水合物资源调查工作中，首先利用多波束、侧扫声呐、高分辨率浅剖、二维和三维地震勘探等声学探测方法在目标区开展地球物理调查，对获得的地球物理资料进行解释，寻找与水合物相关的地球物理异常标志，包括BSR和速度异常，以及断层、底辟构造和麻坑等特殊地质体的发育情况。之后在平面中圈定异常标志的发育区，将这些异常标志发育区作为重点目标开展后续地质取样工作，通过地质取样获得与水合物相关的各类地质样品。常用的地质取样方法包括表层取样、重力柱状取样、海底钻探、保温保压取芯等。

2.2.1 表层取样

表层取样主要用于采集海底表层附近沉积物、海底底层水以及其他的生物和岩石样品。海底底层水主要使用CTD测试仪和专用采水器获取，通过分析底层海水中的甲烷、营养盐等成分的异常情况来判断水合物是否存在。表层沉积物取样器的外形结构形式多样，但基本的结构、组成部件和取样原理基本相同，都是由取样器自身重力及配重铅块自由落体贯入海底沉积物采集样品。水合物调查中常用的表层取样器有箱式取样器、海底拖网、电视抓斗、多管采样器和水下机器人等。

2.2.1.1 箱式取样器

箱式取样器主要用于采集海底表层0 ~ 30 cm范围内沉积物、矿产资源和附着在海底表层的活体生物和生物碎屑（图2-22）。采集的样品可用于表层沉积物的沉积特征分析、沉积物中孔隙水的地球化学异常分析、矿物分析等。取样过程中，利用绞车将箱式取样器下放到海底，取样器着底的同时释放装置脱离卡槽，箱式取样器大部分插入海底沉积物中，主钢缆回收时闭合装置起作用，由两边往中间闭合，关闭箱式取样器下方样品进口，样品保留在箱式取样器中（曾宪军等，2009）。

图2-22　表层取样器及其在水合物赋存区采集到的表层样品

2.2.1.2 海底拖网

拖网取样器用于采集海底基岩、粒径较大沉积物（砾石、粗碎屑），海底烟囱碎屑、结壳、海底金属结核、火山岩块、贝壳碎屑和活体生物等。根据取样对象的不同可分为生物拖网取样器（图2-23a）和岩石拖网取样器（图2-23b）。生物拖网取样器主要用于拖取海底表层生物样品或碳酸盐结壳等，水合物调查中主要用来拖取冷泉生物、生物碎屑和碳酸盐结壳、活体贝壳等。岩石拖网取样主要用于获取海底岩石样品。由于海底岩石坚硬且重量大，岩石拖网取样器设计较为牢固、编织网短、容量小（曾宪军等，2009）。

图2-23 海底拖网

拖网主要由拖拽缆绳、保护缆绳、采样铁框架和网篮组成。由于海底地形复杂多变，采样器在拖拽移动过程中容易被海底岩石卡住，施工过程中，将拖网采样器释放到海底后，调查船要低速航行，通过缆绳牵引采样器在海底滑行，取样活动范围不宜过大，之后甲板尽量减少作业人员，防止意外发生。

2.2.1.3 电视抓斗

电视抓斗（TV-Grab sampler，TV-G）是利用海底摄像连续观察与抓斗取样器相结合的可视化地质取样器（黄永样等，2008）。电视抓斗多用于海底块状多金属结核、海底表层水合物、碳酸盐结壳、海底火山岩等地质样品的采集。电视抓斗克服了盲目取样、取样量小的缺点，可直接根据海底观察情况获得大容量的样品。另外，调查人员通过在电视抓斗取样器外围添加推进器，使取样器在一定范围移动并变换抓斗自身的位置，可以提高取样效率（杨楠等，2018）（图2-24）。

图2-24 深海移动电视抓斗（杨楠等，2018）

2.2.1.4 多管取样器

多管取样器多用于海底生物环境调查，可以获取扰动小的表层沉积物和底层海水，采集附着在海底的冷泉生物。采集的底层海水可进行水体甲烷和溶解氧测试分析。多管取样器具有采集样品量大、原始性保持好、质量高等特点（图2-25）。

图2-25 多管取样器

多管采样器一般分为4部分：采样器底座支架、沉积物取样管、配重以及液压减振器。该设备能够装载多达8个独立的采样管，它不仅比现有的箱式取样器容易操作，而且能够大大缩短采样时间。取样管通过附在支撑架上的液压减振器，缓慢地贯入沉积物中，当取样管被提起时，其顶部和底部的盖子将闭合，同时能获取沉积物上覆底层水。

2.2.1.5 水下机器人

水下机器人按移动方式分为非坐底爬行式和坐底爬行式两种类型。水合物调查中使用较多的是非坐底爬行式水下机器人，包括自主式水下机器人（Autonomous Underwater Vehicle，AUV）和遥控水下机器人（Remotely Operated Vehicle，ROV）。AUV无需电缆遥控，活动范围大，探测能力强，但悬停定位、稳定作业能力不足，而ROV依靠多个不同方向的推进器提供稳定推力，可精确移动定位和作业，但活动范围受拖缆的限制（陈虹等，2018）。目前，海底地质采样主要使用ROV（图2-26）。ROV借助自身携带的机械臂，可抓取海底岩石、碳酸盐结壳、热液矿产、海底生物等。

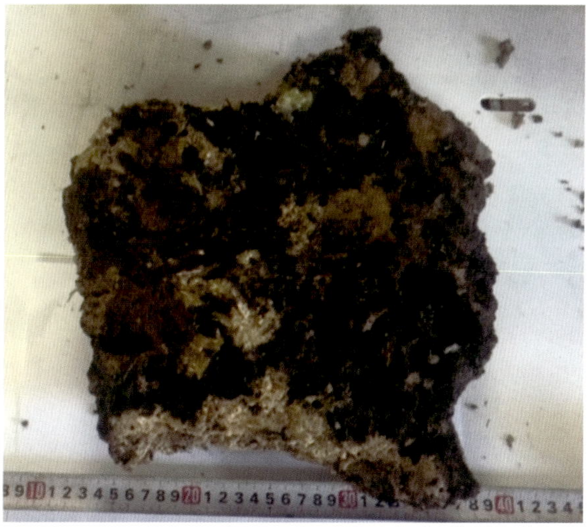

图2-26 ROV及其在水合物赋存区采集到的碳酸盐结壳

2.2.2 重力柱状取样器

重力柱状取样器主要用于采集海底表层以下几米到几十米范围内的未固结和半固结的沉积物（图2-27）。柱状样从海底表层向下延伸了一定距离，相对于表层样，纵向采样范围扩大，能够获取到更多的沉积物样品。通过对柱状样品的分析，可以了解取样点位一定地质历史时期内的沉积演化历史和环境变化等重要的信息。另外，通过柱状取样能够获取到赋存在浅表层沉积物中的矿产资源信息。在水合物富集区可直接通过柱状取样器获取浅表层水合物样品（Obzhirov et al., 2020）。

图2-27　海上重力柱状取样作业

水合物勘查中常用的柱状取样器是重力柱状取样器和重力活塞柱状取样器。重力取样器主要靠自身重力以及自由落体产生的惯性力贯入沉积物中来采集样品。此类型设备主要在底质为黏土、黏土质砂和砂质黏土的沉积区使用。通常在泥质区取到的柱状样较长，在砂质沉积区，取样器利用自身重力贯入沉积物较困难，取到的样品也较短。

重力柱状取样器由配重铅块、取样管、平衡尾翼组成。重力柱状取样器不安装活塞，不会由于活塞的抽吸作用扰动沉积物。可以获取海水—沉积物界面附近的无扰动样品。

重力活塞取样器相比重力取样器增加了重锤和释放装置。主要由取样管、配重铅块、活塞系统、释放器系统、重锤等组成。重力活塞采样器与重力采样器的最大区别是除利用取样器自身重力贯入沉积层外，还利用了安装的活塞抽吸作用，抵消沉积物与取样衬管之间的侧壁摩擦力，获得比重力取样器更长的柱状样品。取样器在上提过程中，由于上拉活塞产生的抽吸作用，会使进入取样管内的沉积物发生变形和分段，不利于沉积物保持原有形态。

2.2.3　海底钻探

依托于大洋钻探船的海洋钻探系统和直接下放到海底的海底取样钻机也是水合物勘查中经常用到的取样装备。大洋钻探船类似于海洋石油钻井平台，作业时大洋钻探船依靠自身的动力定位系统保持船体姿态和位置稳定，利用钻探船上的井架将钻杆和钻进系统送入海底进行钻探取样。相比于海洋石油钻井平台，大洋钻探船移动更加灵活，可实现多个站位连续钻探作业，最大钻探深度可达几千米。深海钻探计划（DSDP）、大洋钻探计划（ODP）和综合大洋钻探计划（IODP）相继实施了一系列的水合物钻探工作（表2-1）（张炜等，2018），有力地推动了水合物勘查工作。美国、日本、中国、韩国、印度等国家利用大洋钻探船相继开展了水合物钻探工作。这些钻探工作使人们能够深入认识水合物成藏模式和特征，有力地支撑了水合物资源评价和水合物开采有利区的圈定工作。

表2-1 全球主要天然气水合物钻探活动（按时间顺序排列）（张炜等，2018）

航次名称	时间	调查区域	调查平台	主要储层类型	水合物类型
ODP 164	1995年	美国Blake海台	“JOIDES Resolution”号科学钻探船	富黏土/泥质	孔隙充填/结核状、块状
MITI	1999年	日本南海海槽	“M. G. Hulme Jr.”号半潜式钻井平台	砂质	孔隙充填
ODP 204	2002年	美国Hydrate海脊南部	“JOIDES Resolution”号科学钻探船	泥质	层状、结核状、脉状
METI	2004年	日本南海海槽	“JOIDES Resolution”号科学钻探船	粗粒砂质/泥质	裂隙充填、孔隙充填/结核状
JIP-I	2005年	美国墨西哥湾	“Uncle John”号半潜式平台	细粒砂质	裂隙充填
IODP 311	2005年	美国Hydrate海脊北部	“JOIDES Resolution”号科学钻探船	细粒砂质	层状、结核状、脉状
NGHP-01	2006年	印度大陆边缘及安达曼群岛附近海域	“JOIDES Resolution”号科学钻探船	泥质/砂质	裂隙充填、孔隙充填/块状、脉状、透镜状
GMGS1	2007年	中国南海神狐海域	“Bavenit”号钻探船	细粒黏土	分散状
UBGH1	2007年	韩国郁陵盆地	“Rem Etive”号多用途调查船	泥质/砂质	裂隙充填、孔隙充填/层状、分散状、脉状
JIP-II	2009年	美国墨西哥湾	Helix Q4000半潜式钻井平台	富黏土/砂质	裂隙充填
UBGH2	2010年	韩国郁陵盆地	“Synergy”号钻探船	泥质/砂质	裂隙充填、孔隙充填/结核状、浸染状
MH21	2012年	日本南海海槽	“CHIKYU”号深水钻探船	砂质	裂隙充填、孔隙充填/层状、分散状、脉状
GMGS2	2013年	中国南海珠江口盆地东部海域	“Rem Etive”号多用途调查船	粉砂质黏土	裂隙充填/层状、块状、脉状、结核状、分散状

续表

航次名称	时间	调查区域	调查平台	主要储层类型	水合物类型
GMGS3	2015年	中国南海神狐海域	“Voyager”号钻探船	黏土质粉砂/粉砂质黏土	孔隙充填/首次发现该区存在结构Ⅱ型天然气水合物
NGHP-02	2015年	印度大陆边缘及安达曼群岛附近海域	“CHIKYU”号深水钻探船	粗粒砂质	裂隙充填、孔隙充填/块状、脉状、透镜状
GMGS4	2016年	中国南海神狐海域/西沙海槽	“Voyager”号钻探船	黏土质粉砂/粉砂质黏土	进一步证实了GMGS3航次的发现
GOM^2-1	2017年	美国墨西哥湾北部	Helix Q4000半潜式钻井平台	砂质	裂隙充填
IODP 372	2017年	新西兰HiKurangi大陆边缘	“JOIDES Resolution”号科学钻探船	—	—

注：“—”表示无资料。

海底取样钻机与传统的海洋钻探系统有着完全不同的工作方式。传统的海洋钻探系统需要依托钻探船或钻井平台，利用钻探船上的井架将钻杆和钻进系统送入海底进行钻探取样，而海底取样钻机是一种钻探系统完全位于海底作业的钻探设备，可获取海底几百米的沉积物样品。海底钻机在水下工作时与母船只需要一条具有通信、供电和承载功能的脐带缆即可实现海底钻机的下放与回收、远程的能量供应和通信控制（图2-28）。与传统的海洋钻探系统相比具有设备体积小、钻探成本低、效率高、易操作和船舶适应性强等优点（谢焜等，2020），已成为海底资源与环境调查、海洋科学考察重要的调查装备。

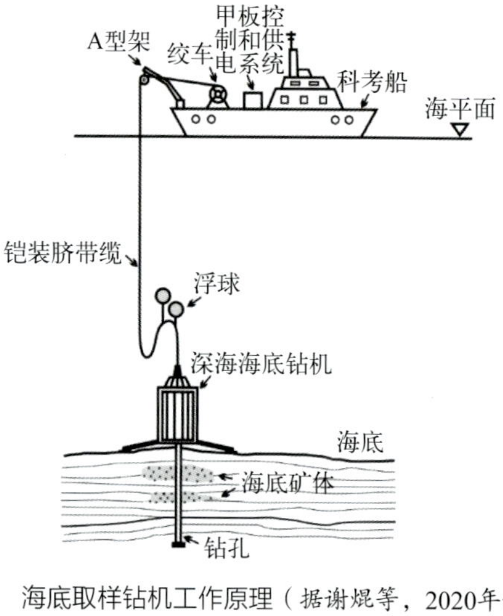

图2-28　海底取样钻机工作原理（据谢焜等，2020年修改）

依据钻进和岩芯回收方式的差异，海底取样钻机有多种类型，包括深海硬岩取样钻机、液压冲击式海底钻机、回转式海底钻机、绳索式取芯钻机等。绳索式取芯钻机是水合物勘探中使用较多的一类取样设备。绳索取芯钻机作业时不需提钻，仅用绳索打捞器循环打捞底部的岩芯样品即可，因此作业时不需要套管护壁，样品的取芯质量提高，工作时间明显减少，工作效率显著提高。基于上述特点，利用绳索取芯钻机进行水合物钻探取样时，可将从海底地层中取到的水合物样品，暂时置于海底钻机上，保证水合物样品处于合适的温压环境下避免发生分解，使海底钻机连续取芯，提高作业效率。绳索式取芯钻机应用范围广泛，既可用于未固结的松散沉积层，也可用在发育火山岩和变质岩的硬岩层。与其他类型的海底钻机相比，钻探深度可达几百米。取芯效率和岩芯收获率高。

绳索式海底取芯钻机工作水深可达2 000 m以上，最大钻探深度已经超过200 m。目前，比较有代表性的绳索式海底取芯钻机包括：澳大利亚的PROD海底钻机，德国的MeBo海底钻机（图2-29）（Tim and Gerold，2007），美国的ACS和A-BMS海底钻机，加拿大的CRD100钻机。

图2-29　德国MeBo海底钻机（Tim et al., 2007）

2012年，由湖南科技大学、广州海洋地质调查局和中国科学院海洋研究所共同承担的国家“863”计划海洋技术领域主题项目“海底60 m多用途钻机系统技术开发与应用研究”（“海牛”号深海钻机）正式启动，该钻机采用绳索取芯方法，具备软泥和硬岩的取芯能力，配备多功能原位测试仪器，可以对地层的端阻力、摩擦力、孔隙水压力、温度开展原位测试，并能够对土体颗粒进行摄像，已成为我国第三代海底钻机的代表（张汉泉等，2016）。2021年4月7日，由湖南科技大学主导研发的我国首台“海牛Ⅱ号”海底大孔深保压取芯钻机系统，在南海超2 000 m深水成功下钻231 m，刷新世界深海海底钻机钻探深度。

目前，海底取芯钻机已经发展到第四代，其特点是：体型大、投入高、钻探层位更深。2005年，挪威Robotic Drilling System AS公司耗资8亿～16亿美元对原ADF 海底钻机（Autonomous Drilling Floor）进行了改进，研制一套钻进深度超过600 m的大型深层海底钻探系统：Seabed Drilling Rig（图2-30）。该类型钻机使用了高度智能化模块设计。各个模块在陆地上均可由标准集装箱装载和运输，下放到海底后则完全由ROV进行组装、更换和维护；为了能使钻机在海底完全自动运行，该钻机还定制了一套专门的自动运行软件和处理水下故障的专家系统，确保钻机在海底的工作效率和可靠运行（任玉刚等，2019）。

图2-30　ADF钻机（左）和Seabed Drilling Rig海底钻机（右）（任玉刚等，2019）

2.2.4　保温保压取芯器

为准确评价海洋天然气水合物资源量，查清水合物的赋存状况，需要获取大量的水合物实物样品。水合物是在海底以下高压低温的条件下形成的，一旦脱离原有的形成条件就会分解。常规取样方法无法确保整个取芯过程中保持样品所需的温压条件，在被取出原位地层进入取芯筒至上提到甲板的过程中，水合物会发生部分或全部分解，不利于后续分析水合物在地层中的产状和物理化学特征，这就需要使用合适的取芯装置将原位水合物样品提升至甲板的过程中保证水合物不发生分解。为实现这一目标，一些专门针对水合物采样的新型取芯技术和装备被研发出来并用于实际水合物勘查。

美国、日本、欧盟等发达国家或地区先后开展了水合物保温保压取样工具的研发，已研制出多种类型的水合物保温保压取样工具，这些钻具借助ODP、DSDP等国际大洋钻探计划以及诸多以水合物为目的的商业钻探航次的实施，在实践中不断完善，已成功应用于不同海域的水合物钻探取样工作（表2-2）（刘协鲁等，2021）。

表2-2 国外保温保压取样钻具的应用情况（刘协鲁等，2021）

保温保压取样钻具类型	研发国家/地区或项目	技术指标	应用情况
PCS	ODP	（1）用于Φ127 mm或Φ139.7 mm钻杆； （2）岩芯长度0.86 m，直径86 mm； （3）保持压力70 MPa	在ODP Leg124、139、141、146、164、196航次中使用
PCB	DSDP	（1）岩芯长度6 m，直径57.8 mm； （2）保持压力35 MPa； （3）使用频率受球阀限制（调整为2～5 h）	在DSDP Leg42、62、76航次中使用
PTCS	日本	（1）用于Φ168.3 mm钻杆； （2）岩芯长度3 m，直径66.7 mm； （3）最大工作压力24 MPa	在加拿大马更些三角洲、石油公司柏琦试验场、“南海海槽”海洋探井
Hybrid PCS	日本	（1）适用于Φ127 mm或Φ139.7 mm钻杆； （2）岩芯长度3.5 m，直径51 mm； （3）最大工作压力35 MPa	Chikyu expedition 802
HRC	欧盟	（1）适用于Φ127 mm或Φ139.7 mm钻杆； （2）岩芯长度1 m，直径51 mm； （3）保持压力21 MPa	2005年墨西哥湾
FPC	欧盟	（1）适用于Φ127 mm或Φ139.7 mm； （2）岩芯长度1m，直径54 mm； （3）保持压力25 MPa	ODP 204

国内对海域天然气水合物保温保压取样工具的研究起步较晚，目前已有多家科研机构研制出了不同类型的保温保压取样钻具（表2-3），并进行了海上取样试验。总体上我国的保温保压取样技术的发展和应用与国外仍存在一定的差距，利用国内保温保压取样钻具开展实际取样工作较少。

表2-3 国内保温保压取样钻具的应用情况（刘协鲁等，2021）

钻具类型	研发单位	实际应用
绳索打捞式保真取样钻具和投球提钻式保压取样钻具	中国地质科学院院勘探技术研究所	2005年在地热开发井中进行了保压钻井生产，未进行水合物地层保压取芯试验
TKP-1型压入式板阀保温保压取样钻具	北京探矿工程研究所	2015年4月、7月在南海进行海试，9月进行工程应用
WEPC、WRPC、DRPC	中石化胜利石油管理局钻井工艺研究院	2017年4—5月，在南海进行了海上试验
TKP-2型回转式球阀保温保压取样钻具	北京探矿工程研究所	2018年9月在南海进行海试，2019年10月南海水合物区工程应用

2.2.5 海洋天然气水合物取芯样品现场处理与分析

岩芯样品的现场处理与测试是水合物钻探取样的重要环节（刘昌岭和孟庆国，2016）。水合物形成的原有温压条件发生改变后会迅速分解，因此水合物样品从取芯管中取出后，要在尽可能短的时间对样品进行相关的分析测试和处理保存。

通常的做法是：①将取样管移入船载实验室，实验室内配备有温度控制系统、不间断电源、样品处理台、地球化学测试仪器、液氮罐和超低温冰箱等设备。②将取样管放到实验室的样品处理台上，用红外线热成像仪来测定管内岩芯的温度异常，确定水合物赋存层段并做好标记，并测定岩芯的物性参数。③将样品管剖开，一分为二，把柱状样品中的部分水合物取出后用气相色谱分析其气体成分组成，另一部分包装好放入液氮中。④对发现温度异常的岩芯样品切分，按特定的间隔依次取一定量的沉积物放入孔隙水压榨机中现场压榨并收集孔隙水，用离子色谱分析孔隙水中Cl^-、SO_4^{2-}等化学成分的浓度。⑤对不含水合物的岩芯样品，利用船载分析测试仪器测定样品的物性参数，做好记录。⑥最后对剩余样品分类包装后放入低温冰箱中冷冻保存，用于后续研究。

2.2.5.1 红外测温

水合物样品从海底原位地层回收到钻探船甲板的过程中，由于温压条件变化，沉积物中赋存的水合物会发生分解。水合物在分解过程中会吸收大量的热，使周围的温度明显降低。利用红外线热成像仪测定取样管中温度的异常变化，可以快速确定岩芯中水合物的分布位置（图2-31）。

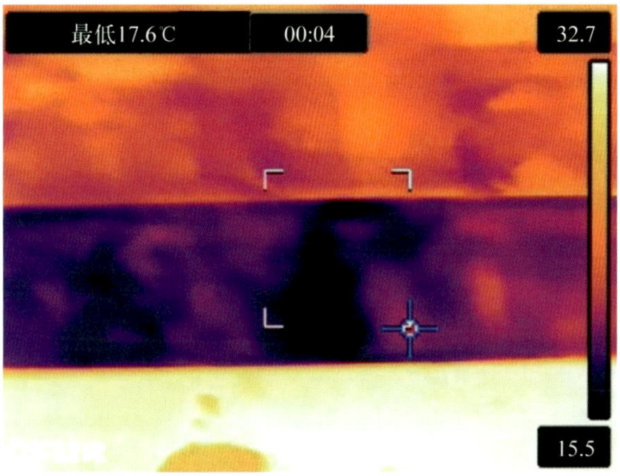

图2-31 红外线热成像仪检测到取样管内的温度异常

2.2.5.2 岩芯物性参数测试

通常利用岩芯多参数测试设备，快速测定并掌握岩芯的物性参数，包括：纵波（P波）速度、伽玛密度、电阻率、磁化率、颜色光谱、自然伽玛辐射、表面高清光学成像、高分辨率XRF元素浓度、高光谱成像、可见光近红外地物光谱等。英国Geotek公司设计生产的MSCL（Multi Sensor Core Logger，岩芯综合测试系统，又称多参数岩芯扫描仪）是目前使用最广泛的岩芯多参数测试设备。MSCL的特点是不破坏样品，可实现多参数同步、快速、准确、高效率、全自动的测量，最多可以同时测量10种参数。

2.2.5.3 岩芯中流体地球化学参数测试

沉积物中流体地球化学异常是识别水合物存在的重要标志。利用一定方法获取样品中的气体和沉积物孔隙水并对其分析，能快速判断水合物是否存在。

2.2.5.3.1 岩芯中气体的获取与成分分析

岩芯中的气体主要以游离气体、溶解气体和吸附气体的形式存在。水合物样品从海底回收到钻探船甲板后，温压条件的改变促使水合物分解释放出甲烷气体，取芯管内气体压力增加，气体膨胀会导致取样管内样品产生裂隙。为获取裂隙中的游离气体，在剖开取样管之前，一般会在出现裂隙的位置将取样管壁刺破，利用注射器抽取其中的气体。溶解气和吸附气主要来自底层海水和沉积物孔隙水。水中溶解气主要利用真空法提取气体，水样采集之后须立即将其置于加有饱和食盐水的预抽真空的容器之中，让水中溶解气体释放至容器顶部（梁金强，2020）。沉积物中溶解气和吸附气收集的主要是针对新鲜沉积物样品，样品取到甲板上后，迅速截取所需沉积物，挑选适量样品置于装有饱和食盐水的特制玻璃瓶中封口，使沉积物中的气体释放至玻璃瓶顶部。气体收集完毕后，使用注射器抽取气体，并将注射器中的气体注入到分析仪中进行测试，确定气体的组成和含量。

2.2.5.3.2 沉积物孔隙水的获取与成分分析

含水合物沉积物层段中孔隙水化学特征的异常变化与水合物的形成和分解有密切的关系，通过测定沉积物样品中孔隙水化学特征的垂向变化，可以确定水合物的产出层段，推测地层中的甲烷通量。取样管回收到钻探船甲板后，需要在尽可能短的时间内对样品进行处理并提取孔隙水，防止外界环境的变化引起水合物分解和水分蒸发，造成孔隙水的化学特征失真。沉积物孔隙水可采用压榨法和真空抽提法进行。压榨法主要适用于大体积孔隙水提取，做法是截取一定厚度的沉积物岩芯样品于压榨装置内，通过对沉积物加压来提取孔隙水（图2-32）。真空抽提法适用于高分辨率小体积孔隙水的采集。做法是首先在取样管壁上打孔，使用 Rhizosphere公司的 Rhizon CSS采样设备（图2-33），将采样管的一端通过小孔插入取样管，另一端连接注射器并施加负压，直至注射针管中充满孔隙水为止。采集到的孔隙水应根据分析项目的具体要求进行保存，并完成相应的分析测试。

图2-32　沉积物孔隙水压榨机

图2-33　抽虑法提取孔隙水

2.3 浅表层天然气水合物高新探测技术

对于稳定带底界附近的水合物，基于地震的勘探方法已经非常成熟。其中BSR是研究该类水合物最重要的标志（Shipley and Houston，1979）。波阻抗异常、速度异常以及振幅异常等也广泛用于确定稳定带底部附近水合物的分布（Boswell et al., 2016）。而对于海底附近的浅表层水合物，尚未形成系统的探测方法。浅表层水合物探测的难点主要在于其在海底浅部的范围较小，在常规的地球物理数据上难以形成明显的异常。目前，主要根据异常的振幅或者流体的渗漏来推测水合物在海底附近或者海底的赋存。由于海底冷泉能够指示其下方可能存在油气以及天然气水合物（Roberts and Aharon，1994）。比如巴西冈波斯盆地中两个超大型油气田的发现、波斯湾大型油气田的发现、墨西哥湾和日本南海海槽中水合物的发现都是以冷泉的发现为先导（Kowsmann and Carvalho，2002）。因此，冷泉探测对浅表层水合物勘查具有重要的指示作用。本节主要讲述通过高新技术调查手段对海底冷泉进行探测的方案和实例。

随着海洋调查技术与装备的发展和研究的深入，载人水下机器人（Human Occupied Vehicle，HOV）、缆控水下机器人（ROV）、自主型水下机器人（AUV）等多种潜水器及其搭载设备已被广泛应用于浅表层水合物密切相关的冷泉环境调查中，并且取得了一系列重要成果，极大地推进了海洋科学的研究。依托国家天然气水合物专项，近十余年在与水合物有关的海底冷泉探测和监测方面取得了一系列进展，2015年，广州海洋地质调查局利用“海马号”在南海琼东南海域发现了一个巨型的海马冷泉（Liang et al., 2017），青岛海洋地质研究所在我国海域利用ROV和声学拖体联合调查，发现了大量冷泉碳酸盐岩（Sun et al., 2015）和8个活动冷泉喷口，在距其数十千米处，同时探测到2个热液喷口，取得了一系列重要进展。目前，在船载设备大面调查的基础上，选择海底冷泉等特殊生态系统作为重点区域并对其进行近海底综合调查已经成为深海科考的常规作业流程。本节主要以目前浅表层水合物调查过程中常用的AUV和ROV为例，来重点论述基本原理和调查流程。

2.3.1 AUV 近海底调查方法

浅表层水合物往往会伴随着海底甲烷渗漏，而甲烷渗漏会改变周围海底的地形地貌特征，如与海底相关的泥火山、泥底辟会在海底形成隆起的地貌，而麻坑则形成下陷地貌，此外，海底甲烷渗漏导致的自生碳酸盐岩和冷泉生物群则会影响海底的粗糙程度，与渗漏相关的特征都能在声呐剖面上得到反映。这些差异可以通过在侧扫声呐（Side-scan sonar）图像上出现的增强的逆向散射（Backscatter）来识别。通过发射声脉冲来获取海底逆向散射回来的声波幅度，侧扫声呐能构建海底地貌图像。由于利用的是高频声源，侧扫声呐只能对海底表面进行成像，无纵向穿透能力。尽管如此，侧扫声呐能为后期海底渗漏的观测和取样证实提供可靠的位置信息。多波束声呐探测也能直观地显示海底形态，是研究海底渗漏的重要资料。

深海AUV近海底调查手段主要是将微地形地貌的声学测量、海底照相、水体溶存气体（CH_4、CO_2、H_2S等）异常探测等传感器集为一体的探测系统，通过前视声呐信息的自主避碰技术，可以在复杂近海底环境中自主航行，具有很强的复杂环境适应能力，提高了工作效率和大范围探测能力，可以满足深海冷泉区域精细声学探测和近底光学观测的需求。

利用深海AUV开展海底浅表层水合物调查的主要工作原理如图2-34所示，主要是通过水面支持船（作业母船）承担AUV的长途运输、布放回收及水面控制等任务，利用USBL定位功能来实现AUV的近海底实时跟踪及状态监控，在正常模式时，AUV距离海底的高度通常设置为50 m，在高精度作业模式时，距海底的高度通常设置为25 m，AUV的航行速度一般在2 ~ 3 n mile/h。利用AUV开展浅表层水合物区开展调查的工作内容包括：①运用搭载于AUV之上的多波束测深仪和测扫声呐传感器，获取调查区内的高分辨率海底地形地貌与浅地层剖面数据。通过多波束测深仪传感器获取海底的地形数据，多波束测深仪的使用频率为数十千赫兹，分辨率可达数十米至上百米，可以获取浅表层水合物区的海底丘和麻坑等异常点周边的细微地形地貌特征；通过测扫声呐传感器获取海底反射强度，通常使用的频率为120 kHz、410 kHz，分辨率可达数十米至上百米，能够填绘海底反射强度变化，以及清晰地显示底质硬度和细微的地形变化特征。②运用搭载于AUV之上的海底地层剖面仪，获取调查区海底以下的浅部构造特征。通过海底地层剖面仪获取海底以下的浅地层剖面，使用频率为数千赫兹至数十千赫兹，获取的地层剖面分辨率可达数厘米以上，由于近海底浅地层剖面仪的使用频率要比常规的地质勘探高2 kHz至几千赫兹，因此能够获取更为清晰的海底以下浅层的地质构造特征。

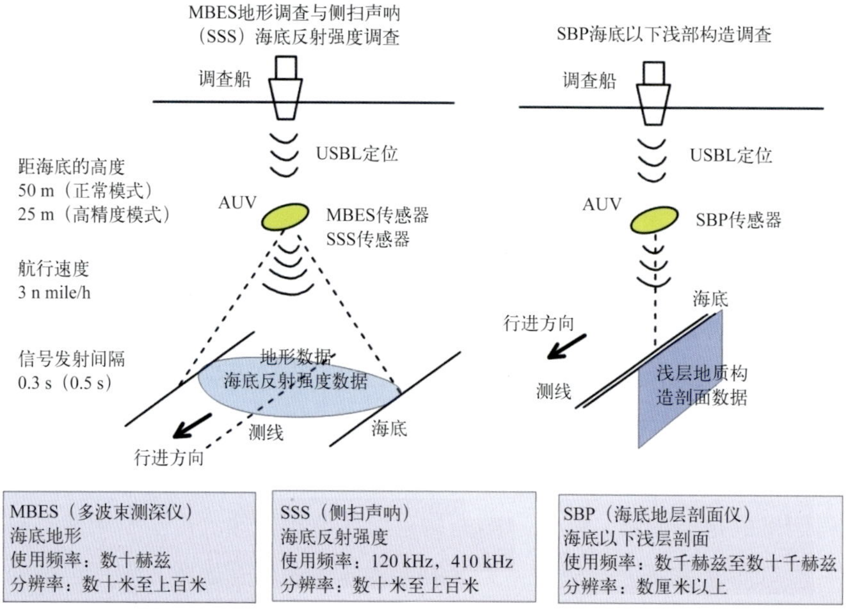

图2-34　AUV近海底调查概念图

2.3.2 ROV可视化调查方法

海底地形测量及可视化是地形数据解释的关键，海底视像调查是海底地形观测的重要技术手段。采用ROV进行海底地形视像观测，获得的海底调查区的大量视频和图像资料，可在最大程度上挖掘与浅表层水合物密切相关的数据。本节主要介绍ROV可视化的调查工作手段和基本的调查方法。

海底视像调查已经被广泛应用于各种海洋科学研究中，成为重要的海底地形测量方法之一。海底视像调查是利用水下摄影设备对海底目标或局部地形进行的直接可视化测量工作，目的是确定海底摄影目标的形状、大小、位置和性质，或局部的地形起伏状态。水下ROV，是一种具有智能功能的水下遥控潜水器。ROV可通过配置摄像头和多功能机械手携带具有多种用途和功能的声学探测仪器及专业工具进行复杂水下作业任务。利用ROV对海底目标物进行直接目视观测是ROV的重要作业手段之一。此外，ROV还可应用于可视观测、携带特定传感器作业及回收实体样品等精细调查。当利用ROV开展水下定位取样时，还经常依赖于水下定位系统提供的目标位置和摄像机实时传输的视像信息。

ROV系统一般包括水上、水下两个部分：水上部分由控制单元和布放回收系统（LARS）组成；水下部分由中继器管理系统（TMS）和ROV本体组成，作业型ROV系统组成如图2-35所示。水面控制单元主要包括配电柜、控制系统、操控台、显示器等。水面控制单元进行电力和通信的控制和分配，通过脐带缆与ROV进行电力输送和通信连接；布放回收系统由脐带缆、绞车、排缆器、A形架、HPU等组成，可布置在母船舷侧或船尾。ROV标准作业流程包括准备、布放、下潜、作业、上浮、回收、维护等TMS主要由中性缆绞车、对接机构以及框架等组成。TMS通过脐带缆与A形架、绞车相连，直接由主缆收放，与ROV本体之间通过中性浮力系缆连接。TMS隔离了作业母船升沉、纵倾、横摇的影响，同时也消除了系缆对ROV的拖曳影响，保证了ROV运动的平稳性和灵活性。常见的TMS有顶帽式和机库式两种，其中顶帽式承载能力和储缆能力更强，储缆长度可达数千米，ROV作业半径更大，通常被用于深海作业型ROV。ROV本体包括框架、浮力材料、控制系统、动力与推进系统、导航定位系统、通信系统、摄像及照明系统、载荷系统等。

深海ROV在浅表层水合物资源调查中一般需要配备生物宏吸式取样器、岩石切割机、沉积物保压取样器及各型探测传感器，如CTD、海水CH_4、CO_2和H_2S等传感器设备，并搭载前视声呐等特种工具，具备自动避让障碍物、深海定位能力，还需安装有高清摄像头满足深海观测、拍摄像功能。在实际调查过程中的主要工作内容包括：通过搭载的摄像和照明系统获得调查区的高清影像资料；运用搭载的声学设备获得调查区的高分辨率海底地形地貌与浅地层剖面数据；运用搭载的各种传感器获得研究区原位理化参数；精确安装深海原位观测设备，开展深海原位实验，完成定点采样等。

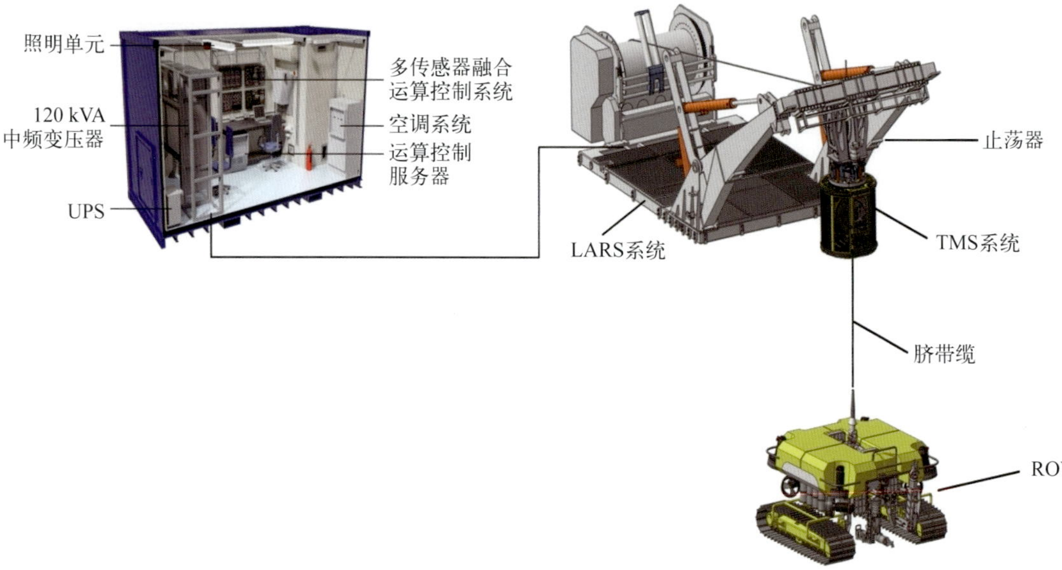

图2-35　ROV系统组成

在浅表层水合物区开展深海ROV可视化调查的基本流程如下（图2-36）。

（1）选择潜在目标区，首先根据已有的地球物理资料和地质取样航次的调查资料，初选潜在ROV靶区；然后与水合物站场测深浅剖精细化调查数据资料处理结果进行对比分析，确定目标靶区后准备下潜。

（2）完成ROV下潜前的准备工作，操作ROV下潜，对目标体进行拍照和录像，并根据实时传输上来的数据和信息调整ROV的位置和姿态，完成海底的精细探测和流体、岩石、生物及沉积物样品的取样工作。ROV上甲板后，对可以进行现场分析的样品进行分析，并保存好采集的数据和样品。

（3）在ROV精细调查过程中，根据调查目标的不同，每站位在靶区及其周围进行不小于两次下潜，且每次ROV水下作业时间不得低于3 h，每站位获取的高清影像资料不得低于10 h。每站位获取的底层水样品（ROV座底时取样）数量不少于两个，每个样品不少于250 mL，需标记清晰，并放置于−20℃冰箱中进行冷冻保存；根据底质类型情况，对于有沉积物覆盖的区域，每站位获取的沉积物插管应不少于两根，对于岩石覆盖区域，每站位要获取的岩石样品应不少于1 kg，并进行现场拍照，标记清晰后放置于−20℃冰箱中进行冷冻保存；此外，对于有生物存在的区域，应获取典型的生物样品，并现场进行拍照，标记清晰后放置于−80℃冰箱中进行冷冻保存。对于个别没能满足作业质量要求的站位，选用备选站位进行替代。

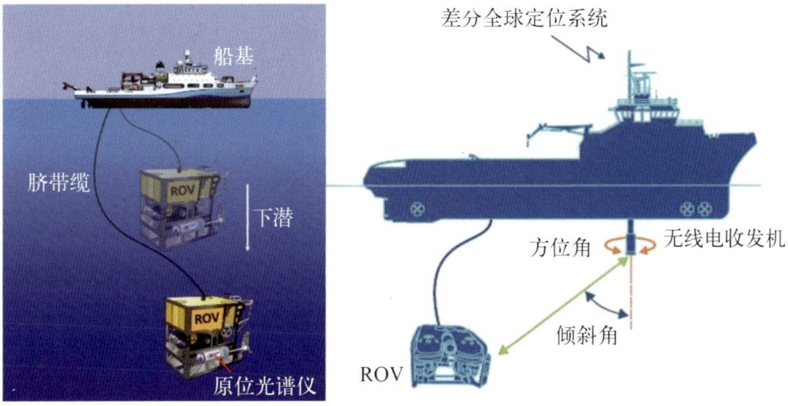

图2-36 ROV近海底调查概念图

2.3.3 其他高新探测技术手段

随着科学技术的不断进步，除常用的AUV和ROV水下调查平台之外，还有载人水下机器人（HOV）、水下滑翔器（Autonomous Underwater Glider）、深海着陆器、水下爬行车及拖曳式探测平台等。各水下运载平台在深海探测及水下观测方面均有着独特的优势（表2-4），在深海浅表层水合物探测过程中也得到了广泛的应用。最初的水下调查平台多为拖曳式观测平台，是由船舶拖曳，在航行过程中控制拖曳体的上升、下降和航行轨迹等，开展多参数海洋剖面观测，具有不影响船舶航行、实时、多要素同步观测的特点，是一种重要的海洋观测平台。例如，青岛海洋地质研究所于2017年利用自主研发的声学深拖系统（图2-37），搭载了侧扫声呐、浅地层剖面和多波束测深单元，对我国某海海域进行了大范围的极端环境调查，通过该系统获取的高分辨率侧扫反射图（图2-38）、海底地形图和浅地层剖面图，较为快速、准确地锁定冷泉位置。

表2-4 目前国内外主流水下调查平台

平台	国内外主流产品	性能及适用范围
HOV	法国“鹦鹉螺”号；俄罗斯“和平一号”和“和平二号”；我国“蛟龙”号和“深海勇士”号	具有水下观察和作业能力的载人潜水装置，可以完成多种复杂任务，包括通过摄像、照相对海底资源进行勘查、执行水下设备定点布放、海底电缆和管道检测等
Glider	美国SLOCUM、SPRAY、Seaglider；法国SeaExplorer；我国“海燕”号和“海翼”号	以锯齿形航线航行的自治式观测设备，基于浮力驱动，可搭载温盐深测量仪器等多种传感器，用于大范围海洋环境观测。能够在特定作战区域保持持久存在并进行持续监视，收集和记录关键的传感器数据
其他	拖曳式观测平台（如SeaSoar）；深海着陆器（如FVR-2和“天涯”号）；声学深拖系统（青岛海洋地质研究所自主研发）；海底爬行车；水下直升机等	着陆器、深拖、爬行车及水下直升机等在水下探测方面均有着独特的优势

图2-37　青岛海洋地质研究所自研声学深拖设备

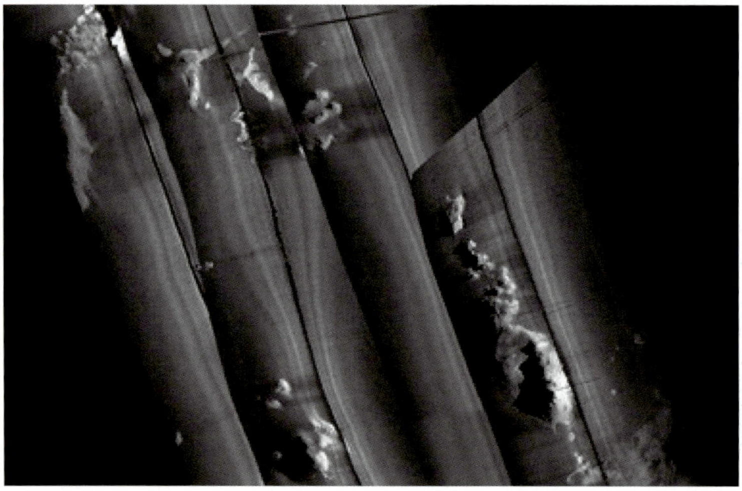

图2-38　青岛海洋地质研究所利用自研声学深拖搭载的侧扫声呐探测到的地形地貌
（图中白色突起的为冷泉区碳酸盐丘体）

随着深海调查技术的不断进步，深海浅表层水合物探测的水下运载平台技术由大范围调查往小范围精细化探测方向发展，这期间出现了以HOV为代表的水下运载平台。与ROV相类似，HOV也具有水下观察和作业能力，是一种通过脐带缆与母船连接以获取能源和接受人工控制的水下作业和观测设备。由母船提供能源，在人工控制下可执行复杂任务，因此，在大深度和有危险区域，包括海底热液区等的海洋环境观测特别是采样作业中具备独特优势；HOV可以作为潜水人员水下活动的作业基地。国内当前成熟的载人潜水器主要有“蛟龙”号和“深海勇士”号。2009—2012年，“蛟龙”号接连取得1 000 m级、3 000 m级、5 000 m级和7 000 m级海试成功。2012年7月，“蛟龙”号在马里亚纳海沟试验海区创造了下潜7 062 m的中国载人深潜纪录，同时也创造了世界同类作业型潜水器的最大下潜深度纪录。这意味着中国具备了在全球99.8%以上海洋深处进行作业的能力。2017年11月，我国研发的中国4 500 m载人潜水器“深海勇士”号正式验收交付，该载人潜水器拥有目前世界先进的控制系统，除了自动驾驶、紧急制动、防止漏水以外，还自带导航功能，可以实现“大海捞针”。

总体来看，HOV以负载能力强，巡航距离远，操作实时可控等优势，扮演着海洋探测及作业中的重要角色。其最大优势在于：机器人本体可以通过脐带缆接收地面操作台输出的通信信号和响应指令，并能以此获取岸上供电装置输出的能源，同时机器人位置信息、水下图像信息等数据也会通过脐带缆反馈给地面操作台。其缺点在于：运行成本高，作业风险大，需要复杂的作业母船支持系统，一旦机器人本体与脐带缆发生缠绕或是断裂，将带来巨大的损失，而且很难采取补救措施。

尽管拖曳式平台、ROV和HOV在深海极端环境调查过程中有自己的优势，但是探测成本偏高、耗时耗力。水下滑翔器可以在特定范围内持久驻留并进行持续监视，收集和记录关键的传感器数据。与其他海洋观测设备相比，其具有体积小、重量轻，易于布放和操纵的优势；此外，相比于船基海上调查，其调查成本较低；多个水下滑翔器组成的观测阵列可实现大范围、长时间的同步观测。目前，国内较为成熟的水下滑翔机主要有天津大学的“海燕”号、沈阳自动化研究所的“海翼”号。2018年7月，“海翼”号在白令海峡完成布放，依照工作计划，“海翼”号将在白令海600 n mile的公海区域内进行多剖面、大纵深的温盐深观测，直到“雪龙”号返航经过该海域时，再对“海翼”号进行回收。2017年8—9月，“海燕”号参与中国大洋第45次科考任务，航程220 km，对多金属结核区周边海域环境进行了全方位、立体观测。2018年4月，天津大学研发的“海燕-10000”万米级水下滑翔机，在马里亚纳海沟附近海域经过一系列的规范化的海上测试，最大工作深度达到8 213 m，刷新了下潜深度的最新世界纪录。同年5月，长航程水下滑翔机（PETREL-L）连续运行119天，完成剖面862个，航行里程2 272.4 km，再次创造国产水下滑翔机连续工作时间最长、测量剖面最多、续航里程最远等多项新纪录。

然而，其也存在着一定的缺陷。①其最大的限制是滑翔器必须浮出水面，才能通过卫星或无线链路传输数据。②定位精度较差，滑翔器水下前进时使用船位推算航海表推算位置信息，容易积累误差，导致无法确定滑翔器的准确位置，继而影响进一步的应用。③受海洋环境的限制。首先，运行海域要有足够水深，能保证潜航器按照锯齿状运行方式运行。其次，洋流速度不能过大，如果洋流速度超过艇的前进速度，潜航器有可能被推回。

此外，自1974年美国伍兹霍尔海洋研究所（WHOI）研制出首台深海着陆器FVR以来（图2-39），深海着陆器因为其经济可靠、驻留时间久、用途广泛等优点被大量应用。

该研究案例提出了一种适用于以气体渗漏为特征的冷泉探测参考方法。该方法包括了ROV下潜前的水体声学探测，通过选择与渗漏流体密切相关的声学异常点来确定ROV下潜位置。在ROV下潜期间利用原位激光拉曼光谱来辅助确定冷泉渗漏点及获取样品的位置。此外，对利用ROV收集到的气体进行成分分析，并结合甲烷碳同位素分析确定气体的来源，辅以其他的手段（如ROV岩芯插管取样和CTD海水取样等）来共同完成海底冷泉探测。总体来看，这种综合探测手段是探测海底冷泉气体释放和流体地球化学空间分布特征的有效方法。

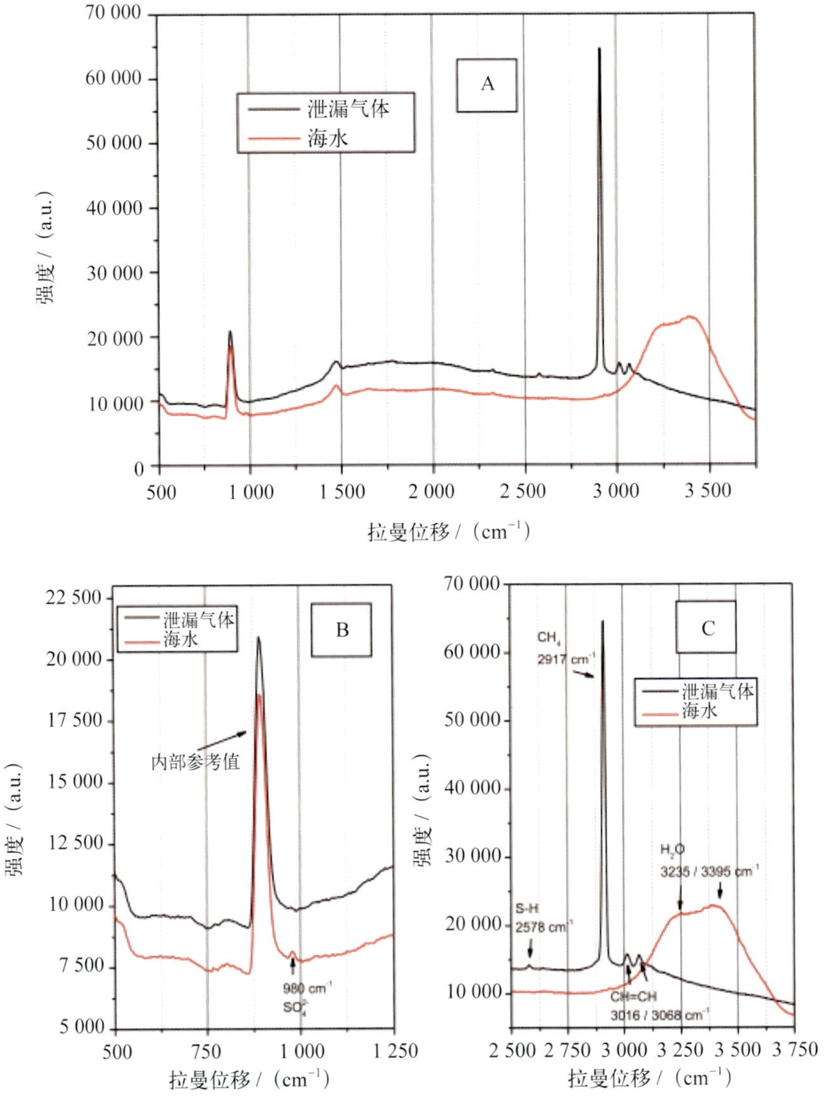

图2-42　潜次期间的海水（红色）和泄漏气体的拉曼光谱特征（A）、放大后的高拉曼位移（B）和低拉曼位移（C）（Ruffine et al. 2018）

2.4 小结

有效的天然气水合物勘查技术应该是采用地质、地球物理和地球化学一体化的方法，地质学是基础和主线，地质目标贯穿始终，从成藏动力学和成藏规律方面提供理论指导。地球物理方法揭示水合物赋存地球物理异常标志，为水合物成藏要素研究和有利区圈定提供基础资料。地球化学方法是重要的补充，并且是研究浅表层水合物的主要方法。钻探是验证认识正确性和方法有效性的唯一途径，也是地质规律和调查技术提升必不可少的环节。没有任何一种方法可以独立完成天然气水合物调查研究，只有在地质认识指导下，通过大量实践，充分发挥不同方法各自的优势，最大限度地减少多解性，提高天然气水合物调查的可信度和精度。

参考文献

蔡峰, 吴能友, 闫桂京, 等, 2020. 海洋浅表层天然气水合物成藏特征[J]. 海洋地质前沿, 36(09): 73-78.

曾宪军, 伍忠良, 郝小柱, 2009. 海洋地质调查方法与设备综述[J]. 气象水文海洋仪器, 26(01): 111-117+120.

陈虹, 王心亮, 魏伟, 等, 2018. 深海爬游机器人概念及关键技术分析[J].中国舰船研究, 13(06): 19-26.

黄永样, Erwin Suess, 吴能友, 2008. 南海北部陆坡甲烷和天然气水合物地质: 中德合作SO-177航次成果专报[M]. 北京：地质出版社.

梁金强, 王宏斌, 苏丕波, 2018. 天然气水合物成藏的控制因素研究[M]. 北京：地质出版社.

梁金强, 2020. 海域天然气水合物资源勘查技术[M]. 北京：科学出版社.

刘昌岭, 孟庆国, 2016. 天然气水合物实验测试技术[M]. 北京：科学出版社.

刘协鲁, 阮海龙, 赵义, 等, 2021. 海域天然气水合物保温保压取样钻具研究与应用进展[J]. 钻探工程, 48(07): 33-39.

骆迪, 蔡峰, 闫桂京, 等, 2020. 浅表层天然气水合物高分辨率地震勘探方法与应用[J]. 海洋地质前沿, 36(09): 101-108.

任玉刚, 刘延俊, 丁忠军, 等, 2019. 基于深海运载器的小型岩芯取样钻机发展现状分析[J]. 海洋技术学报, 38(03): 92-99.

苏丕波，梁金强，赵庆献，等. 2020. 海域天然气水合物资源勘查技术[M]. 北京：科学出版社.

孙运宝, 蔡峰, 李清, 等, 2020. 海洋浅表层天然气水合物资源评价[J]. 海洋地质前沿, 36(09): 87-93.

谭淋耘, 丁兴河, 沙志彬, 等, 2013. 南海北部陆坡区水合物发育的水深热流特征及盖层控制作用模拟[J]. 海洋地质前沿, 29(10): 41-46.

王力锋, 赵克斌, 黄欣, 2009. 南海北部陆坡热流与天然气水合物赋藏研究[J]. 石油实验地质, 31(1):

58-62.
邬黛黛, 吴能友, 付少英, 等, 2010. 南海北部东沙海域水合物区浅表层沉积物的地球化学特征[J]. 海洋地质与第四纪地质, 30(05):41-51.
吴能友, 梁金强, 王宏斌, 等, 2008. 海洋天然气水合物成藏系统研究进展[J]. 现代地质, (03):356-362.
谢焜, 金永平, 李兰香, 等, 2020. 深海海底钻机用铠装脐带缆有限元分析. 矿业工程研究, 35(03): 34-40.
杨楠, 任旭光, 王俊珠, 等, 2018. 深海移动电视抓斗海洋地质调查中的应用[J]. 机械工程与技术, 7(5): 7.
张炜, 邵明娟, 姜重昕, 等, 2018. 世界天然气水合物钻探历程与试采进展[J]. 海洋地质与第四纪地质, 38(05): 1-13.
张训华, 赵铁虎, 2018. 海洋地质调查技术. 北京：海洋出版社.
张金华, 樊波, 刘瑞江, 2020. 天然气水合物钻探现状与钻井技术[J]. 科学技术与工程, 20(35): 14343-14351.
赵思为, 周超, 2019. 浅海地区工程地震勘探多次波消除方法应用[J]. 工程地球物理学报, 16(5): 635-641.
ANDERSON D, FOTHERINGHAM E, POPOVIC D, et al., 2003. Smart and multibeam diversity antenna arrays with high-bandwidth analog signal processing[J]. Wireless Communication Technology, IEEE Topical Conference on: 86 - 89.
ASAKAWA E, MURAKAMI F, SEKINO Y, et al., 2012. Development of Vertical Cable Seismic System[C]// 74th EAGE Conference and Exhibition incorporating EUROPEC 2012. European Association of Geoscientists & Engineers.
ASAKAWA E, MURAKAMI F, TSUKAHARA H, et al., 2015. Vertical Cable Seismic surveys for SMS exploration in Izena Cauldron, Okinawa-Trough[J]. Oceans, 1-5.
BARNES S R, HEGGE R F, SCHUMACHER H, et al., 2015. Improved shallow water demultiple with 3D multi-model subtraction[C]//2015 SEG Annual Meeting. New Orleans, Louisiana: Society of Exploration Geophysicists, 4460-4464.
BEAUMONT S, SÖLLNER W, 2013. Multi-azimuth prestack time migration for general anisotropic, weakly heterogeneous media-field data examples[C]//75th EAGE Conference & Exhibition Incorporating SPE EUROPEC 2013. London, UK: European Association of Geoscientists & Engineers.
BOSWELL R, SHIPP C, REICHELM, et al., 2016. Prospecting for marine gas hydrate resources[J]. Interpretation, 4(1): 13-24.
BOURIAK S, AKHMETJANOV A M, 1998. Origin of gas hydrate accumulations on the continental slope of the Crimea from geophysical studies[M]. Geological Society, London, Special Publications.
BULLARD E C, DAY A, 1961. The flow of heat through the floor of the Atlantic Ocean[J]. Geophys J R

astron Soc, 4: 282-292.

COLBO K, ROSS T, BROWN C, et al., 2014. A review of oceanographic applications of water column data from multibeam echosounders[J]. Estuarine, Coastal and Shelf Science, 145(5):41-56.

EDWARDS R N, 1997. On the resource evaluation of marine gas hydrate deposits using sea-floor transient electric dipole-dipole methods[J]. Geophysics, 62(1): 63-74.

FEUILLEAUBOIS L O, CHAROING V, MAIOLI A, et al., 2017. Utilizing a novel quantitative interpretation workflow to derisk shallow hydrocarbon prospects-a Barents Sea case study[J]. First Break, 35(3): 85-92.

HESSELBO S P, GROCKE D R, JENKYNS H C, et al., 2000. Massive dissociation of gas hydrate during a Jurassic oceanic anoxic event[J]. Nature, 406:392-395.

HESTER K C, BREWER P G, 2009. Clathrate Hydrates in Nature[J]. Annual Review of Marine Science, 1(1): 303-327.

HSU S K, CHIANG C W, EVANS R L, et al., 2014. Marine controlled source electromagnetic method used for the gas hydrate investigation in the offshore area of SW Taiwan[J]. Journal of Asian Earth Sciences, 92: 224-232.

KOWSMANN R O, CARVALHO M D, 2002. Erosional event causing gas-venting on the upper continental slope, Campos Basin[J], Brazil Continental Shelf Research, 22(16): 2345-2354.

KRAIL P M, 1994. Vertical cable as a Subsalt Imaging Tool[J]. The Leading Edge, 13(8): 885-887.

LEACH P E, 1999. Strathspey vertical-Cable seismic survey: A North Sea first[C]//Petroleum Geology Conference series. London: Geological Society of London, 5: 1235-1242.

LIANG J Q, ZHANG W, LU J A, et al., 2019. Geological occurrence and accumulation mechanism of natural gas hydrates in the eastern Qiongdongnan Basin of the South China Sea: Insights from site.

LIANG Q, HU Y, FENG D, et al., 2017. Authigenic carbonates from newly discovered active cold seeps on the northwestern slope of the South China Sea: Constraints on fluid sources, formation environments, and seepage dynamics. Deep Sea Research Part Ⅰ, 124: 31-41.

LURTON X, JACKSON K R, 2004. An Introduction to Underwater Acoustics[J]. The Journal of the Acoustical Society of America, 115(2):443.

MANABU TANAHASHI, 2017. Physical properties obtained by LWD for thick accumulations of massive gas hydrate in the Off-joetsu area, eastern margin of the Sea of Japan[C]//9th Internationas Conferenc on Gas Hydrates, Denver, America.

MATSUMOTO R, TANAHASHI M, KAKUWA Y, et al., 2017. Recovery of thick deposits of massive gas hydrates from gas chimney structures, eastern margin of Japan Sea: Japan Sea shallow gas hydrate project[J]. Fire in the Ice, 17(1): 1-22.

MATSUMOTO R, 2000. Methane Hydrate Estimates from the Chloride and Oxygen Isotopic Anomalies: Examples from the Blake Ridge and Nankai Trough Sediments[J]. Annals of the New York Academy of Sciences, 912:39-50.

NAUMANN S, WIDMAIER M, RØNHOLT G, 2019. Novel variable streamer length acquisition tailored to full waveform inversion and high resolution imaging[C]//81st EAGE Conference and Exhibition 2019. London, UK: European Association of Geoscientists & Engineers, 1-5.

OBZHIROV A I, EMELYANOVA T A, TELEGIN Y A, et al., 2020. Gas Flows in the Sea of Okhotsk Resulting from Cretaceous-Cenozoic Tectonomagmatic Activity[J]. Russian Journal of Pacific Geology, 14(2):156-168.

OSNES B, DAY A, WIDMAIER M, et al., 2010. First 3-D dual-sensor streamer acquisition in the North Sea - an example from the Luno field[C]//72nd EAGE Conference and Exhibition Incorporating SPE EUROPEC 2010. Geneva: European Association of Geoscientists & Engineers.

OUKILI J, LIMONTA L, BUBNER M, et al., 2020. Revealing new opportunities with a cost-effective towed-streamer MAZ solution in the South Viking Graben, Norway[J]. First Break, 38(11): 95-101.

PECKMANN J, REIMER A, LUTH U, et al., 2001. Methane-derived carbonates and authigenic pyrite from the northwestern Black Sea[J]. Marine Geology, 177(1-2):129-150.

REISER C, MUELLER E, 2021. Multi-azimuth multisensor quantitative interpretation: a South Viking graben case study, Norway[J]. First Break, 39(9): 79-84.

RØNHOLT G, KORSMO Ø, BROWN S, et al., 2014. High-fidelity complete wavefield velocity model building and imaging in shallow water environments-A North Sea case study[J]. First Break, 32(6): 127-131.

RUFFINE L, ONDREAS H, BLANC-VALLERON M M, 2018. Multidisciplinary investigation on cold seeps with vigorous gas emissions in the Sea of Marmara (MarsiteCruise): Strategy for site detection and sampling and first scientific outcome[J]. Deep Sea Research Part Ⅱ Topical Studies in Oceanography, 153(JUL.): 36-47.

SAHLING H, RICKERT D, LEE R W, 2002. Macrofaunal community structure and sulfide flux at gas hydrate deposits from the Cascadia convergent margin, NE Pacific. Marine Ecology Progress, 231:121-138.

SASSEN R, ROBERTS H H, CARNEY R, et al., 2004. Free hydrocarbon gas, gas hydrate, and authigenic minerals in chemosynthetic communities of the northern Gulf of Mexico continental slope: relation to microbial processes[J]. Chemical Geology, 205(3-4):195-217.

SCHNEIDER VON DEIMLING J, WEINREBE W, TÓTH ZS, et al., 2013. A low frequency multibeam assessment: Spatial mapping of shallow gas by enhanced penetration and angular response anomaly,

Marine and Petroleum Geology, 44: 217-222.

SCHWALENBERG K, HACECKEL M, POORT J, et al., 2010. Evaluation of gas hydrate deposits in an active seep area using marine controlled source electromagnetics: Results from Opouavw Bank, Hikurangi Margin, New Zealand[J]. Marine Geology, 272(1-4): 79-88.

SHIPLEY T H, HOUSTON M H, 1979. Seismic Evidence for Widespread Possible Gas Hydrate Horizons on Continental Slopes and Rises[J]. AAPG Bulletin, 63: 2204-2213.

SKARKE A, RUPPEL C, KODIS M, et al., 2014. Widespread methane leakage from the sea floor on the northern US Atlantic margin[J]. Nature Geoscience4, 7(9):657-661.

SUN ZHILEI, WEI HELONG, ZHANG XUNHUA, et al., 2015. A unique Fe-rich carbonate chimney associated with cold seeps in the Northern Okinawa Trough, East China Sea. Deep-Sea Research I, 95: 37-53.

TEICHERT B, BOHRMANN G, SUESS E, 2005. Chemoherms on Hydrate Ridge-Unique microbially-mediated carbonate build-ups growing into the water column[J]. Palaeogeography Palaeoclimatology Palaeoecology, 227(1-3):67-85.

TIM F, GEROLD W, 2007. Scientific Drilling with the Sea Floor Drill Rig MeBo[J]. Scientific Drilling, 5(5): 63-66.

TRÉHU ANNE, CAROLYN R, MELANIE H, et al., 2006. Gas Hydrates in Marine Sediments: Lessons from Scientific Ocean Drilling[J]. Oceanography, 19(4):124-142.

UYEDA S, TOMODA Y, HORAI K, et al., 1961. Studies of the thermal state of the earth, 7, A sea bottom thermogradmeter[J]. Bull Earthquake Res Inst Tokyo Univ, 39: 115-131.

WANG L, LIU H, WANG Z, et al., 2021. Reverse Time Migration of Vertical Cable Seismic Data to Image Hydrate-Bearing Sediments With High Resolution[J]. Front. Earth Sci, 9:751202.

WEBER T C, LYONS A P, BRADLEY D L, 2005. An estimate of the gas transfer rate from oceanic bubbles derived from multibeam sonar observations of a ship wake[J]. Journal of Geophysical Research: Oceans (1978—2012), 110(C4):169-189.

WIDMAIER M, O'DOWD D, 2017. Strategies for high-resolution towed-streamer acquisition and imaging of shallow targets: 87th Annual International Meeting, SEG[C]. Expanded Abstracts, 186-190.

WIDMAIER M, O'DOWD D, ROALKVAM C, 2019. Redefining marine towed-streamer acquisition[J]. First Break, 37(11): 57-62.

WIDMAIER M, O'DOWD D, 2020. Addressing imaging challenges in the Viking Graben with multi-azimuth acquisition, longer offsets, and wide-tow sources[C]//SEG International Exposition and Annual Meeting. Virtual: Society of Exploration Geophysicists: 21-25.

WIDMAIER M, OUKILI J, ROALKVAM C, et al., 2021. Maximizing quality and efficiency of multisensor streamer seismic with an ultra-wide penta-source configuration[C]//SEG/AAPG/SEPM First International Meeting for Applied Geoscience & Energy. Denver, Colorado, USA: Society of Exploration Geophysicists: 61-65.

WIDMAIER M, 2015. Mitigating uncertainties in towed streamer acquisition and imaging by survey planning[C]//77th EAGE Conference and Exhibition-Workshops[M]. Madrid, Spain: European Association of Geoscientists & Engineers, 1-5.

ZHANG, D, LIU H, XING L, et al., 2020. Simulation and verification of an air-gun array wavelet in time-frequency domain based on van der waals gas equation[J]. Geophys, 17: 736-746.

ZHANG D, LIU H, XING L, et al., 2021. Facial Features of an Air Gun Array Wavelet in the Time-Frequency Domain Based on Marine Vertical Cables[J], Journal of Ocean University of China, 20(6): 1371-1382.

第 3 章

浅表层水合物赋存的地球物理特征

地球物理勘探方法广泛应用于天然气水合物调查，常用的勘探方法主要包括地震勘探、地球物理测井和海洋可控源电磁法等。自地震剖面中发现似海底反射是天然气水合物存在的标志以来，地震勘探方法一直是用于海洋天然气水合物勘探和评价最重要的地球物理方法，对于以BSR为主要识别标志的中深层天然气水合物而言，已经有一套比较成熟的识别方法，但浅表层水合物位于近海底沉积物中，仅仅依靠BSR难以准确预测其分布，因此，浅表层水合物的识别和预测具有更大的挑战。

对于地震勘探而言，振幅异常、速度异常以及弹性参数异常都是有效识别浅表层水合物的重要标志。海底冷泉与浅表层水合物具有密切的联系，冷泉系统为甲烷流体运移至水合物稳定带提供了有利通道，同时浅表层水合物的分解也是冷泉系统甲烷的重要来源（蔡峰等，2020），因此，与冷泉系统相关的气体渗漏异常特征是识别浅表层水合物的主要标志之一。由于天然气水合物具有特定的物理性质，地球物理测井技术是天然气水合物识别的重要方法，被广泛应用于水合物资源勘查。含水合物沉积物的测井响应特征通常表现为高电阻率、高声波速度、低伽马、低密度、低声波时差等特征，常用的测井方法主要包括电阻率测井、声波测井、密度测井、自然电位、自然伽马测井等。同时，由于水合物具有高电阻率特征，可控源电磁法（CSEM）对沉积物孔隙度和孔隙流体的电学性质非常敏感，通过对比电阻率差异特征，不仅可以推断浅表层天然气水合物浅表层水合物的分布，还可用于表征和量化浅表层天然气水合物的饱和度。参量阵高频浅地层剖面测量是一种基于水声学原理探测水下浅部地层结构的地球物理方法，是海洋地质调查的重要手段之一，对于识别天然气水合物或甲烷流体渗漏引起的沉积物声学异常特征、海底微地貌异常特征以及天然气进入水体形成的气泡羽状流等异常特征具有关键作用。本章将从多道地震、浅地层剖面、地球物理测井和可控源电磁法等方面综合论述浅表层水合物的地球物理特征。

3.1 浅表层水合物地震响应特征

3.1.1 似海底反射

地震勘探是目前天然气水合物勘探的重要手段，对于中深层扩散型天然气水合物的地震识别已经有较为成熟的方法，其中似海底反射是预测天然气水合物存在的重要识别标志之一。BSR是由高速的天然气水合物和其下伏低速的游离气之间的强波阻抗差异而形成，一般具有与海底平行、与海底反射波极性相反、强振幅等特点。

日本海发育典型的浅表层水合物，随钻测井数据表明，该海域水合物以结节状、透镜状或块状出现在气烟囱结构中，在J24站位，厚层块状水合物出现在海底下10 ~ 45 m、50 ~ 70 m及80 ~ 115 m位置，过J24站位的高分辨率三维地震剖面可见明显的BSR发育，

BSR在气烟囱内部仍连续发育，但由于高速块状水合物的存在使BSR呈“上拉”结构，在气烟囱外BSR深度位于深海平面以下0.20～0.22 s，而在两个气烟囱内部，BSR深度分别位于深海平面以下0.12～0.14 s和0.16～0.18 s（图3-1）。

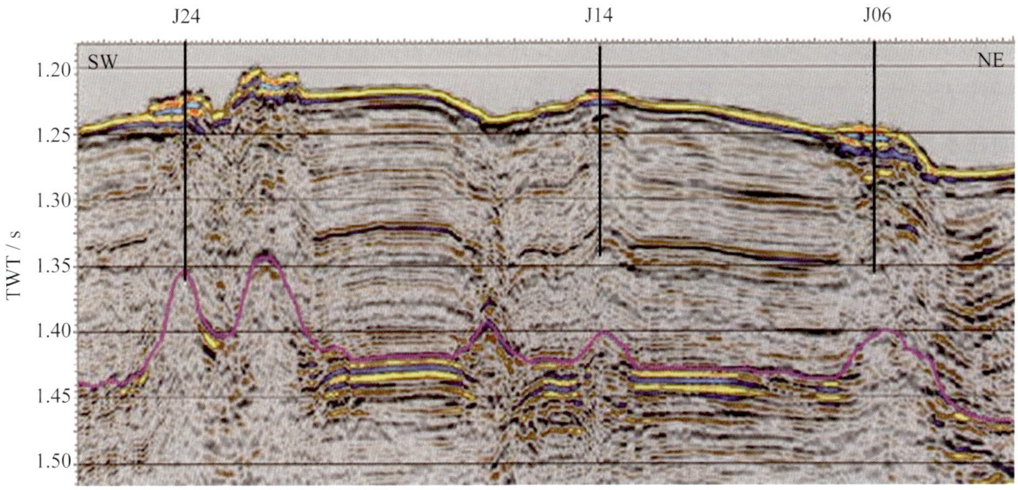

图3-1 日本海上越盆地覆盖J24站位和J14站位气烟囱构造的高分辨率三维地震反射特征，测线位置见图5-10（Matsumoto et al., 2017）

虽然BSR是天然气水合物的重要识别标志，但由于浅表层水合物位于近海底的沉积物中，难以识别BSR反射，因此仅仅依靠BSR难以在多道地震资料中准确的圈定其分布范围，而振幅异常、速度异常、弹性参数异常以及与海底气体渗漏相关的流体运移通道等特征都是浅表层水合物地震识别的重要标志。

3.1.2 振幅异常

1）强振幅反射

地震反射的振幅异常特征是识别浅表层水合物的重要标志。地震反射波振幅的强弱取决于界面反射系数，界面反射系数越大所产生的反射波振幅越强，而反射界面的反射系数的大小又取决于反射界面上下岩层的波阻抗差，波阻抗差越大，反射界面的系数就越大，从而产生的反射波振幅越强，因此地震反射振幅的强弱取决于介质密度与速度的乘积。由于天然气水合物的速度高于围岩，当浅表层沉积物中富含天然气水合物，在地震剖面中通常表现出振幅增强现象。

为了验证浅表层水合物的地震响应特征，Woodside等（2003）设计了含水合物沉积层模型，水合物层具有高速的特点，并利用正演模拟合成地震道，模拟结果显示，高速层对应强振幅脉冲响应，对地震信号的极性分析发现这些强振幅反射为正极性（图3-2），表明其下方的速度是增加的，并非浅层气聚集的反映，因此认为这种地

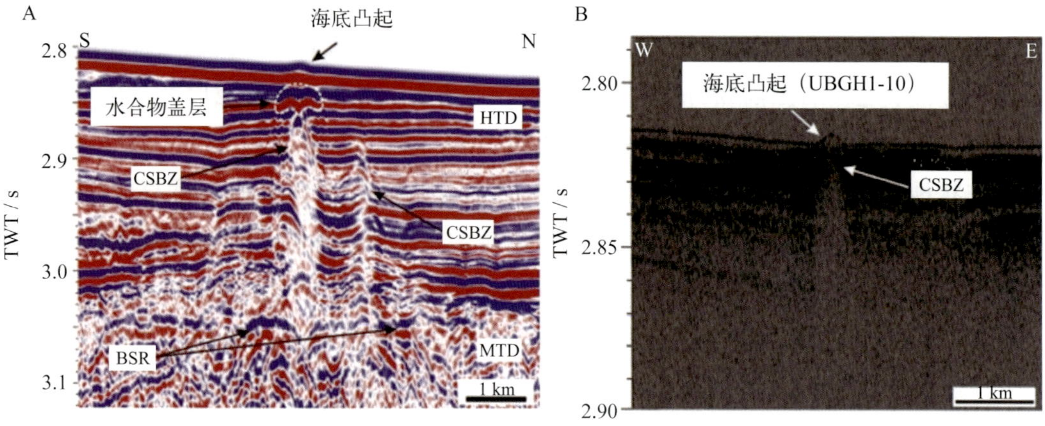

图3-9　韩国郁陵盆地过UBGH 1-10站位地震剖面（A）和浅地层剖面（B）（Chun et al., 2011）

3）高频散射异常

地震剖面中观察到的高频散射异常也是浅表层水合物存在的标志（Simonetti et al., 2013）。高频散射类似于高频噪声，表现为地震道中的周期短、振幅增强的杂乱反射（图3-10a），在地震瞬时振幅属性剖面（图3-10b）中可以较好地识别该类异常。在墨西哥湾北部伍尔西丘地区的高分辨率地震剖面中发现近海底处存在一些高频散射异常，为了验证高频散射异常与浅表层水合物的关系，2011年1月，在该地区开展了大型活塞取芯航次，该航次共计7个站位，仅在具有高频散射异常的JPC-1站位获得了天然气水合物样品，水合物呈块状充填于细粒沉积物的裂隙中（图3-11），JPC-3站位虽然距离JPC-1站位较近，但该处未观察到高频散射异常，取芯结果表明该站位不存在水合物，由单调连续的深灰色细粒沉积物组成。

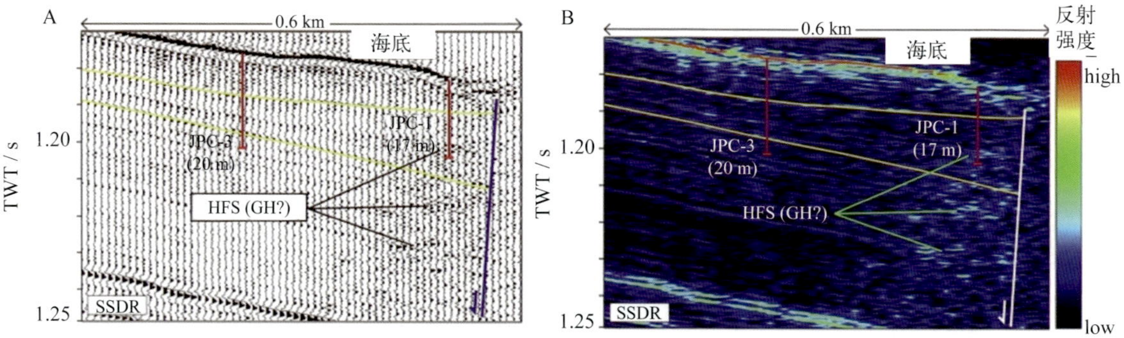

图3-10　墨西哥湾北部伍尔西丘地区过JPC-1和JPC-3站位地震波形（A）和瞬时振幅剖面（B）（Simonetti et al., 2013）

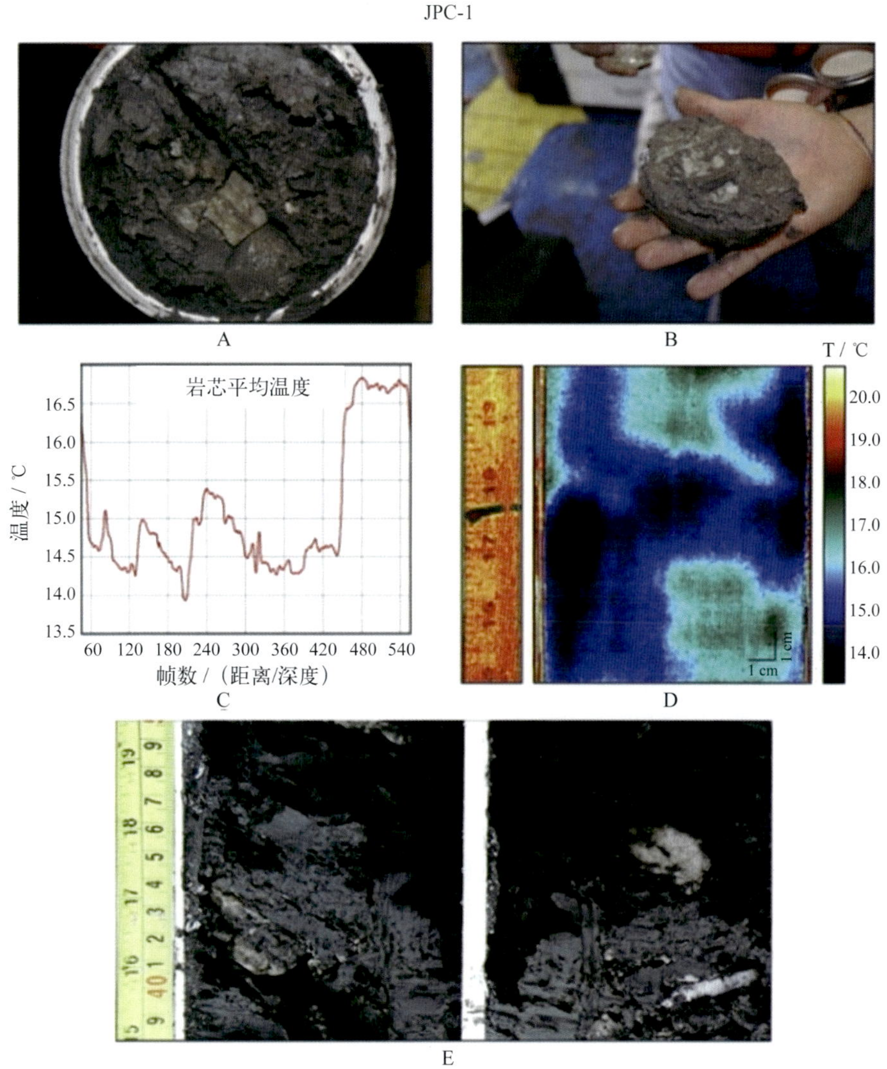

图3-11 墨西哥湾北部伍尔西丘地区JPC-1站位浅表层水合物样品（Simonetti et al., 2013）

3.1.3 速度异常

海底沉积物的地震纵波速度1 500～1 750 m/s，而当沉积物中富含天然气水合物，地层纵波速度可增至1 800～2 600 m/s，当水合物下伏地层中存在游离气时，纵波速度会骤减200～500 m/s，因此，速度异常是识别天然气水合物最重要的标志。在南海东沙海域W08站位海底以下25 m以内的地层中发现了浅表层水合物，由速度分析可见，紧邻海底之下存在声波速度上升，与浅表层脉状天然气水合物存在有关（沙志彬，2020）（图3-12）。

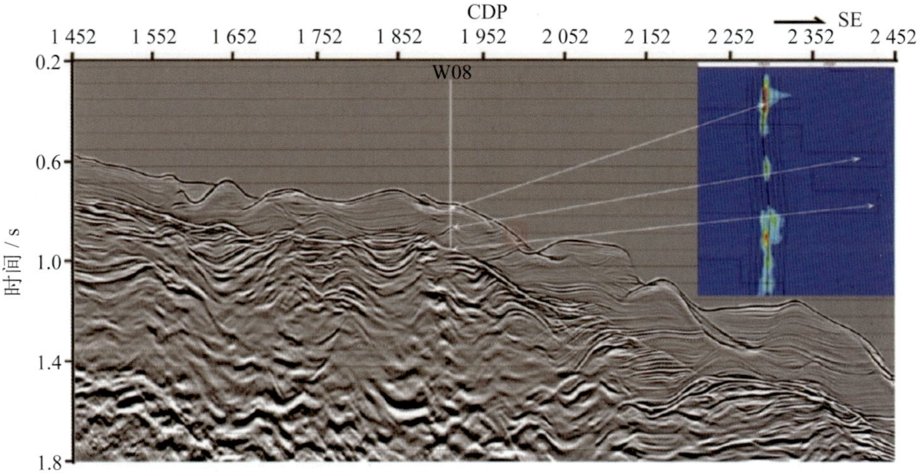

图3-12　南海东沙海域过W08站位地震反射剖面及速度谱（沙志彬，2020）

3.2　与浅表层水合物相关的气体渗漏地震响应特征

海底气体渗漏与海底浅表层水合物的赋存具有密切的关系，高通量甲烷以游离态渗漏方式沿断层或裂隙向浅部地层运移到达水合物稳定带后，在气烟囱顶部和翼部形成浅表层水合物，气体渗漏到海底可形成泥火山、麻坑、丘状体等微地貌，因此，气烟囱和泥火山、麻坑、丘状体等微地貌是天然气水合物发育区常见的地质现象，这些与气体渗漏相关的地质现象是浅表层水合物赋存的重要标志。韩国郁陵盆地、墨西哥湾、鄂霍次克海、黑海、中国南海等地区均钻遇与气体渗漏相关的浅表层水合物。

在地震剖面中，由于气烟囱内部存在大量的气体导致速度异常，与围岩的反射特征存在明显差异，整体形态呈直立状或近直立状，内部通常表现为杂乱、模糊和空白等反射特征。当沉积物中含有气体时，会降低地震纵波速度，而当沉积物中赋存天然气水合物等高速体时，则会出现“下拉”反射特征，因此气烟囱附近或内部常发育“下拉”或“上拉”反射。气体沿运移通道到达海底，可能在海底形成麻坑或丘状体等微地貌，因此气烟囱常与麻坑或丘状体成对出现（图3-13、图3-14）（Hustoft et al., 2010；Paull et al., 2008）。图3-14显示的是挪威大陆边缘Storegga滑坡的麻坑和气烟囱多道地震剖面，气烟囱内部存在明显的速度“上拉”反射（图3-14b），气烟囱两侧发育BSR反射，麻坑发育于气烟囱顶部，图3-14c为麻坑3.5 kHz的水声剖面，麻坑约200 m宽、8 m深。

鄂霍次克海地区普遍存在活跃的气体渗漏活动，在2003—2007年，在鄂霍次克海库页岛东北部大陆坡开展了多次韩-俄-日联合航次（CHAOS和SSGH项目），进行了多学科调查，以研究该海域天然气渗漏和天然气水合物的聚集（Jin et al., 2011）。通过单波束测深水声剖面，侧扫声呐海底成像、浅地层剖面、电火花震源高分辨率地震以及地球化学等调查技术，在该海域检测到161处气体渗漏。与天然气水合物相关的气体渗漏在高分辨率地震反射剖面中表现为气烟囱、强振幅反射和声学空白。

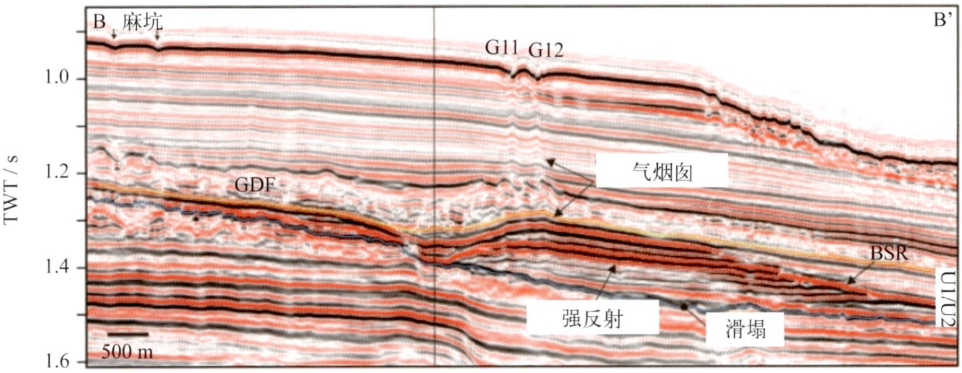

图3-13　挪威中部近海Nyegga麻坑和气烟囱三维地震剖面（Hustoft et al., 2010）

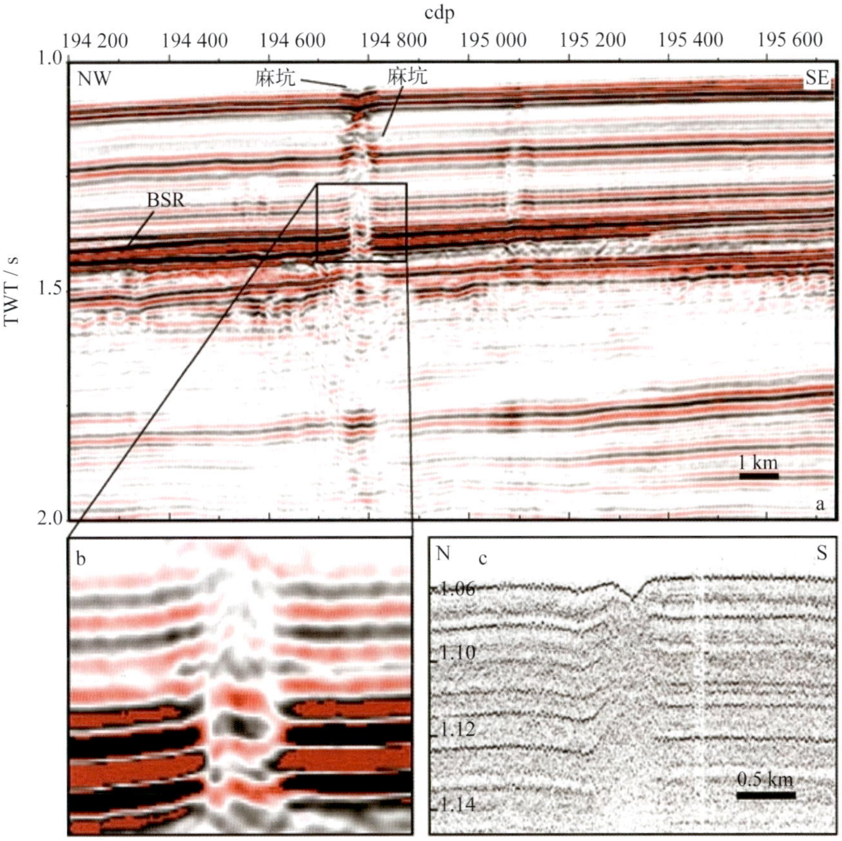

图3-14　挪威大陆边缘Storegga滑坡气烟囱和麻坑剖面特征（Paull et al., 2008）

水声剖面显示海底以下30 m处存在强反射异常（图3-15），其下方发育宽度相同空白反射带，通常声学空白带有两种可能的解释：①由于存在游离气造成地震能量衰减。②由于上方的强反射对地震能量的屏蔽作用，强反射可能是由于地层中存在天然气水合物或自生碳酸盐而形成。在高分辨率地震剖面中，气烟囱表现为垂向细长的振幅空白，局部存在强振幅反射，气烟囱上方水体中发育羽状流。在CHAOS航次期间，使用5.5 m长的重力取样器在气体渗漏区附近发现了19个天然气水合物聚集区，水合物在沉积物中表现为多种形态，包括透镜状、脉状、块状以及孔隙充填型（图3-16），证实了该海域气体渗漏与浅表层水合物聚集存在密切的关系，同时也证明水声剖面中的强反射界面与天然气水合物有关。

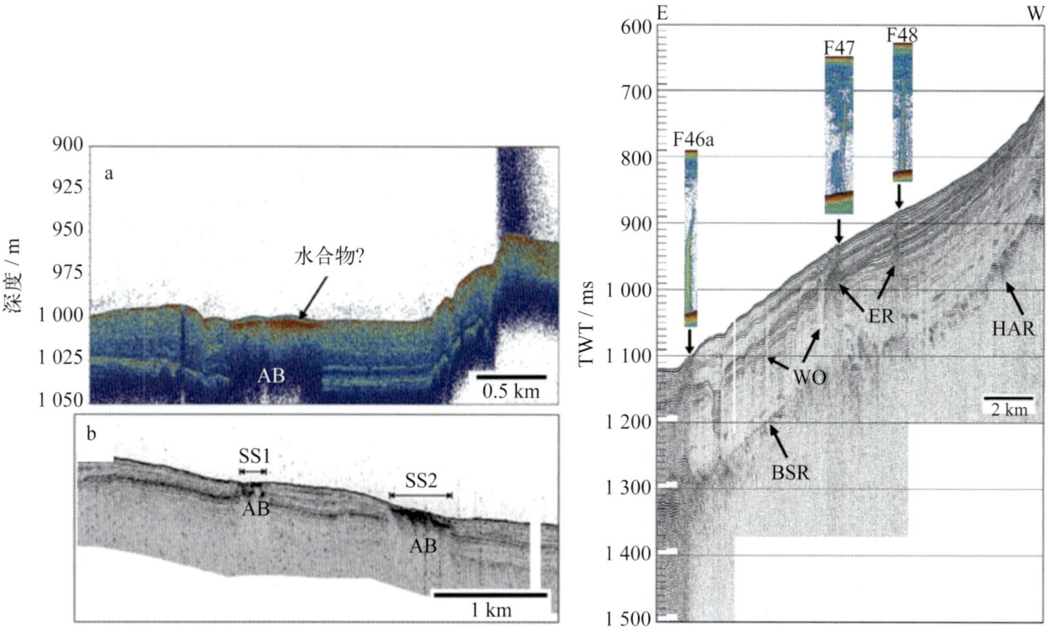

图3-15 鄂霍次克海库页岛海域海底气体渗漏的地球物理异常（Jin et al., 2011）

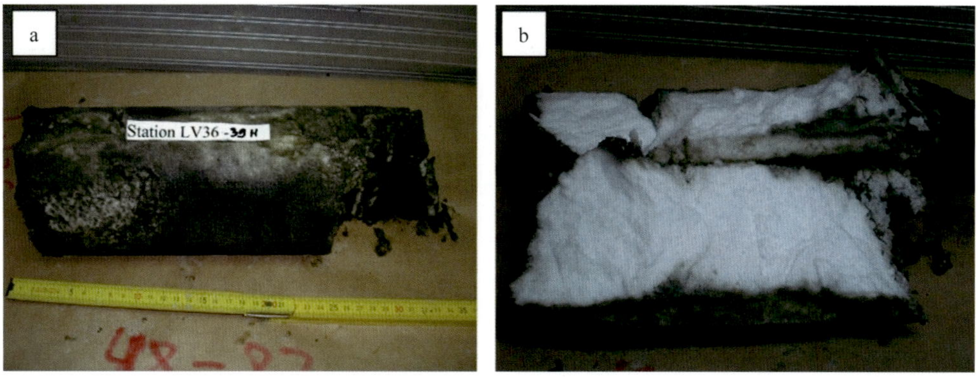

图3-16 鄂霍次克海库页岛海域浅表层水合物样品（Jin et al., 2011）

韩国郁陵盆地发育典型的浅表层水合物，与气烟囱密切相关（Yoo et al., 2013）。韩国分别于2007年和2010年在郁陵盆地实施了两次钻井勘探（UBGH1和UBGH2），两次钻探均获得天然气水合物。郁陵盆地发育大量的气烟囱，气烟囱大多数分布于浊积/半深海沉积物为主的盆地北部平原，在地震剖面上表现为“上拉”和空白反射，局部存在强振幅“亮点”反射（图3-17）。气烟囱的垂向延伸距离从小于10 m到大于100 m不等，只有少部分气烟囱到达海底形成麻坑或丘状体。气烟囱宽度100 ~1 000 m不等，由三维地震数据显示其几何形状大致呈圆形。气烟囱内部的“上拉”结构特征主要由于其内部速度高于围岩速度，根据速度分析，气烟囱内部速度通常为1 700 ~ 1 850 m/s，局部大于2 000 m/s。

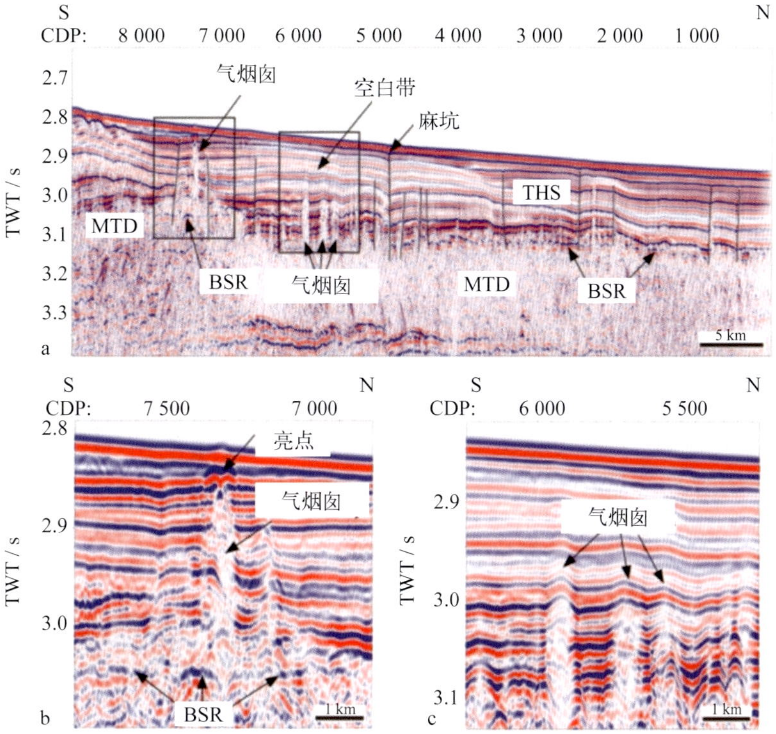

图3-17 韩国郁陵盆地气烟囱地震反射剖面（Yoo et al., 2013）

测井数据显示，气烟囱内部的电阻率通常大于80 Ω·m，纵波速度大于2 000 m/s，表明气烟囱内部存在天然气水合物。图3-18为UBGH2-7站位地震剖面和测井曲线，测井显示气烟囱内部的电阻率和纵波速度比围岩高很多，特别是电阻率值超过100 Ω·m，纵波速度也显示出相对较高的值，超过2 500 m/s，该区段的天然气水合物饱和度较高，范围为30% ~ 95%， UBGH2-7站位下方，可见与流体运移相关的底辟构造。图3-19为UBGH2-3站位的地震剖面和测井曲线，气烟囱内部的侧井曲线也表现出较高的电阻率和纵波速度。这种类型的浅表层水合物赋存于向上生长的气烟囱内部，呈块状、结核状和裂隙充填型（图3-20）。

我国南海东沙海域大面积冷泉碳酸盐岩的存在表明该区域长期存在气体渗漏活动（刘斌, 2017），多波束海底地形图上可见大量的丘状体，表现为明显的局部正地形，

3.3 浅表层水合物弹性参数识别方法

3.3.1 岩石物理建模与正演分析

岩石物理建模是储层预测的基础，是开展测井曲线环境校正、横波预测、岩性物性预测、叠前弹性参数计算、速度预测的重要方法。通过岩石物理模型成果进行交汇分析，能够获得识别岩性及孔隙物性响应参数，为后续岩性物性预测做好准备；同时，利用岩石物理模型开展流体替换正演分析，可定量分析储层叠前弹性参数与含油气性变化关系，为储层含油气性分析提供叠前响应参数，为后续叠前反演及AVO分析奠定基础。

通过岩石物理建模研究，可以获得以下成果：

① 岩石物理建模进行测井曲线环境校正。

② 岩石物理建模重构井横波速度曲线，从而为获得各种岩石物理弹性参数如弹性模量、剪切模量、泊松比等提高依据，为后续储层及有利储层响应参数分析提供基础。

③ 岩石物理弹性参数分析获得岩性响应参数，为岩性预测提供基础。

④ 岩石物理建模获得孔隙度与响应弹性参数关系，开展孔隙度物性预测。

⑤ 根据不同岩性及流体组合，获得不同情况下速度变化关系，开展精细速度研究。

⑥ 岩石物理建模流体替换技术，为有利储层预测及AVO分析奠定基础。

岩石物理建模主要是通过骨架矿物融合、流体融合、骨架与流体融合来模拟地下岩石特征，通过模拟岩石特征，获得一系列岩石物理参数，为下一步储层预测分析、岩性物性分析、流体特征分析、速度分析、属性分析等奠定基础。因此，岩石物理建模是了解地球物理响应特征的有效手段。目前岩石物理建模方法主要有理论公式法、Ruess、Voigt、Wyllie拟合法、Kuster-Toksoz建模、Xu-White建模、Matrix supported建模等方法。不同的建模方法均有不同的地质适应性。

随着岩石物理建模技术的发展，目前已建立一套完整的岩石物理建模技术流程（图3-22），该技术流程将岩石分为骨架和孔隙流体两大部分。骨架部分充分考虑不同固体矿物形态等对弹性参数影响，孔隙流体部分充分考虑温度、压力、流体矿化度、流体融合指数等因素对岩石物理参数的影响。

水合物作为固体状态存在，其本身具有剪切模量，理论上讲，水合物作为孔隙流体进行岩石物理建模，对横波速度预测具有较大影响。通过全面收集钻遇水合物井曲线进行岩石物理建模，将水合物分别作为岩石骨架及孔隙流体进行建模对比，通过对比分析认为，水合物作为岩石骨架矿物加入模型进行岩石物理建模与测井数据更吻合，预测横波速度更合理。

通过岩石物理建模预测合理可靠横波速度，利用纵横波速度及密度进行叠前道集正演分析与对比，分析含水合物地层与非水合物地层叠前道集差异，为后续水合物叠前道集分析、AVO属性分析和预测水合物奠定基础。

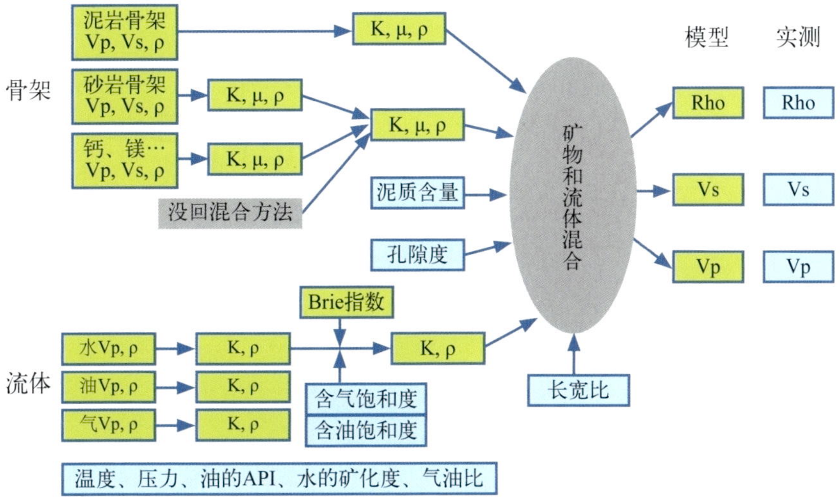

图3-22　岩石物理建模技术流程

图3-23为水合物地层与非水合物地层正演叠前地震道集对比，通过对比可见，当地层含水合物时，表现明显的道集振幅随偏移距增加而增加或道集振幅随偏移距增加而减小的AVO响应特征，当地层不含水合物时，叠前道集能量随偏移距增加而不变。道集振幅随偏移距增加而增加或减小，均表现为AVO属性G值斜率增大特征。因此，通过水合物和非水合物地层道集正演分析，地层含水合物时，AVO属性表现为高G属性特征。

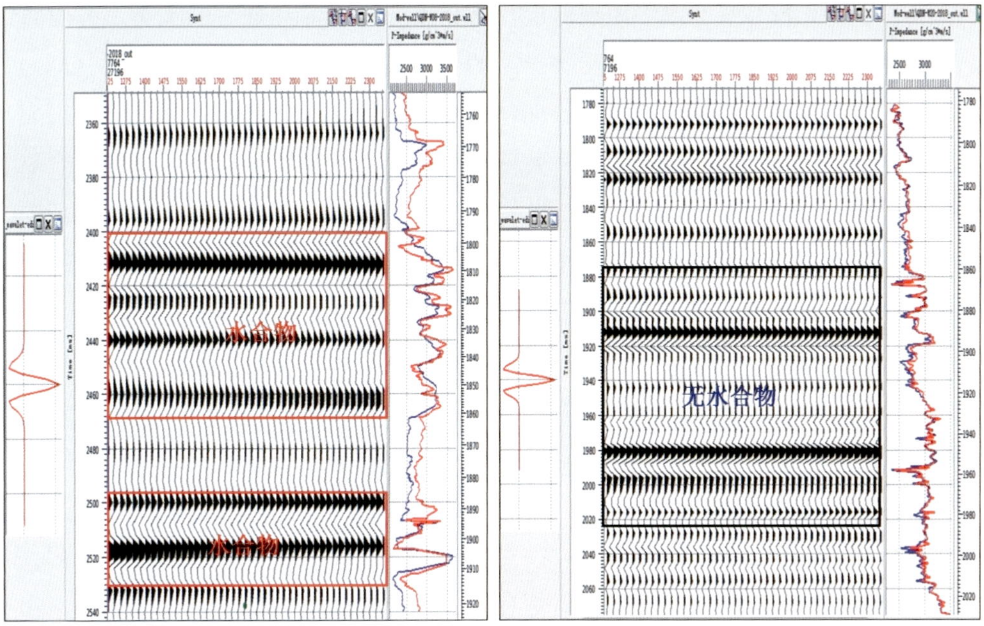

图3-23　水合物与非水合物地层正演地震道集对比

通过岩石物理建模，可以预测纵横波速度、密度、纵横波阻抗、纵横波速度比、泊松比等叠前弹性参数，图3-24为岩石物理建模预测不同叠前参数交汇对比分析，由图中可见，水合物表现高纵横波速度、高纵横波阻抗、低纵横波速度比响应特征。

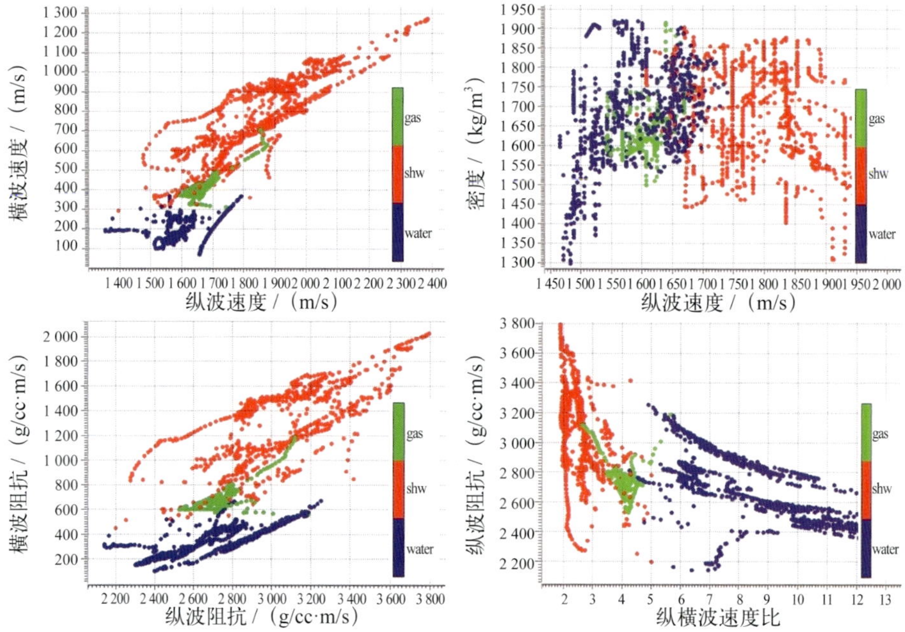

图3-24　水合物岩石物理响应参数交汇分析

3.3.2 AVO技术

根据地震数据的类型可以将地震储层预测技术分为叠前和叠后两大类。叠前属性主要来自AVO属性分析，如AVO叠前反演、AVO孔隙流体识别、AVO统计分析、AVO各向异性分析等。由于AVO技术必须利用叠前地震数据，因而计算和分析的工作量很大。另外，叠前道集的近偏移距反射能量弱、大偏移距存在一定的拉伸畸变等缺陷，给AVO分析带来一定的困难和影响。因此，AVO技术（尤其是3D AVO技术）未能得到大范围的推广和应用。叠后地震储层预测技术利用的是含油气或水合物储层在叠后地震数据上表现出的异常，通过这些异常来检测储层的分布。

对于储层性质复杂的地区，比如一些储层在声波上没有明显的特征，叠后地震反演解决地质问题的能力和精度受到了限制。另外，对于井资料缺乏的地区，由于叠后波阻抗反演缺乏井的约束，只能以相对波阻抗反演为主，反演的精度受到地震资料的影响较大，同时也难以获得定量的储层参数，只能作为定性的评价。因此，还需结合其他有效手段，开展地球物理综合评价。

地震数据中隐藏着非常丰富的地质信息，通过AVO属性分析，可以生成共深度点的AVO角道集剖面和多种AVO属性剖面。

3.4.2 地球物理测井在浅表层水合物勘探中的应用

韩国在郁陵盆地分别于2007年和2010年实施的两次随钻测井（UBGH1和UBGH2）中，均发现了浅表层水合物。在第一次水合物钻探（UBGH1）期间，在UBGH1-09和UBGH-10站位，发现天然气水合物主要以脉状充填于气烟囱结构中或以裂隙充填于半远洋泥质沉积物中，UBGH2期间，在砂质沉积物中发现了高浓度的天然气水合物，在细粒沉积物中发现了裂缝充填物。裂缝填充型天然气水合物多出现在以断层、裂缝和其他高渗透通道为主的气烟囱结构中，在 UBGH2-3、UBGH2-7 和 UBGH2-11 等站位发现结节状、块状的裂隙充填水合物，水合物稳定区及水合物稳定区以下的测井数据见表3-3（Kim et al., 2013）。

表3-2 韩国郁陵盆地UBGH2-3、UBGH2-7 和 UBGH2-11站位测井数据（平均值）汇总

站位	范围	层段 / mbsf	电阻率 /（Ω·m）	速度 /（m/s）	密度 /（g/cm³）	密度孔隙度 / %
UBGH2-3	GHSZ	0 ~ 132	60	1 811	1.42	75.1
	GHSZ以下	132以下	0.83	1 580	1.67	60.1
UBGH2-7	GHSZ	0 ~ 124	802	1 698	1.46	72.9
	GHSZ以下	124以下	0.67	1 625	1.64	61.8
UBGH2-11	GHSZ	0 ~ 159	739	1 615	1.45	72.7
	GHSZ以下	159以下	0.89	1 536	1.51	68.9

UBGH2-3站位位于一个相对较大的气烟囱内部，在海底形成丘状地貌（图3-29）。UBGH2-3 站位的测井数据如图3-30所示。6 ~ 106 mbsf范围存在高电阻率异常，电阻率30 ~ 200 Ω·m，表明该气烟囱结构中存在浅表层水合物。中钻头电阻率（RAB）图像显示正弦模式，表明为裂隙充填型水合物。伽马射线和密度测井表现为低伽马值（约40 API）和低密度值（约1.1 g/cm^3），表明在15 mbsf、31 mbsf、46 mbsf 和 54 mbsf处可能存在块状水合物。声波测井曲线在含水合物层段表现为高值特征，最大值约为 3 000 m/s，而在GHSZ以下沉积物的平均值约为 1 500 m/s。该站位岩芯样品的孔隙度和密度与测井数据非常吻合，通常随着深度的增加孔隙度降低而密度增加。根据 RAB 图像，几个导电区（如含水区）出现在 100 mbsf 以下，这些带被解释为富含砂的层段。

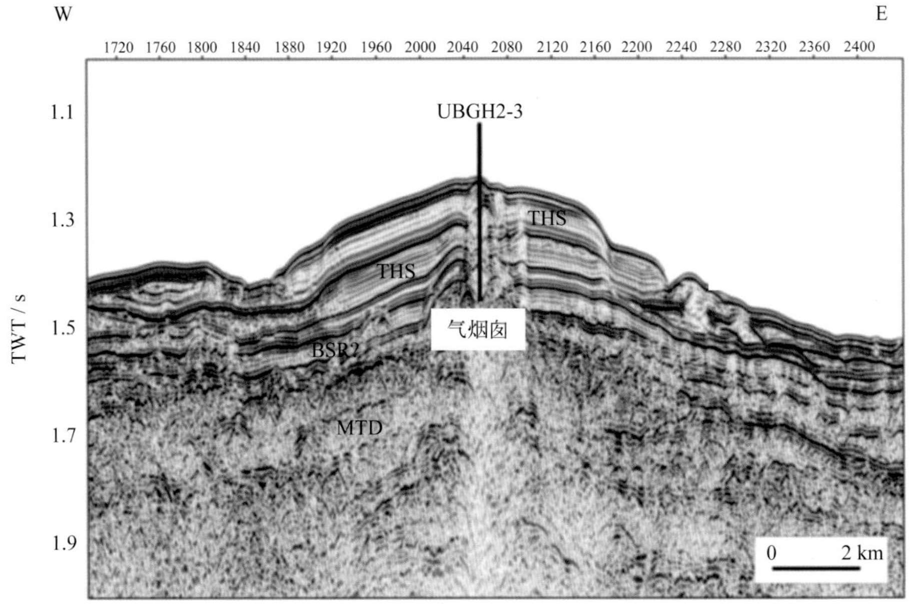

图3-29 过UBGH2-3站位地震剖面（Kim et al., 2013）

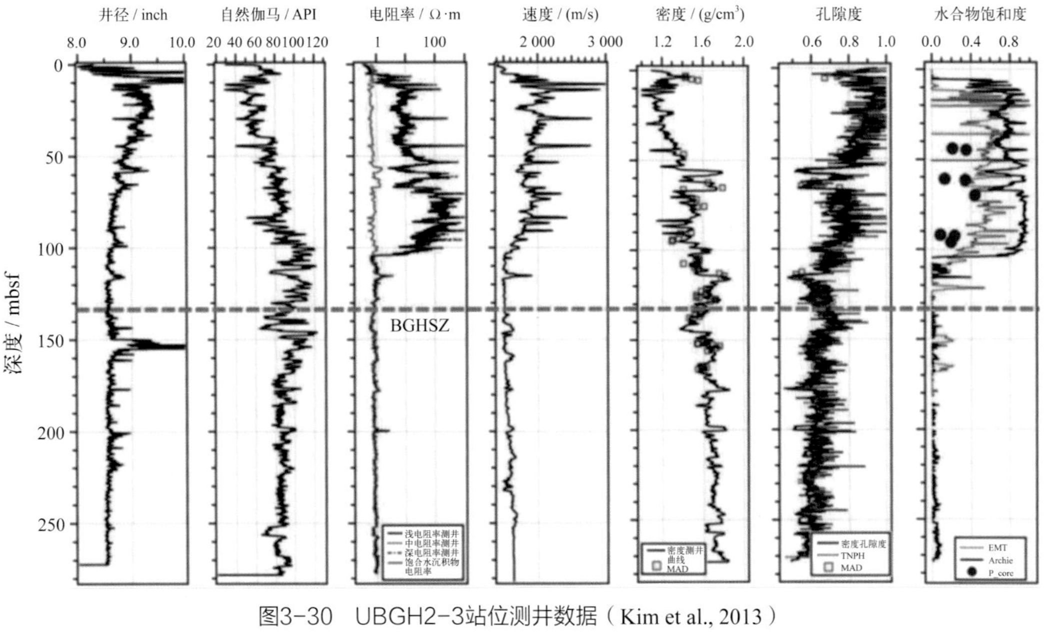

图3-30 UBGH2-3站位测井数据（Kim et al., 2013）

UBGH2-7站位位于气烟囱内部，烟囱宽约 600 m，在海底形成一个规模非常小的海底隆起（图 3-31），可能含有水合物和自生碳酸盐。UBGH2-7站位测井数据如图 3-32所示。电阻率测井数据中，75 mbsf以上地层表现为非常高的电阻率值， 200 Ω·m以上。声波测井数据显示，与GHSZ下方的沉积物相比，以高电阻率为特征的层段内的速度相对较高（范围为 1 500 ~ 1 600 m/s），25 ~ 35 mbsf 层段内表现非常低的伽马值（约 20 API）和低密度（约 1.1 g/cm^3），表明该层段存在大量天然气水合物。海底到75 mbsf 层段的高电阻率正弦 RAB 图像表明沉积物中的水合物为裂隙充填型，岩芯样品测量的孔隙度和密度与测井数据相匹配，通常随着深度的增加孔隙度降低而密度增加。

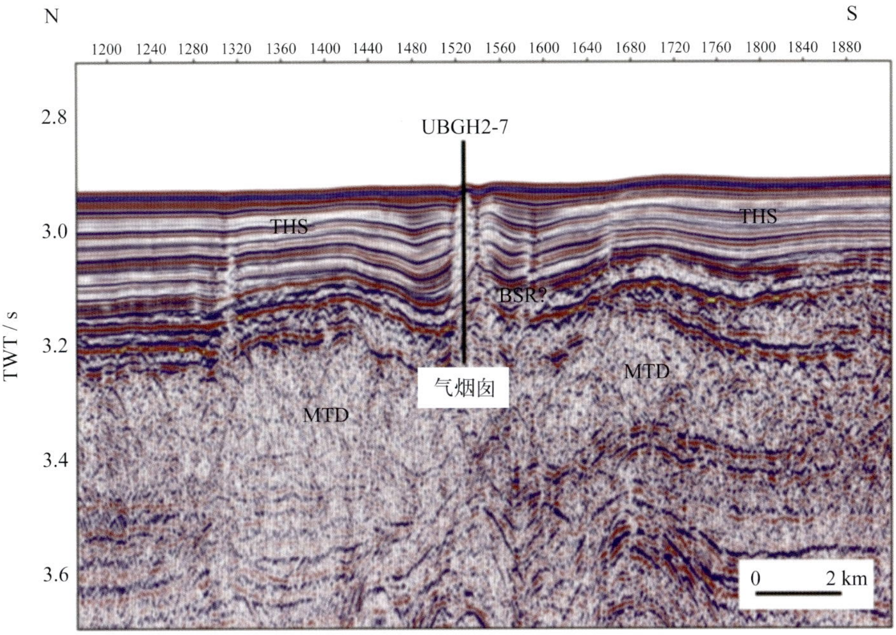

图3-31　过UBGH2-7站位地震剖面（Kim et al., 2013）

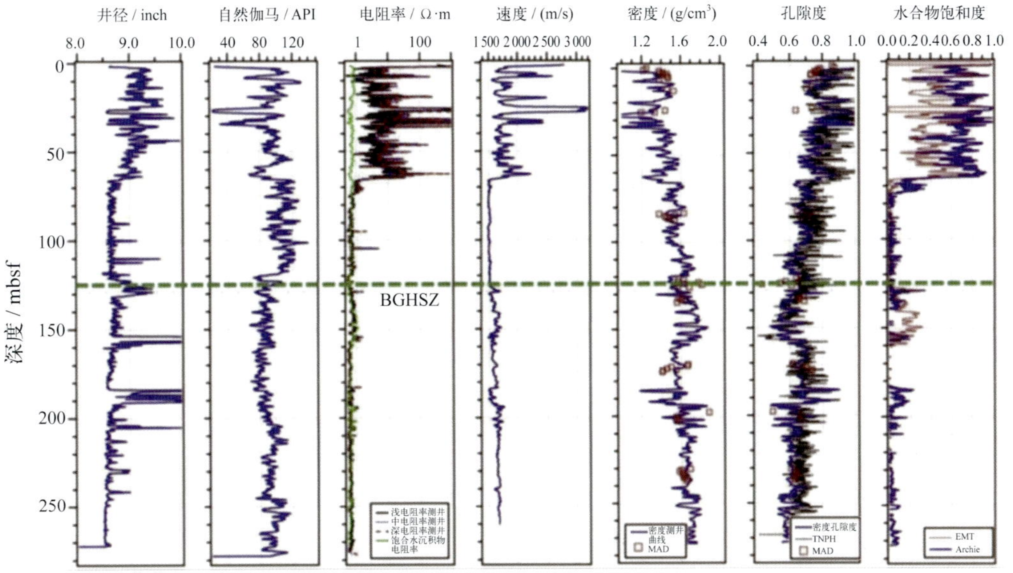

图3-32　UBGH2-7站位测井数据（Kim et al., 2013）

3.5 参量阵高频浅地层剖面技术及浅表层水合物识别与预测

3.5.1 参量阵高频浅地层剖面测量技术特点

参量阵高频浅地层剖面测量是一种基于水声学原理探测水下浅部地层结构的地球物理方法，是海洋地质调查的重要手段之一，对于识别浅表层水合物或甲烷流体渗漏引起的沉积物声学异常特征（如声混浊、空白带、增强反射、亮点、速度下拉、泥底辟、气烟囱等）、海底微地貌异常特征（如麻坑、泥火山、自生碳酸盐岩岩隆等）以及天然气进入水体形成的气泡羽状流等异常特征具有关键作用。

参量阵高频浅地层剖面技术是非线性调频浅地层剖面探测技术，其原理是利用地层波阻抗差异特性，通过发射两组相近的原始声波信号，利用声波在介质中传播的非线性特征，自解调产生差频信号，形成参量阵声学场，实现差频窄波束声波发射，减少水体噪声和海底混响等干扰。基于非线性调频技术的参量阵高频浅地层剖面仪具有穿透性强、发射波束角小以及分辨率高等优点，小体积、轻重量的换能器就能具有足够的穿透力，从而获取更高分辨率和更深地层的剖面数据。

本文参量阵浅地层剖面采集使用的设备为船载TOPAS PS 18全海深参量阵浅地层剖面仪，该仪器由挪威Kongsberg公司生产，基于水柱中的两个高强度声束在较高频率下（大约18 kHz中心对称）的非线性相互作用而产生低频声波。TOPAS PS 18浅地层剖面仪产生的信号具有较高的相对带宽，窄波束剖面（接近所发射的高频信号）并且没有旁瓣，可高精度的刻画浅部地层结构。该浅地层剖面仪工作水深为20 m至全海深，穿透能力较好，且分辨率非常高。

TOPAS系统最大的特点是操作者可以根据水深、地层等实际情况进行发射信号的选取。系统可使用的发射信号波形包括：Ricker波、CW微波（Bursts波）、Chirp波和其他根据用户指定的波形外接输入。系统主频率为12.5 ~ 17.5 kHz，次级频率为0.5 ~ 5.0 kHz，发射模式可以是单脉冲，也可以是多脉冲。每种发射信号波形都具有不同的特点，Ricker波具有高分辨率的特点，Bursts波具有高穿透率的特点，Chirp波是介于Ricker波和Bursts波之间的一种波形，兼顾了一定的分辨率与穿透能力。由实际工作经验分析，高分辨率的Ricker波比较适合于对水深深度小于1 000 m的地层进行测量；当水深深度大于2 500 m时，使用Bursts波进行地层测量比较适合；水深在1 000 ~ 2 500 m时可以用Chirp波进行地层测量。3种发射信号波形使TOPAS系统从理论上实现了全海洋的测量能力。根据地质条件和试验对比，本文使用Chirp波进行施工作业，工作频段选用2 ~ 5 kHz，使用多Ping激发方式，具有最高的横向分辨率（骆迪等，2020）。

3.5.2 三维参量阵浅剖浅表层水合物识别与预测技术

基于三维参量阵浅剖数据的浅表层水合物识别与预测包括两个方面的关键技术：①利用希尔伯特变换，将参量阵采集的属性数据转换为包含包络信号和振幅信号的SEG-Y标准地震数据，获得海底浅表层的反射阻抗信息，然后运用多维插值技术，将密集采集（线间距25 m）的二维参量阵浅剖数据构建成为三维数据体，并对三维数据体做进一步静校正、三维噪声压制等处理，从而提高数据信噪比。②对海底之下100 m以内的数据进行层位划分，沿层提取多种属性（图3-33），并选择敏感属性进行主成分分析，实现基于多属性的三维数据体的地震相聚类分析，刻画地震相平面展布（图3-34），为海表层水合物的预测提供有力的证据。

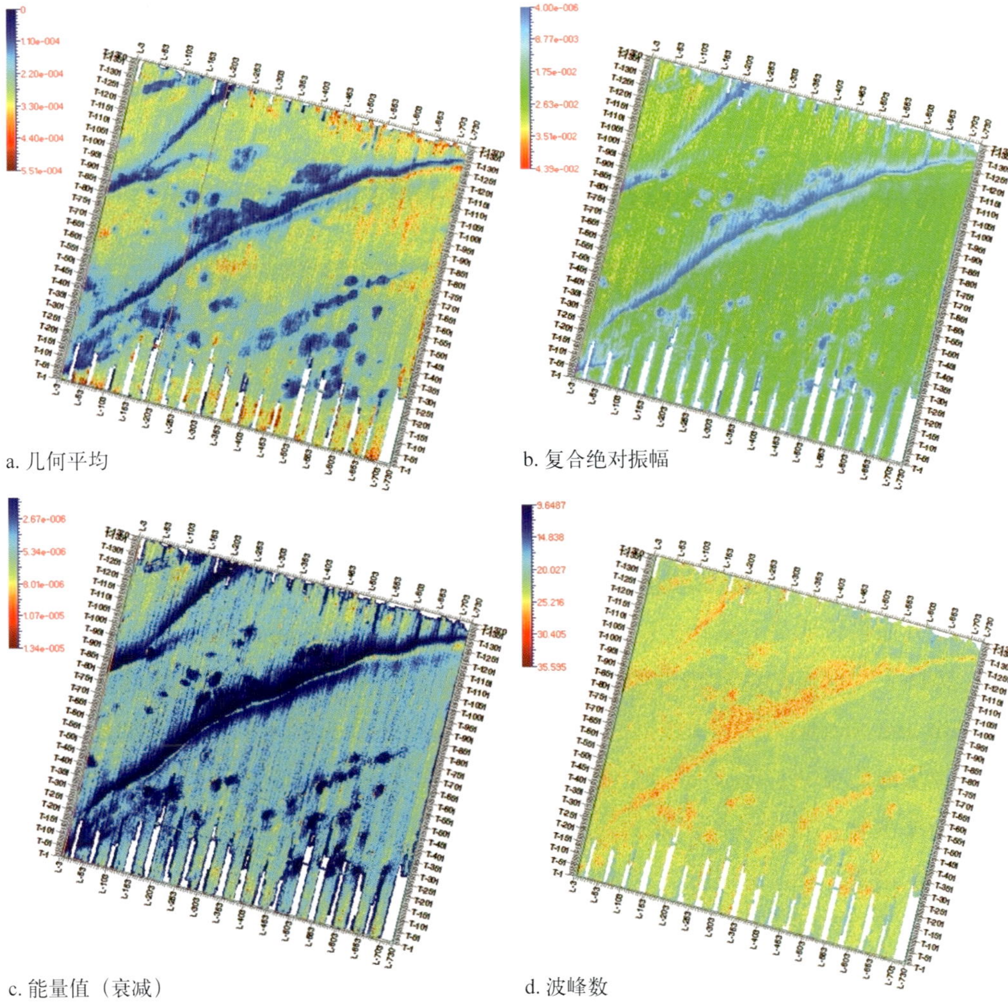

a. 几何平均　b. 复合绝对振幅　c. 能量值（衰减）　d. 波峰数

图3-33　沿层属性切片（骆迪等，2020）

图3-36a展示了圣克鲁斯盆地的6条电阻率剖面，盆地侧翼水合物稳定区基底处的电阻率值最高，地震剖面中的BSR遍布整个盆地（图3-42中黄色虚线），但侧翼大部分BSR较弱或不存在。图3-36b是使用阿尔奇定律，通过线性反演估算6条测线的水合物饱和度，盆地南部侧翼的电阻率最高达到8 Ω·m，对应于30%的水合物饱和度，由此产生的三维模型可用于计算水合物总体积和储量。

在圣克鲁斯盆地中部，尽管存在明显的BSR，但大部分区域并不存在利于水合物富集的运移通道，并且电阻值较低，而断层和背斜构造为盆地两侧的甲烷渗漏和水合物储集提供了气体运移通道和富集条件，这种气体很可能是生物成因气和热成因气的混合成因气。深拖式CSEM阵列能够有效地表征天然气水合物饱和度，结合地震剖面进行解释时，CSEM方法可指示甲烷气体的有效运移通道。

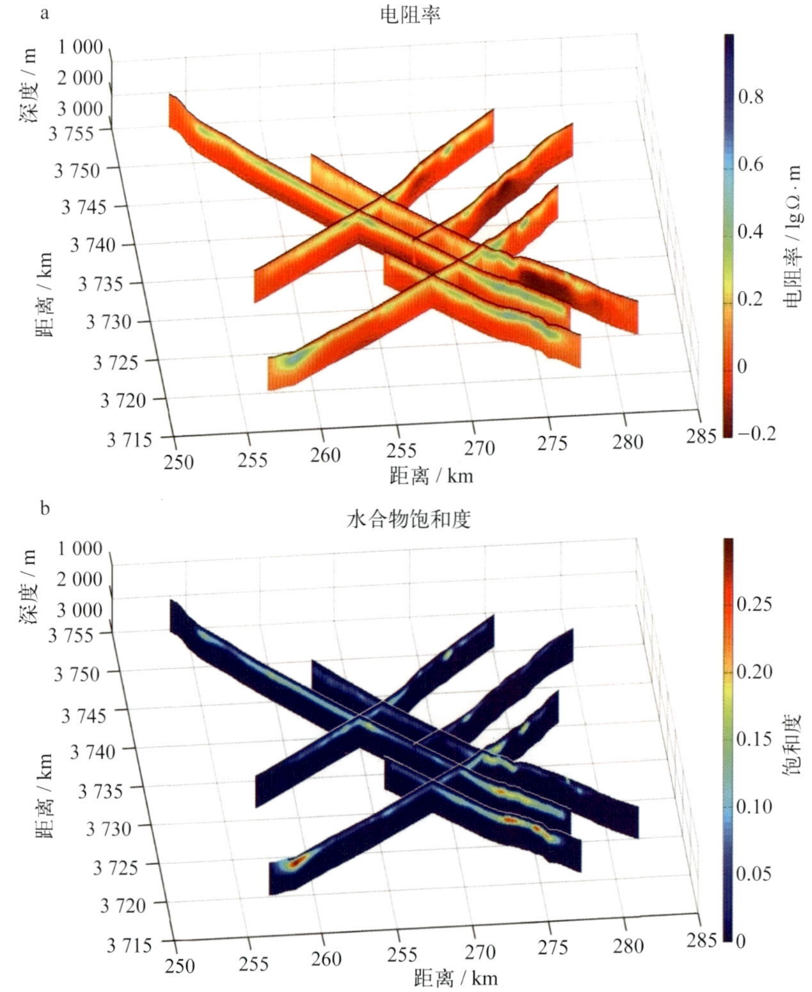

图3-36　圣克鲁斯盆地6条测线的电阻率（a）和水合物浓度（b）剖面

（Kannberg and Constable, 2020）

针对新西兰希库朗基边缘Opouawe Bank甲烷渗漏区开展了高分辨率多道地震和CSEM研究，认为该研究区域新西兰北岛东海岸外的希库朗基边缘（图3-46），北东—南西走向的Opouawe Bank是俯冲带增生楔脊和盆地系统的一部分，面积约为20 km × 10 km，水深在1 000 ~ 1 100 m。根据地震数据中广泛分布的BSR推断希库朗基边缘存在天然气水合物。根据渗漏动物群、羽状流以及碳酸盐结壳等标志证实了希库朗基边缘的甲烷渗漏。在Opouawe Bank发现了14个渗漏点，大多数渗漏点沿山脊顶部排列（Schwalenberg et al., 2017）。图3-37展示的是CSEM剖面与相应的高分辨率多道地震剖面叠合图，剖面显示电阻率异常与西部渗漏点下方的强振幅异常非常吻合。浅层沉积物的地震剖面中，气体运移通道表现为振幅异常，同时伴随着海底沉积物的隆起。高电阻率通常出现在渗漏点下方的强振幅反射区域（P2剖面中的RR和NT，P1剖面中的PW和NT，以及P3剖面中的PW和ST）。P1剖面和P2剖面6 800 m处的TK渗漏与西部渗漏不同，在P1地震剖面上显示一条狭窄的延伸至海底附近的垂直通道，但电阻率并没有明显增大。虽然在该位置存在海底甲烷渗漏，并采集到浅层天然气水合物样品等，但没有观察到明显的冷泉生物群落和碳酸盐露头，这可能是一个年轻且活跃的渗漏点，天然气水合物还没有大量的聚集。

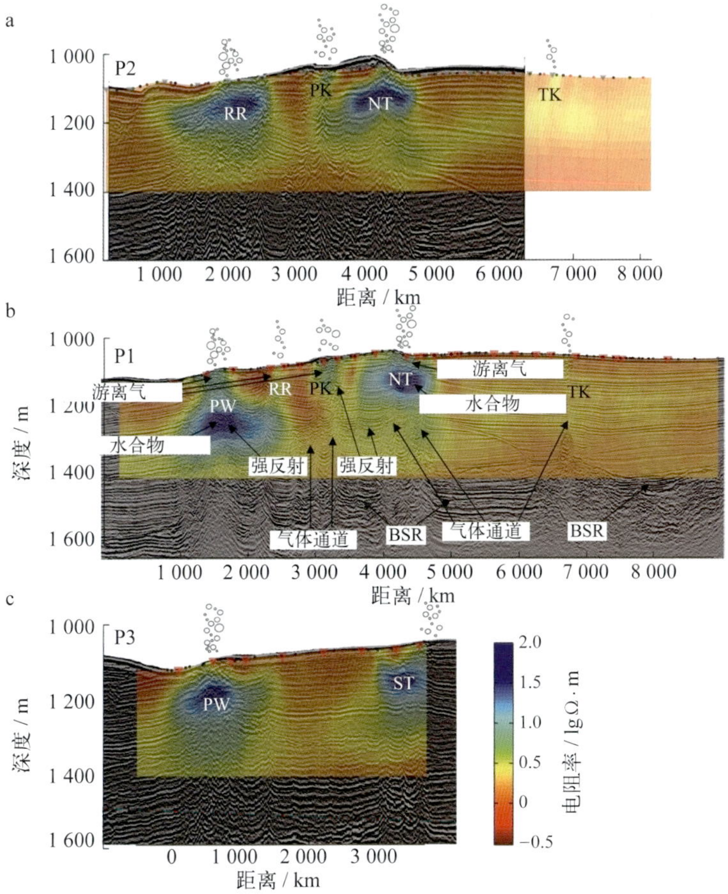

图3-37　电阻率剖面和高分辨率多道地震剖面的叠合（Schwalenberg et al., 2017）

海洋CSEM数据显示，在Opouawe Bank天然气水合物稳定带以上300 m范围内存在高度异常的电阻率带。电阻率最高的区域（即天然气和天然气水合物）位于沿山脊顶部排列的一系列活跃海底喷口下方，这一特征在地震剖面中并不明显。地震剖面显示运移通道延伸至海底以下75 ~ 100 m的强振幅反射位置，这些通道表明，游离气从BSR下方向上集中聚集到GHSZ。对天然气运移通道、强振幅反射和电阻率异常的研究表明，在Opouawe Bank的GHSZ内，天然气水合物和游离气共存。仅从电阻率，无法区分天然气水合物和游离气，而地震剖面的强振幅反射也可由天然气水合物和游离气聚集引起。利用阿尔奇定律估算渗漏下方的天然气/天然气水合物饱和度，在海底以下50 ~ 200 m的深度，饱和度在40% ~ 80%，天然气水合物可能是主要的孔隙填充成分，但并不清楚各自的占比，在距海底10 m的浅层深度，游离气体占主导地位。

3.7 小结

地球物理勘探方法是天然气水合物资源勘查的重要手段之一，与中深层扩散型水合物相比，浅表层水合物赋存于近海底沉积物中，有效识别和预测具有更大的挑战，本章分别从多道地震、地球物理测井、浅地层剖面和可控源电磁法等方面论述了浅表层水合物的地球物理特征和识别方法。

（1）BSR反射是天然气水合物的重要识别标志，但浅表层水合物通常没有明显的BSR反射。振幅异常、速度异常、弹性参数异常以及与海底气体渗漏相关的流体运移通道等特征都是浅表层水合物地震识别的重要方法。

（2）天然气水合物与地层中的岩石骨架、油层、气层和水层的物理性质存在较大差异，因此，含水合物沉积物的测井响应特征通常表现为高电阻率、高声波速度、低伽马、低密度、低声波时差等特征，常应用于水合物勘查的测井方法包括电阻率测井、声波测井、密度测井、自然电位测井、自然伽马测井等。

（3）参量阵高频浅地层剖面测量是一种基于水声学原理探测水下浅部地层结构的地球物理方法，是海洋地质调查的重要手段之一，对于识别浅表层水合物相关的甲烷渗漏所引起的声学特征、海底微地貌以及天然气进入水体形成的气泡羽状流等异常具有关键作用。

（4）可控源电磁法对沉积物孔隙度和孔隙流体的电学性质非常敏感，通过对比电阻率差异特征，不仅可以推断浅表层天然气水合物的分布，还可用于表征和量化浅表层天然气水合物的饱和度。

参考文献

蔡峰, 吴能友, 闫桂京, 等, 2020. 海洋浅表层天然气水合物成藏特征[J]. 海洋地质前沿, 36(9):73-78.

刘斌, 2017. 南海北部陆坡东沙海域海底丘状体气体与水合物分布[J]. 海洋学报, 39(3):8.

骆迪, 蔡峰, 闫桂京, 等, 2020. 浅表层天然气水合物高分辨率地震勘探方法与应用[J]. 海洋地质前沿, 36(9):101-108.

沙志彬, 2020. 南海东北部海域XN区块天然气水合物资源综合预测与评价[J]. 中国地质大学.

BEDANTA K, GOSWAMI K A, WEITEMEYER T A, et al., 2015. A joint electromagnetic and seismic study of an active pockmark within the hydrate stability field at the vestnesa ridge, west svalbard margin[J]. Journal of Geophysical Research: Solid Earth, 120(10): 6797-6822.

CHUN J H, RYU B J, SON B K, et al., 2011. Sediment mounds and other sedimentary features related to hydrate occurrences in a columnar seismic blanking zone of the Ulleung Basin, East Sea, Korea[J]. Marine and Petroleum Geology, 28(10):1787-1800.

CONSTABLE S, KANNBERG P K, WEITEMEYER K, 2016. Vulcan: A deep-towed CSEM receiver[J]. Geochemistry, Geophysics, Geosystems, 17, 1042-1064.

DEWANGAN P, SRIRAM G, KUMAR A, et al., 2021. Widespread occurrence of methane seeps in deep-water regions of Krishna-Godavari basin, Bay of Bengal[J]. Marine and Petroleum Geology, 124:104783.

DONDURUR D, AND CIFCI G, 2009. Anomalous Strong Reflections on High Resolution Seismic Data from the Turkish Shelf of the Eastern Black Sea: Possible Indicators of Shallow Hydrogen Sulphide-Rich Gas Hydrate Layers[J]. Turkish Journal of Earth Sciences, 18(2):299-313.

EDWARDS R N, 1997. On the resource evaluation of marine gas hydrate deposits using sea-floor transient electric dipole-dipole methods[J]. Geophysics, 62(1): 63-74.

GAY A, LOPEZ M, ONDREAS H, et al., 2006. Seafloor facies related to upward methane flux within a Giant Pockmark of the Lower Congo Basin[J]. Marine Geology, 226(1):81-95.

HASHIN Z, SHTRIKMAN S, 1962. A variational approach to the theory of the effective magnetic permeability of multiphase materials[J]. Journal of Applied Physics, 33(10): 3125-3131.

HOROZAL S, KIM G Y, BAHK J J, et al., 2015. Core and sediment physical property correlation of the second Ulleung Basin Gas Hydrate Drilling Expedition (UBGH2) results in the East Sea (Japan Sea)[J]. Marine and Petroleum Geology, 59(0):535-562.

HUANG Y S, HSU S K, SU C C, et al., 2021. Shallow gas hydrates off southwest Taiwan and their mechanisms[J]. Marine Geophysical Research, 42(1):7.

HUSTOFT S, BUNZ S, MIENERT J, 2010. Three-dimensional seismic analysis of the morphology and spatial distribution of chimneys beneath the Nyegga pockmark field, offshore mid-Norway[J]. Basin Research, 22(4):465-480.

JEONG T, BYUN J, CHOI H, et al., 2014. Estimation of gas hydrate saturation in the Ulleung basin using seismic attributes and a neural network[J]. Journal of Applied Geophysics, 106(0):37-49.

JIN Y K, KIM Y G, BARANOV B, et al., 2011. Distribution and expression of gas seeps in a gas hydrate province of the northeastern Sakhalin continental slope, Sea of Okhotsk[J]. Marine and Petroleum Geology, 28(10):1844-1855.

KIM G Y, NARANTSETSEG B, RYU B J, et al., 2013. Fracture orientation and induced anisotropy of gas hydrate-bearing sediments in seismic chimney-like-structures of the Ulleung Basin, East Sea[J]. Marine and Petroleum Geology, 47:182-194.

LÜDMANN T, WONG H K, 2003. Characteristics of gas hydrate occurrences associated with mud diapirism and gas escape structures in the northwestern Sea of Okhotsk[J]. Marine Geology, 201(4):269-286.

LYKOUSIS V, ALEXANDRI S, WOODSIDE J, et al., 2009. Mud volcanoes and gas hydrates in the Anaximander mountains (Eastern Mediterranean Sea)[J]. Marine and Petroleum Geology, 26(6): 854-872.

MATSUMOTO R, KAKUWA Y, SNYDER G T, et al., 2017. Occurrence and origin of thick deposits of massive gas hydrate, Eastern Margin of the sea of Japan, 9th International Conference on Gas Hydrates, Denver[J]. Colorado USA.

NETZEBAND G L, KRABBENHOEFT A, ZILLMER M, et al., 2010. The structures beneath submarine methane seeps: Seismic evidence from Opouawe Bank, Hikurangi Margin, New Zealand[J]. Marine Geology, 272(1-4):59-70.

PAULL C, USSLER W Ⅲ, HOLBROOK W S, et al., 2008. Origin of pockmarks and chimney structures on the flanks of the Storegga Slide, offshore Norway[J]. Geo-Marine Letters, 28(1):43-51.

RYU B J, RIEDEL M, KIM J H, et al., 2009. Gas hydrates in the western deep-water Ulleung Basin, East Sea of Korea[J]. Marine and Petroleum Geology, 26(8):1483-1498.

KANNBERG P K, CONSTABLE S, 2020. Characterization and quantification of gas hydrates in the California Borderlands[J]. Geophysical Research Letters, 47(6): 1–8.

SCHWALENBERG K, RIPPE D, KOCH S, et al., 2017. Marine-controlled source electromagnetic study of methane seeps and gas hydrates at Opouawe Bank, Hikurangi Margin, New Zealand[J]. Journal of Geophysical Research: Solid Earth, 122.

SHANKAR U, RIEDEL M, 2014. Assessment of gas hydrate saturation in marine sediments from resistivity and compressional-wave velocity measurements in the Mahanadi Basin, India, Mar[J]. Pet.

Geol., 58, 265–277.

SIMONETTI A, KNAPP J H, SLEEPER K, et al., 2013. Spatial distribution of gas hydrates from high-resolution seismic and core data, Woolsey Mound, Northern Gulf of Mexico[J]. Marine and Petroleum Geology, 44(0):21-33.

WOODSIDE J M, MODIN D I, IVANOV M K, 2003. An enigmatic strong reflector on subbottom profiler records from the Black Sea—the top of shallow gas hydrate deposits[J]. Geo-Marine Letters, 23(3-4):269-277.

YOO D G, KANG N K, YI B Y, et al., 2013. Occurrence and seismic characteristics of gas hydrate in the Ulleung Basin, East Sea[J]. Marine and Petroleum Geology, 47:236-247.

第 4 章

浅表层水合物赋存的生物地球化学特征

除了第三章所述的地球物理方法之外，生物地球化学方法也是非常重要的天然气水合物勘探手段，它们根据学科类别，还可细分为流体地球化学、冷泉碳酸盐岩的矿物和地球化学，以及冷泉生物群落和古生物标志物等几个方向。

4.1 流体特征及标志体系

在海洋浅表层水合物赋存区，甲烷通过孔隙水对流和扩散作用等向海底运移，并驱动一系列生物地球化学反应，比如，水合物生成的排盐效应、甲烷厌氧氧化作用及其伴随的自生矿物沉淀作用等，这些独特的物质迁移和化学转化过程使得沉积物和海水的流体地球化学特征成为识别海洋浅表层天然气水合物的重要技术手段。

4.1.1 水合物区海水中的气体及同位素特征

在冷泉泄漏区域，受下伏沉积物甲烷上升的影响，底层海水中CH_4、CO_2及He等气体的含量和同位素等组成会发生变化。与大气平衡的海水CH_4含量为57 nL/L，底层海水中的CH_4含量一般小于20 nL/L，而在新西兰希库朗依岸外Omakere Ridge冷泉区高达320 nmol/L（图4-1）。并且在底层海水柱状剖面中，CH_4的含量有向洋底增高的趋势（Faure et al., 2010）。海水中富集的CH_4具有较低的CH_4碳同位素特征，最大的CH_4浓度具有最小的$\delta^{13}C_{CH_4}$比值，如在新西兰希库朗依岸外Omakere Ridge冷泉区低至−71‰ ~ −68‰（图4-2），表明这些CH_4来自沉积物中有机质的微生物降解作用。混合和同位素分馏计算表明，沉积物溢出的冷泉流体被周围海水的混合稀释造成了海水中CH_4浓度和同位素组成的变化，而耗氧氧化作用的影响程度要小得多（图4-2）。

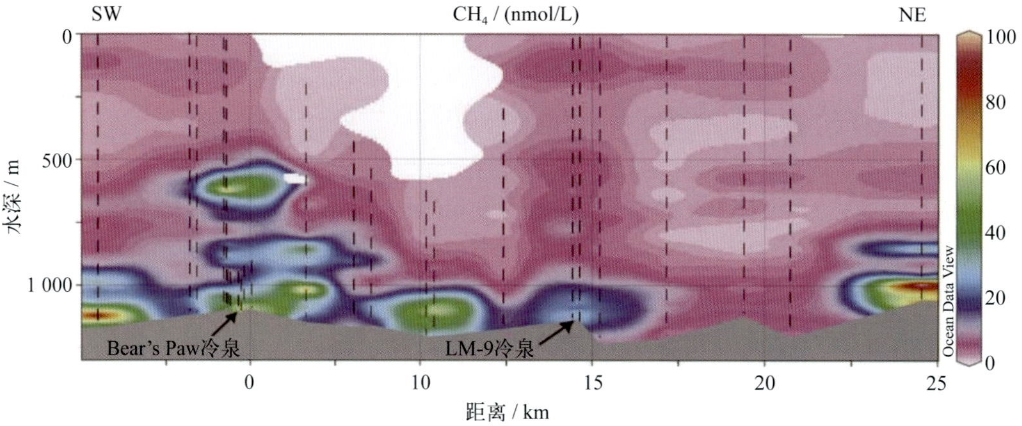

图4-1 新西兰希库朗依岸外Omakere Ridge冷泉上覆海水CH_4浓度分布（Faure et al., 2010）

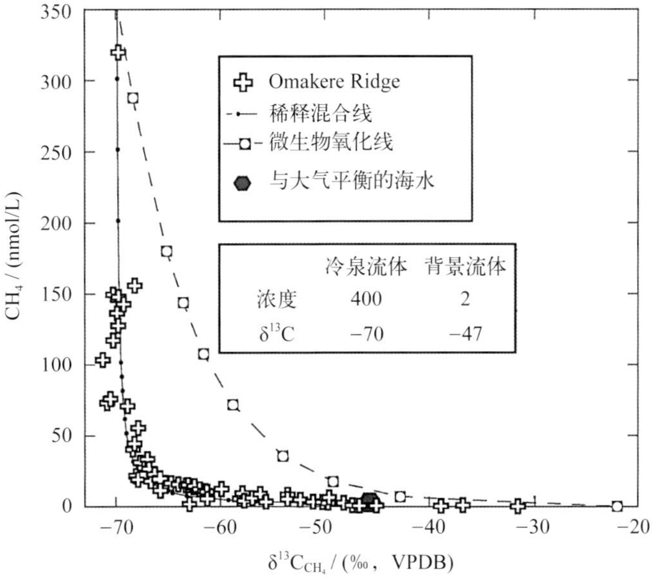

图4-2 新西兰希库朗依岸外Omakere Ridge冷泉上覆海水CH_4浓度与碳同位素比值关系（Faure et al., 2010）

从新西兰冷泉区海水甲烷的碳同位素比值来看，海水中CH_4的耗氧氧化作用微弱，但在水合物海岭（Hydrate Ridge）冷泉区，负偏的CO_2的$\delta^{13}C$比值指示了明显的耗氧氧化作用。在该区域，洋底喷溢的流体含CH_4的量可高达74 000 nL/L，由于溢出的CH_4在底水中的局部耗氧氧化，会使水中总溶解二氧化碳（ΣCO_2）的浓度增高。由于CH_4氧化释放出富^{12}C的CO_2，因此海水中总溶解CO_2的$\delta^{13}C$值会降低（Suess et al.,1999）。

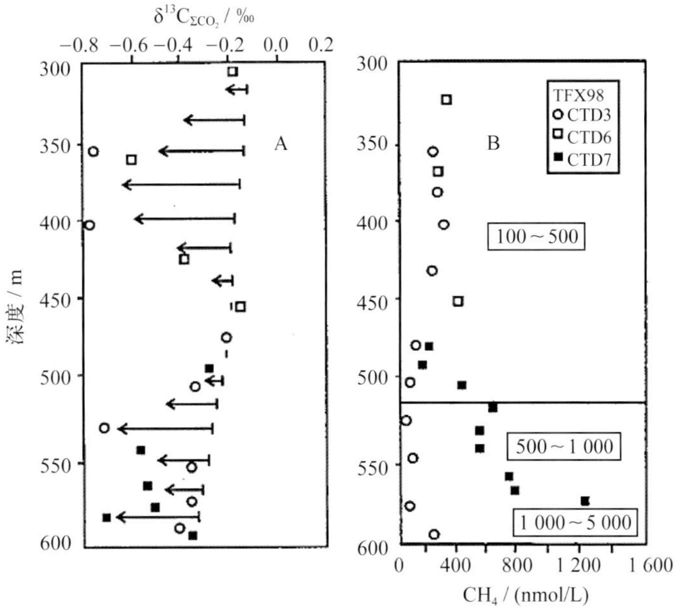

图4-3 水合物海岭底层海水的CH_4含量和总溶解CO_2的碳同位素组成变化（Suess et al.,1999）

4.1.2 水合物区浅层沉积物甲烷及同位素特征

浅表层水合物发育区通常伴随强烈的CH_4泄漏活动，和在海水中一样，沉积物中最直接的表现就是随深度的增加，CH_4浓度急剧上升（Coffin et al., 2022）。例如，在黑海西部保加利亚陆坡，海底谷状麻坑内的浅表层沉积物中，CH_4浓度随深度的增加而上升，浓度梯度为52～161 μmol/m，而背景地区的梯度仅为9 μmol/m，表明海底麻坑内的CH_4渗漏强度较高，且强CH_4渗漏被局限在海底麻坑内。在4 m以内的重力柱沉积物中，麻坑内获取的孔隙水溶解CH_4的浓度为6.2～10.0 mmol/L，是麻坑边缘的4～7倍（图4-4）。值得注意的是，在样品采集过程中，由于压力降低引起气体溢出，导致那些高于正常大气压下的CH_4饱和浓度的测试结果低于原位CH_4浓度，因此实际冷泉区的溶解CH_4浓度应高于测试结果。

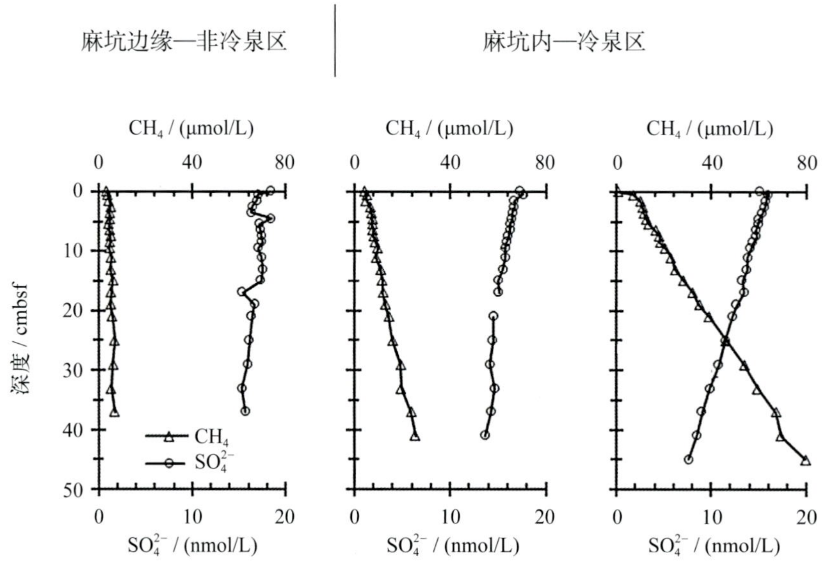

图 4-4 黑海西部陆坡冷泉区与非冷泉区中孔隙水溶解CH_4、SO_4^{2-}浓度剖面特征对比（徐翠玲，2017）

除少部分为地幔无机成因和洋底蛇纹岩化外，大部分大陆边缘沉积物中的CH_4来自沉积物的有机质降解。在严格的厌氧环境中，微生物发酵作用使得不容有机质在酶的作用下变为挥发性有机酸、H_2和CO_2，产生的H_2和CO_2在甲烷菌的作用下，在产CH_4带内最终合成生物成因CH_4（Xu et al., 2022）。与生物成因CH_4不同，热裂解成因CH_4是指有机质或石油在热力作用下裂解形成的天然气。这两种成因的CH_4可以通过CH_4的碳、氢同位素组成和$C_1/(C_2+C_3)$等指标来判别。通常来说，生物成因气的$\delta^{13}C$比值偏负，为−92‰～−54‰，而热解成因气的$\delta^{13}C$比值较高，为−40‰～−19‰。生物成因气中CH_4

含量一般高于98%，有的甚至在99%以上，而重烃含量低，一般少于0.2%，C_1/（C_2+C_3）一般在1 000以上。热解成因气具有较高的重烃含量，C_1/（C_2+C_3）比值通常小于100。例如，在黑海西部保加利亚陆坡冷泉区，沉积物顶空气的$\delta^{13}C_{CH_4}$的变化范围为−86‰～−80‰，C_1/（C_2+C_3）比值大于5 000，表明该地区从深部沉积物泄漏上来的CH_4是生物成因（图4−5）。在SMTZ以上，碳同位素组成受到CH_4厌氧氧化的影响，样品较SMTZ以下的CH_4呈现高$\delta^{13}C_{CH_4}$值和低C_1/（C_2+C_3）比值。

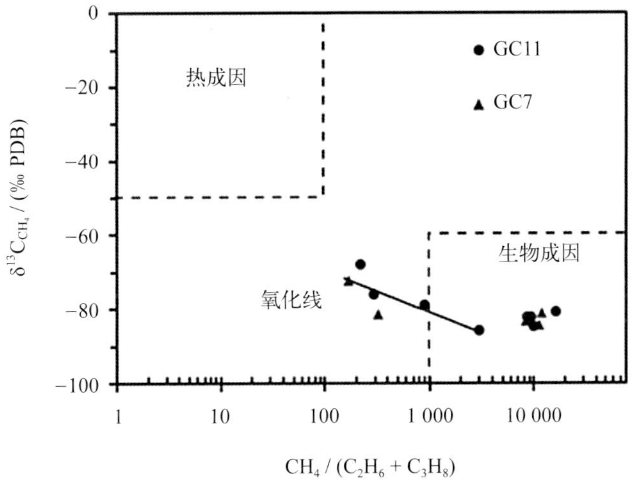

图4−5 黑海西部保加利亚陆坡冷泉区沉积物顶空气甲烷的碳同位素组成和C_1/（C_2+C_3）比值关系（徐翠玲，2017）

在冲绳海槽西部陆坡，受海底断裂控制的冷泉区内，沉积物顶空气CH_4的$\delta^{13}C_{CH_4}$为约−70‰ VPDB，表明CH_4主要为微生物成因（图4−6）。然而，一些热裂解成因的CH_4也可能具有低$\delta^{13}C_{CH_4}$值（低至−70‰ VPDB）而呈现微生物成因气的假象，这是由于在SMTZ界面附近，正向和逆向AOM的反复作用使CH_4和DIC的同位素达到平衡（Chuang et al., 2019）。在该断裂带内，$\delta^{13}C_{CH_4}$值变化范围较小，为（−194‰ ± 4‰，n=7），接近孔隙水的δD值，而不是有机质的δD值，表明断裂内释放的CH_4为微生物成因，而不是在AOM作用下与DIC达到碳同位素平衡的热裂解成因甲烷（Whiticar, 1999）。此外，低于检测限的C_2和C_3浓度也表明CH_4来源于有机质的微生物分解作用。在气烟囱控制的冷泉区内，CH_4的$\delta^{13}C_{CH_4}$值处于−56‰～−40‰ VPDB之间，而δD_{CH_4}值处于−181‰～−144‰ V-SNOW之间，呈现典型的热裂解成因特征（图4−6）（Whiticar，1999）。这表明该地区气烟囱控制下的富CH_4流体来源比断裂控制下的冷泉来源更深。

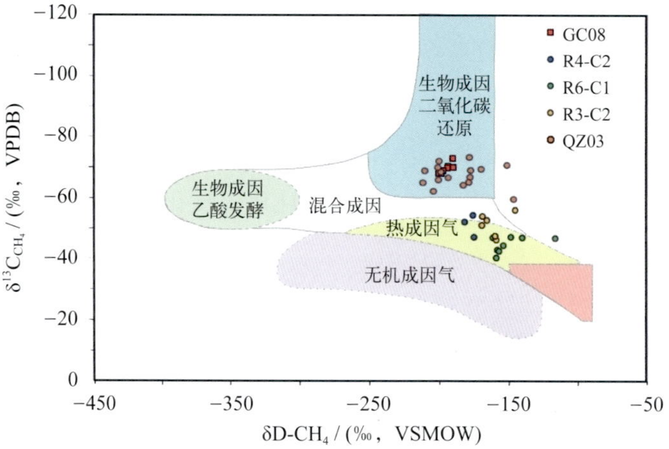

图4-6　冲绳海槽西部陆坡，在海底断裂（GC08站位）和气烟囱（R4-C2、R6-C1和R3-C2站位）控制下，冷泉沉积物甲烷的成因与判别（Xu et al., 2020）

4.1.3　沉积物孔隙水中氯度和氢、氧同位素特征

天然气水合物形成时，大量的水分子被用于形成天然气水合物晶格，而Cl^-等离子被大量排斥（Kvenvolden and Barnard，1983），这就是水合物生成的排盐效应。由于海洋天然气水合物在形成过程中的排盐效应，使周围孔隙水中离子浓度增高，而当水合物分解后，则稀释了其周围孔隙水中的离子浓度。因此，孔隙水的淡化是天然气水合物存在的重要标志。在DSDP 67航次期间，Hesse和Harrison（1981）首次在危地马拉外海的站位发现天然气水合物，随深度加大，孔隙水的Cl^-浓度由19‰ 明显下降到天然气水合物带的9‰。同样，在世界各地许多含水合物钻孔中都测得孔隙水的氯度（0.51‰ ~ 8.2‰）远远低于海水的氯度（约19.8‰）。目前，天然气水合物赋存沉积物中孔隙水Cl^-浓度随深度降低的趋势在布莱克海台（Kvenvolden and Barnard，1983；Jenden and Gieskes，1983）、危地马拉外海（Kvenvolden，1985）、秘鲁外海（Kvenvolden and Kastner，1990）、卡斯卡迪亚大陆边缘和麦肯齐三角洲（Cranston，1999）均有出现（图4-7）。

天然气水合物结晶时，重同位素（D、^{18}O）优先浓集于固相，引起水的氢、氧同位素分馏，因此，孔隙水的氢、氧同位素变化给我们提供了另一个识别天然气水合物赋存的参数。水合物分解的水体的氧同位素组成（$\delta^{18}O$）偏大，因此随深度增加而增大，这是指示天然气水合物存在的重要标志之一。ODP 164航次在Blake海脊发现常量、微量元素质量浓度及碳、氯、氢、氧同位素地球化学异常。在秘鲁外海和布莱克海台的天然气水合物环境的沉积物孔隙水中同样观察到了氧同位素组成变重的现象（Kvenvolden and Kastner, 1990）。在取样过程中天然气水合物分解，释放出的淡水稀释周围的孔隙水，从而产生了低氯度、高D 和高^{18}O（大于海水）的孔隙流体（Ussler and Paull, 1995）。

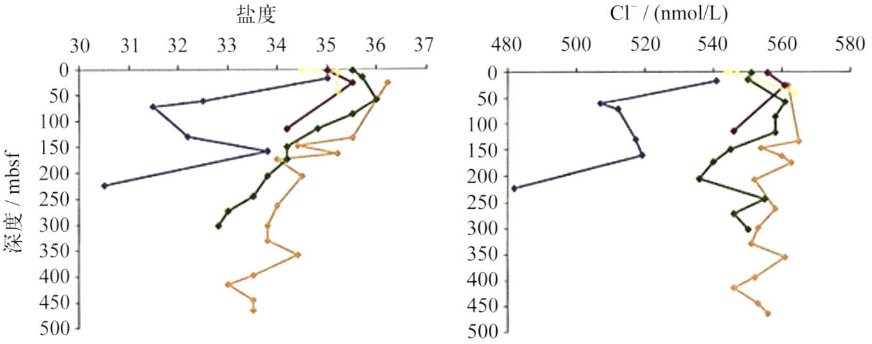

图4-7 Prydz湾深海钻探岩芯孔隙水盐度和氯度剖面（Chambers, 1991）

4.1.4 水合物区的甲烷厌氧氧化过程及硫酸盐－甲烷转换带深度

在水合物区，甲烷通过分子扩散、孔隙水对流、上升气泡和泥火山等方式向上运移，在通过浅层沉积物时，通常造成沉积物孔隙水中溶解甲烷的浓度异常。但大部分上升的溶解甲烷在沉积物中被来自底层海水的氧化物氧化，而剩下的小部分溶解甲烷穿过沉积层，进入底层海水。硫酸根离子由于其较高的浓度在深层海水中是最重要的氧化物，特别是在缺失Fe^{3+}、MnO_2和NO_3^-等其他氧化物的厌氧沉积物中，硫酸根离子是唯一的氧化物。从底层海水向下扩散的硫酸根离子与上升的甲烷在硫酸盐还原菌和甲烷氧化菌的共同作用下发生硫酸根还原反应和甲烷的厌氧氧化反应，其反应化学方程式见式（4-1）。

$$CH_4 + SO_4^{2-} \rightarrow HCO_3^- + HS^- + H_2O \quad (4\text{-}1)$$

硫酸根离子和甲烷发生强烈反应的位置称为硫酸盐-甲烷转换带（Sulfate-Methane Transition Zone，SMTZ），在SMTZ几乎全部硫酸根离子被还原成硫化氢，而向上扩散的溶解甲烷的含量也在几十厘米内大幅度降低。同时，在SMTZ附近同时产生大量HCO_3^-和HS^-，导致孔隙水总碱度（TA）的改变，并可能促进相关自生矿物的沉淀（Boetius et al., 2004；Hinrichs et al., 1999；Reeburgh, 2007）。

天然气水合物的形成要求有充足的甲烷供应，并且溶解于孔隙水的甲烷与水合物处于平衡状态。海底SMTZ的埋藏深度是衡量运移到海底的甲烷通量的一个重要指标，并与之呈负相关关系，即甲烷通量较小时，SMTZ的埋深大；甲烷通量较大时，SMTZ的埋深变浅更靠近海底（Wallmann et al., 2006），有的SMTZ甚至直接在海底面或底层海水中，如黑海（Michaelis et al., 2002），但总体上，冷泉渗漏区SMTZ埋深一般不超过几十米，多数情况下不足10 m，且往往不足1 m（Pohlman et al., 2013）。对全球DSDP 和ODP 孔隙水化学资料的统计数据也表明，存在天然气水合物的站位往往具有浅的SMTZ 和大的硫酸盐消耗梯度。所以，SMTZ浅和硫酸盐梯度大，可以作为天然气水合物的环境指示。

浅层沉积物中，SMTZ的识别主要利用沉积物孔隙水地球化学方法。在SMTZ之上，硫酸盐浓度通常随深度线性降低，而甲烷浓度在SMTZ之下急剧升高，二者呈现出镜像关系。并且在SMTZ附近，出现AOM产物的快速聚集，如DIC和HS^-，并导致孔隙水总碱度的改变（Hinrichs et al., 1999；Knittel et al., 2005）。

以黑海西部保加利亚陆坡为例，冷泉区与非冷泉区中孔隙水溶解甲烷、SO_4^{2-}和HS^-，以及总碱度特征对比见图4-8。可以看出麻坑冷泉内的甲烷渗漏强度较高，SMTZ位于海底下1.2 ~ 1.4 m，明显浅于周围地区的3.5 m。麻坑内孔隙水中HS^-浓度和总碱度均较凹坑外的高，表明冷泉区内较高的甲烷渗漏强度驱动了甲烷厌氧氧化快速反应。麻坑内沉积物孔隙水的HS^-浓度在SMTZ界面出现最高值，最高接近2.8 mmol/L，并向两端降低。而在麻坑外的背景地区，孔隙水HS^-浓度均低于200 μmol/L。冷泉区内SO_4^{2-}向下大致呈线性

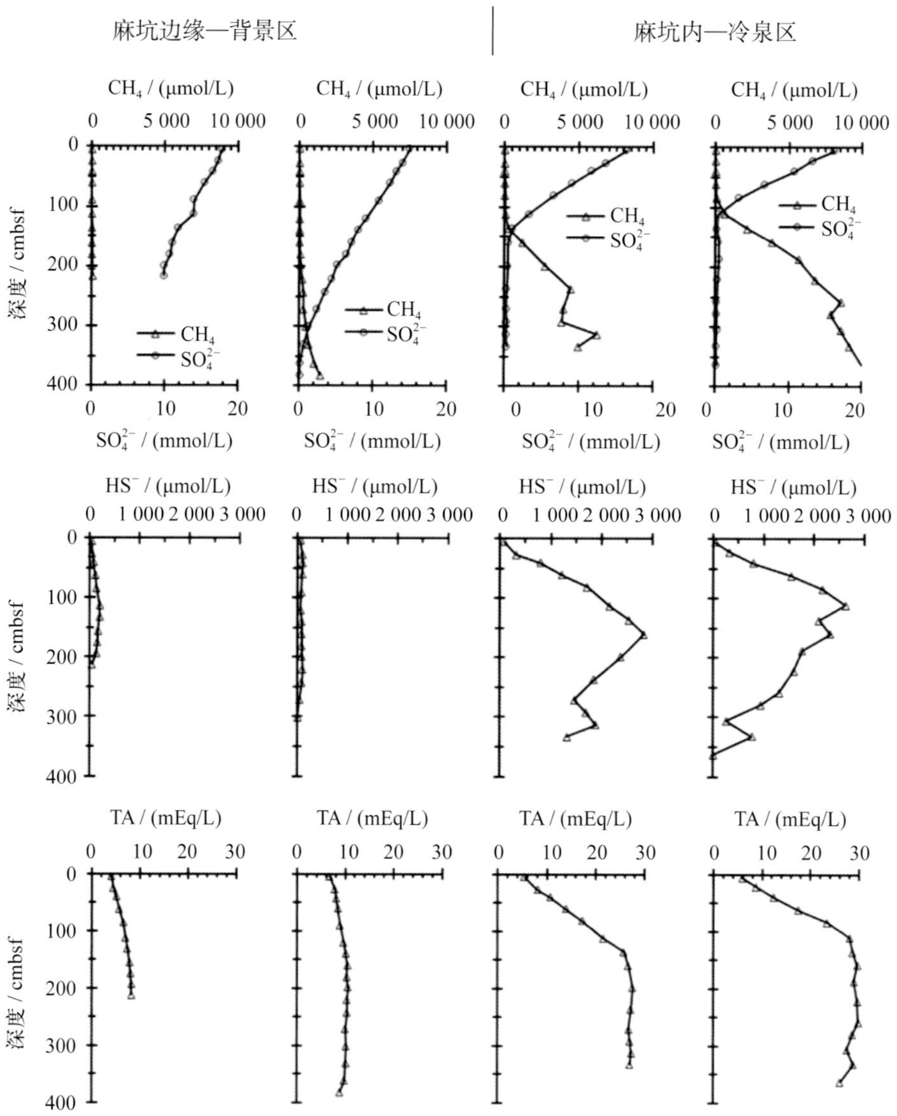

图4-8　黑海西部陆坡冷泉区与非冷泉区中孔隙水溶解甲烷、SO_4^{2-}和HS^-，以及总碱度特征对比（徐翠玲，2017）

降低，并且HS^-主要赋存在SMTZ界面附近，表明SO_4^{2-}主要参与甲烷的厌氧氧化作用，而参与的有机质降解作用较少。在麻坑内、外沉积物孔隙水的总碱度均向下逐渐增加，并在一定深度之下稳定下来。在麻坑内SMTZ以下孔隙水的总碱度总体上稳定在29 mEq/L，而在背景地区总碱度明显较低（<11 mEq/L）。

由于硫酸盐还原菌和甲烷厌氧氧化古菌倾向于利用轻同位素进行SR-AOM反应，因此，在SMTZ界面，二氧化碳出现$\delta^{13}C$的明显负偏，而硫酸盐富集^{34}S。Borowski（2004）测量了布莱克海岭地层沉积物孔隙水二氧化碳的含量，结果显示，随深度增加二氧化碳含量上升，在SMTZ 界面处显示上凸状，界面以下变化较小，趋于稳定。碱度值变化与二氧化碳相似，随深度增加而增加，但在界面处变形，偏离趋势线变大。界面以下10 m内变化不大，但是在30 m 以下又开始变大。二氧化碳$\delta^{13}C$值由海水与沉积物界面处接近零（海水的$\delta^{13}C$ 值），向下在硫酸盐还原带内快速减小，在SMTZ处达到最小值，界面以下$\delta^{13}C$ 逐渐增大（图4–9）。对孔隙水硫酸盐的硫同位素的组成分析，发现随着孔隙水中硫酸盐的逐渐消耗，硫酸盐中硫同位素也随深度的增加而逐渐富集^{34}S，$\delta^{34}S$值由浅表层的+20‰（现代海水硫酸盐中硫同位素值）随深度增加而变大，直到SMTZ界面处达到最高值（最高可达+51.6‰）。

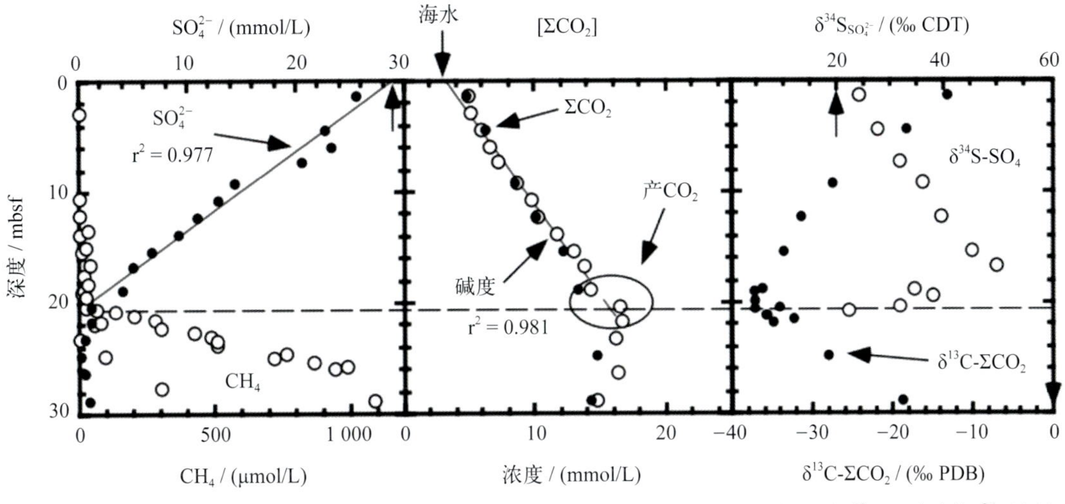

图4–9 布莱克海岭冷泉区994站位孔隙水的硫酸盐、甲烷、DIC、总碱度和二氧化碳$\delta^{13}C$、硫酸盐$\delta^{34}S$比值剖面（Borowski et al., 2004）

4.1.5 水合物区的甲烷有氧氧化过程及地球化学标志

当水合物分解泄漏流体从沉积物SMTZ中进入上部充氧带和上覆海水后，就要面临着“耗氧拦截带”（对应甲烷有氧氧化过程，AeOM）的消耗，该过程直接决定着进入大气圈的甲烷净通量。据前人估算，从海底逃逸的甲烷通量（主要是气泡羽流）大约有90%在到达大气之前又被“好氧拦截带”消耗（Reeburgh, 2007）。实际上，AeOM的分布范围很广，可存在于水深超过3 000 m的深海沉积物及水体中，其氧化速率也可能显著高于AOM速率，甚至相差50倍（Dong et al., 2019），部分海域AeOM所贡献的甲烷截滤率甚至达63%（Leonte et al., 2017）。因此，AeOM对海洋甲烷的消耗作用也不可忽视。如对Håkon Mosby泥火山的调查结果表明，每年甲烷的释放通量可达$2.0 \times 10^8 \sim 6.4 \times 10^8$ g，其中约40%比例分别被AeOM消耗（比例为1%～3%）和AOM消耗（比例为37%）（Sauter et al., 2006）。在AeOM过程的作用下，冷泉区沉积物的总耗氧量（Total Oxygen Uptake，TOU）和对向下扩散的氧气消耗量（Diffusive Oxygen Uptake，DOU）均大幅度上升。在非冷泉区，由于沉积碎屑供应量的减少，TOU和DOU均随水深的增加而降低，并且在浅于1 000 m水深的海域中，TOU往往大于DOU。而在冷泉区，TOU和DOU均与水深没有明显关系，并且比非冷泉区域的平均耗氧量［5 mmol/(m^2·d)］高两个数量级，达1 500 mmol/(m^2·d)（Boetius and Wenzhöfer, 2013），但也呈现非常强烈的空间变化特征（图4-10a）。

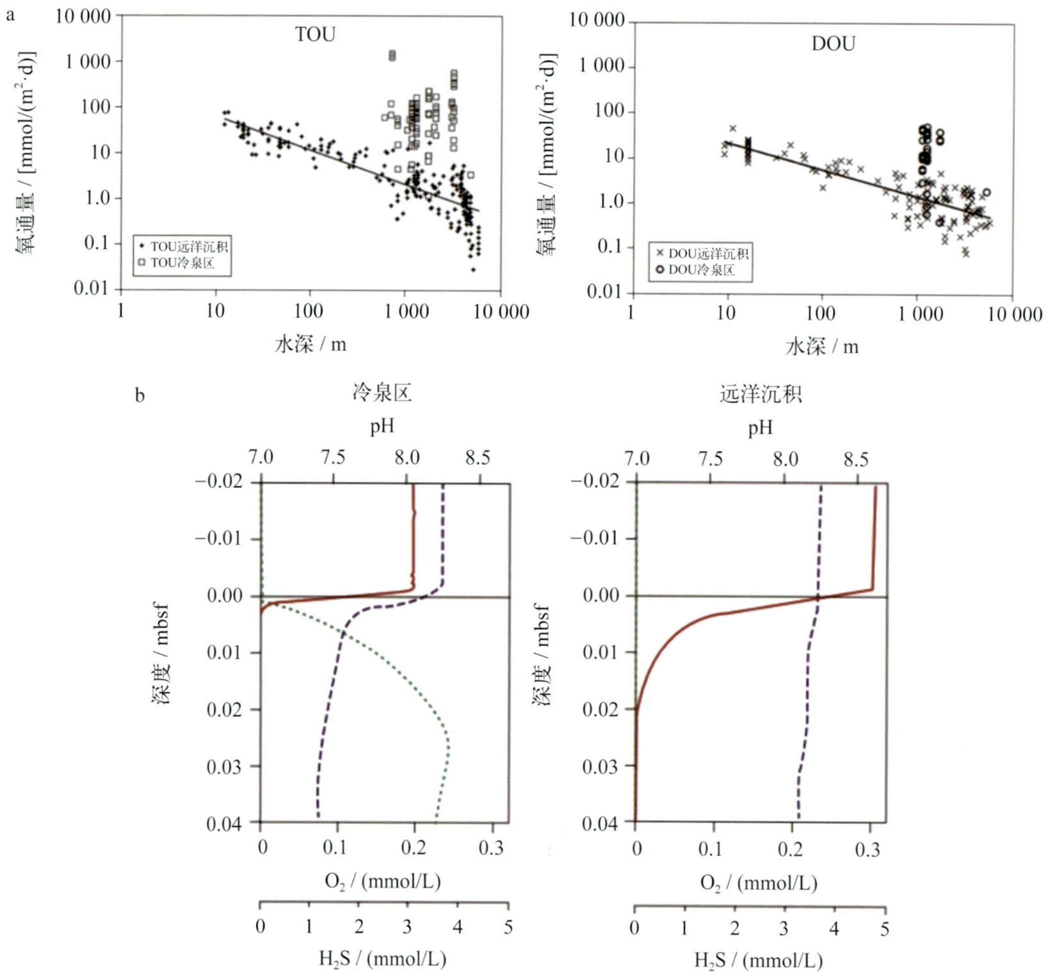

图 4-10　冷泉区与非冷泉区沉积物的耗氧量（a），以及孔隙水溶解氧（红实线）、pH（紫虚线）和硫化氢（绿虚线）浓度剖面（b）对比（Boetius et al., 2013）

在冷泉区，沉积物中氧气的耗散不仅与AeOM有关，还可能被AOM产物消耗，特别是微生物介导的硫化物氧化［见反应（4-2）］，如在图4-10b展示的孔隙水浓度剖面中，溶解氧浓度在硫化带上面急剧降低。在该反应中，氧化1 mol的H_2S消耗2 mol的O_2。假设AOM和产生H_2S的化学计量比为1：1，且所有AOM产生的H_2S均被O_2重新氧化，则AeOM消耗的O_2约等于TOU减去H_2S消耗的O_2（AOM的2倍）。此外，冷泉区O_2的消耗也可能与N或Fe的再循环有关。

$$HS^- + 2O_2 \rightarrow SO_4^{2-} + H^+ \tag{4-2}$$

4.2 冷泉碳酸盐岩特征及标志体系

关于天然气水合物勘探手段除了地球物理手段（地震剖面上的似海底反射层，单波束、多波束对水体中气泡羽流的回声反射，地球物理测井的异常现象等）、冷泉系统的生态系统探测，环境基线调查之外，目前，冷泉碳酸盐岩也是一个非常重要的水合物勘探指标，尤其是流体渗漏特征在海底没有直观显示的水合物微渗漏系统尤为重要。

在海洋天然气水合物成藏的海域，由于全球海平面变化、气候变化、构造和热事件等所触发的水合物失稳和释放，将带来沉积物流体中异常高浓度的甲烷，当向上运移的烃类还未达到海底之上时，它们很大程度上是被厌氧环境下的甲烷厌氧氧化反应所消耗，该反应主要和微生物介导的硫酸盐还原耦合（陈多福等, 2002；Han et al., 2004；孙治雷等，2012；Feng et al., 2016；Ge et al., 2020）。AOM反应的直接结果是发生碳酸盐的沉淀。AOM这一反应进程增加了沉积物孔隙水中HCO_3^-的含量，并随之提高了孔隙水的环境碱度，当HCO_3^-电离形成的CO_3^{2-}与缺氧带沉积物孔隙水中的Mg^{2+}、Ca^{2+}、Mn^{2+}等阳离子结合，导致了自生碳酸盐矿物的沉淀（MDAC）（Peckmann and Thiel, 2004；韩喜球等, 2013；Feng and Chen, 2015；Bayon et al., 2013）。该过程反应为：

$$Ca^{2+}/Mg^{2+} + 2HCO_3^- \rightarrow (Ca/Mg)CO_3\downarrow + CO_2 + H_2O \tag{4-3}$$

如果在甲烷缺氧氧化带，存在Fe^{2+}，其与HS^-反应形成黄铁矿：

$$Fe^{2+} + 2HS^- \rightarrow FeS_2\downarrow + 2H^+ \tag{4-4}$$

冷泉碳酸盐岩是海底埋藏型天然气水合物形成的重要地质现象，通过调查发现，在许多区域，海洋沉积物中冷泉泄漏和水合物藏之间有着密切的关系。沿着大陆边缘的丘体上分布着大规模碳酸盐岩盖帽和结壳，这是冷泉泄漏存在的证据。这些碳酸盐岩经常发育裂缝，同时栖居着大量的冷泉生物，表明泄漏活动正在进行。例如，在布莱克海台（Paull, 1996）（图4-11）、美国墨西哥湾、水合物海岭（Trehu et al., 2003）、安哥拉陆架边缘（Nouzé and Baltzer, 2003）、贝加尔湖、西伯利亚（Van Rensbergen et al.,

2002）、挪威中部陆架边缘（Hovland and Svensen, 2006）、黑海格鲁吉亚外海（Klaucke et al., 2006）、新西兰外海希库朗伊边缘（Plaza-Faverola et al., 2013）以及中国的南海（陈多福等, 2005b；Han et al., 2008；王淑红等, 2010；Tong et al., 2013；王家生等, 2015；Hu et al., 2017）和东海（Sun et al., 2015；Peng et al., 2017；Cao et al., 2020；Guan et al., 2022）。许多古冷泉碳酸盐岩也被认为与海底水合物的分解有关，沿着大陆边缘的丘体上分布着大规模碳酸盐岩盖帽和结壳，是冷泉泄漏存在的证据。研究表明，几乎所有发现水合物的海域均有冷泉碳酸盐岩发育，因此，冷泉碳酸盐岩一直被视为指示现代海底可能存在天然气水合物的重要标志。通过研究冷泉碳酸盐岩, 可以推测过去海底富甲烷流体的活动情况及其与海底天然气水合物藏之间可能存在的关系（陈多福等, 2002；Han et al., 2004；Peckmann and Thiel, 2004；Campbell, 2006；Han et al., 2008；Feng and Chen, 2015）。

图 4-11　海底浅表层水合物/甲烷泄漏区的碳酸盐岩

a.布莱克海台碳酸盐岩结壳下的水合物；b.墨西哥湾碳酸盐岩结壳下的水合物；
c.美国在大西洋沿岸发现的冷泉泄漏区

海底富甲烷流体的喷发地点可能会形成水声“火焰”异常（Greinert et al., 2006；Chand et al., 2009；Solomon et al., 2009；Law et al., 2010），此外，伴随冷泉的喷发产生一系列的不同的海底结构，如泥火山（包括gryphons）、麻坑（Pilcher and Argent, 2007）、底辟、甲烷来源的碳酸盐结构（丘体、烟囱、薄壳等）、水合物丘、卤水池、石油和气体喷口、泥火山、生态群落（Kopf, 2002；Van Rensbergen et al., 2005；Van Dover et al., 2003；Haeckel et al., 2004；Hovlandand Svensen, 2006；Jerosch et al., 2007；Savini et al., 2009；Cambon-Bonavita et al., 2009；Olu et al., 2009）。与整个海洋相比，

单个的这些结构微不足道，但是它们能聚集发生以及形成大的局部地貌，并能明显地改变地形地貌特征。由于现代能够记录海底深度和反射率（后向散射）以及水体声学异常的侧扫声呐的广泛应用，极大地增强了人们对于冷泉的了解，可以更加细致地表征海底冷泉的形貌和活动。泄漏区的声学特征包括地面崎岖起伏的区域，这是由于海底广泛分布着“补丁”状的碳酸盐丘体（图4-12），因此，这都为区域性的冷泉泄漏提供了识别印记（Sahling et al., 2008；Buerk et al., 2010；Klaucke et al., 2010, 2012）。

冷泉碳酸盐岩通常能较好地保存下来，即使冷泉强烈对流活动已经停止，也可以在分子扩散形式的支持下继续增生，因此很好地记录了冷泉流体泄漏的长期历史，是保存甲烷渗漏活动的可靠档案（Chen et al., 2005；Sun et al., 2015；Crémière et al., 2016；Feng et al., 2018），在重大历史事件反演中发挥着重要意义（Bayon et al., 2009；Sauer et al., 2017）。此外，冷泉碳酸盐岩是海洋沉积物中重要的甲烷汇，成为海洋碳循环中的重要一环（Wallmann et al., 2006；孙治雷等, 2012；Schrag et al., 2013）。在全球范围内，沉积区内的甲烷在迁移过程中，有超过80%的甲烷可消耗在硫酸盐-甲烷过渡区内，而只有事件性的气泡释放才有可能将甲烷从更深的水体中（>100 m）转移到大气中去（Wallmann et al., 2006；Feng et al., 2018）。冷泉区碳酸盐岩可作为一种物理性盖层，富甲烷流体必须突破其阻隔才能转移到海洋或者大气中去（Wallmann et al., 2006），在一定程度上也间接影响了海洋碳循环。因此，冷泉碳酸盐岩的研究有着重要的基础科学意义和重要的潜在应用价值。

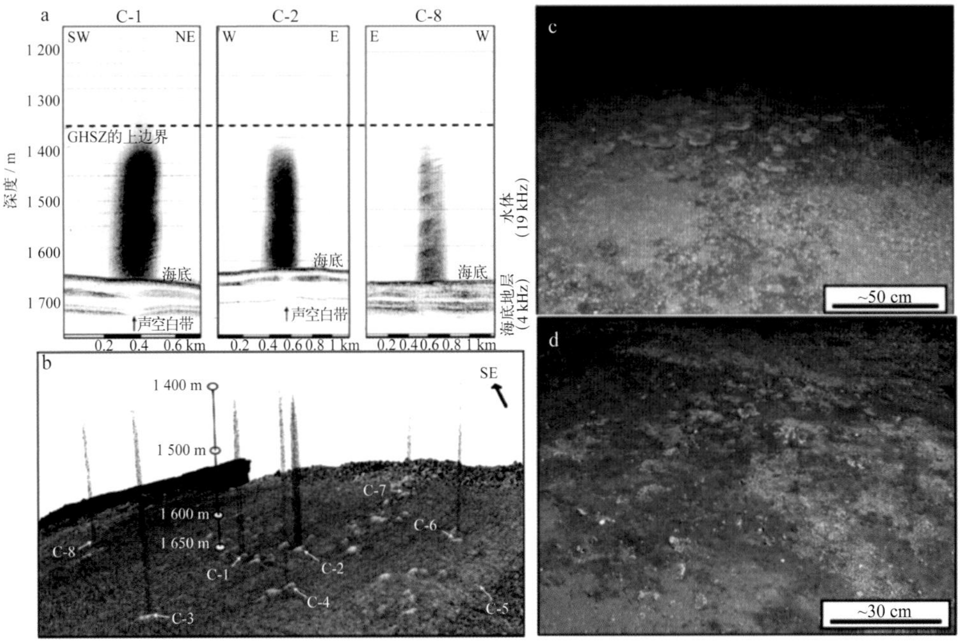

图 4-12　美国大西洋沿岸（地中海）多波束探测到的冷泉区火焰状反射（a、b）及ROV影像观测到的“补丁”状碳酸盐岩（c、d）

4.2.1 冷泉碳酸盐岩的产出形态以及矿物组分

1）产出形态

冷泉碳酸盐岩的形态多样，主要有板壳状、结核状、柱体、烟囱状和不规则礁块状等（Han et al., 2008；Sun et al., 2015，2019；Cao et al., 2020），不同的产出形态与渗漏流体的速率、冷泉活动规模大小以及沉积环境等因素有关（陈多福等, 2002；Naehr et al., 2009；Peckmann et al., 2001）。根据形成环境，冷泉碳酸盐岩可划分为两大类（Magalhães et al., 2012）：一类形成于海水—沉积物界面上，与底层海水直接接触，如化学礁灰岩（Chemoherm）和碳酸盐结壳，其矿物成分以文石为主；另一类形成于海底以下硫酸盐—甲烷转换带附近, 不与海水直接接触，沉淀作用主要围绕流体通道发生, 形成以烟囱状为主的冷泉碳酸盐岩，或者经历后期抬升作用暴露于海底而遭受侵蚀，矿物成分以高镁方解石或白云石为主（Han et al.,2004；王淑红等, 2010；Magalhães et al., 2012；Suess, 2014；王家生等, 2015）。化学礁中通常由于胶结了生物的壳体，并因此形成了一些开放的或已经被充填的流体通道，通过其结构就可以恢复这些通道。碳酸盐烟囱体由于其明显的通道和圆筒状的外形成为冷泉泄漏系统最直观的证据（Sun et al., 2015）。

在缺氧的水体中，自生碳酸盐岩建造可从海底向上生长数米之多，其形成时已经与底水发生了接触（Teichert et al., 2005；Han et al., 2014），如在黑海克里米亚陆架（Michaelis et al., 2002）（图4-13）。但更多的自生碳酸盐岩最初形成于海底沉积物之中，通过构造抬升或洋流挖掘，经常出露于海底并遭受侵蚀（Sun et al., 2015），如在卡特加特（Kattegat）海峡和墨西哥湾，一些暴露出来的碳酸盐柱和烟囱体可高达6 m（Dando et al., 1992）。这些碳酸盐通常围绕着冷泉泄漏区域出现，有结核、结壳、不规则圆环状和管道状等各种形态，并具有开放的或充填的流体通道（Han et al., 2008；Haas et al., 2009；Sun et al., 2015）。

2002年，广州海洋地质调查局于南海北部海域获得的海底拖网碳酸盐岩样品的岩石、矿物、微量元素和同位素特征等均指示，南海北部大陆坡水合物远景区广泛发育与水合物伴生的冷泉碳酸盐岩，已从30个站位采集到冷泉碳酸盐岩，多呈结壳状、结核状、烟囱状、角砾状、块状等（陈多福等, 2005b；苏新等, 2008；陆红锋等，2005）。

2004年，中德合作SO-177航次在南海东北陆坡上首次发现了3个古冷泉活动区，通过海底视像观察，调查区内烟囱状碳酸盐岩呈斑状不均匀分布，有些直立于海底，保持原地生长状态（图 4-14），有些因被底流侵蚀横卧海底，与 Cadiz湾冷泉碳酸盐岩的产状类似（Magalhães et al., 2012；韩喜球等, 2013）。样品主要呈管状、环状和塔状等多种形态，多数具有中央流体通道结构，类似于烟囱，也见到中央流体通道被充填现象。一些样品流体通道结构不可辨，呈实心柱状、螺旋状或不规则结核状，可能为流体通道的印模或化能生物活动的遗迹化石。

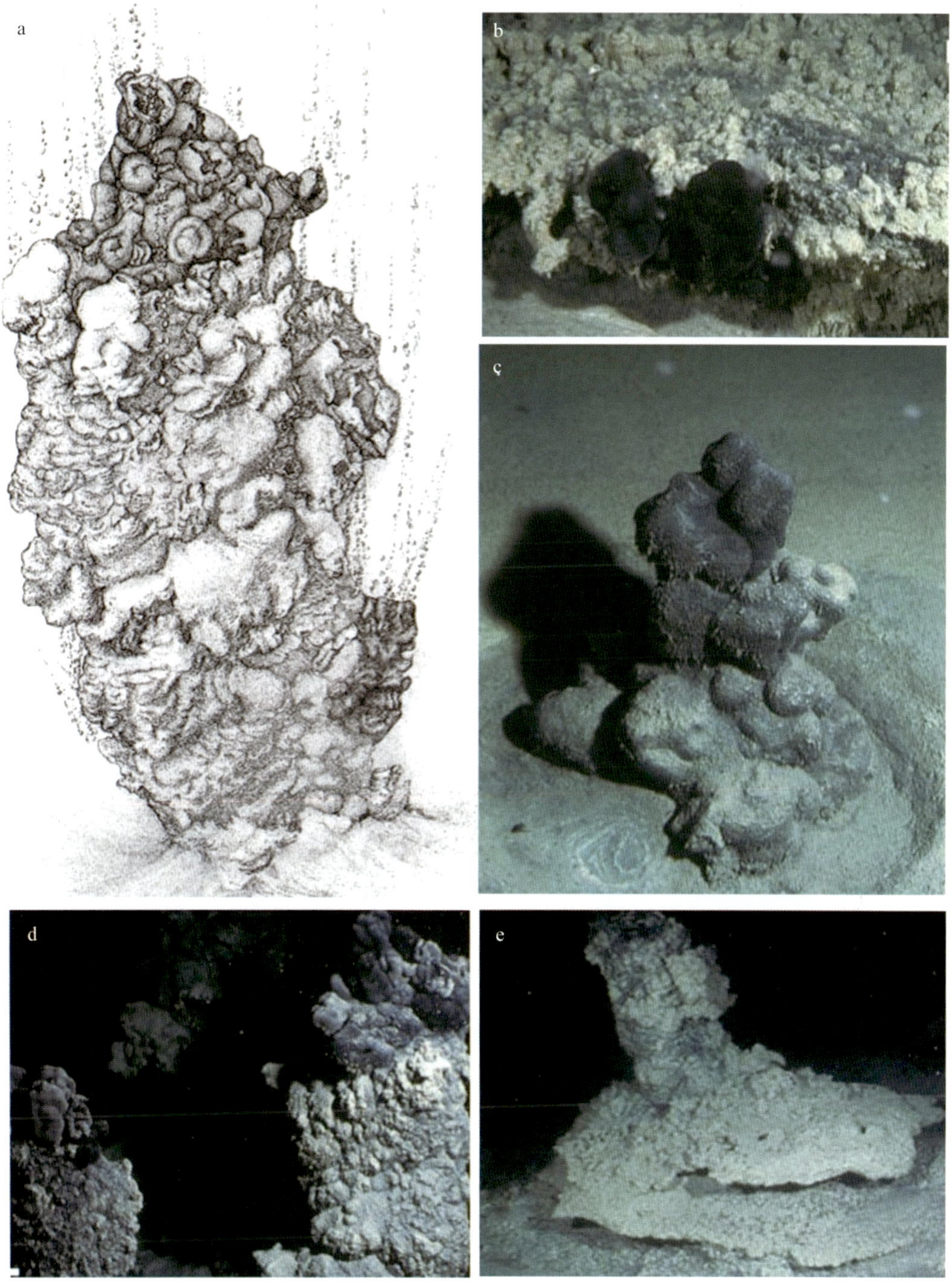

图 4-13 黑海碳酸盐岩烟囱直立于海底，可见冷泉流体不断地从烟囱通道喷出。烟囱高达几十厘米到几米，上面覆盖有菌席，微生物钙化使烟囱呈结节状和球状堆积（Michaelis et al., 2002）

中，碳酸盐的矿物学组成取决于一系列因素，例如孔隙水的温度、碱度、饱和状态、溶解硫酸盐含量，Ca^{2+}/Mg^{2+}比值以及微生物代谢过程（Burton, 1993；Morse et al., 1997；Hu et al., 2014）。

文石是水合物沉积环境中最常见的碳酸盐矿物，水合物环境中出现文石，可能的原因是水合物形成时将沉积物孔隙水中的离子排出，使周围孔隙水中Mg^{2+}含量较高，抑制了方解石的结晶，但对文石则没有明显影响。同时，文石在氧化的环境（SO_4^{2-}浓度高）和总碱度较高的条件下易于沉淀。因此，在水合物区的表层沉积物中，文石比方解石更易于形成。方解石也是水合物赋存区常见的自生矿物，而其中镁方解石是最普遍的。此外，自生菱铁矿也常出现在水合物赋存区的沉积物中，其形成的有利环境是缺氧、Fe^{3+}和重碳酸根含量高的环境（Taylor et al., 1995）。当环境中的Ca^{2+}减少时，菱铁矿就比较容易形成。这种位置一般位于大陆边缘沉积物里产甲烷带附近或水合物赋存区的沉积物中。前人研究发现，在大陆边缘环境中的甲烷生成带里，都曾发现有菱铁矿的存在（Mozley, 1996；Hicks et al., 1996）。白云石在水合物区也常见，其所需要的Ca^{2+}、Mg^{2+}由上覆海水及先成的方解石提供（Tong et al., 2013）。沉积物中白云石的形成机制通常不是单一的，而是可以经历多个过程。在富含有机质的大陆边缘环境，白云石通常是通过交代先成方解石形成的（Baker et al., 1981）。根据孔隙水中离子的变化，可以推断白云石可能的形成机制：直接沉淀或者交代先成碳酸盐矿物。

自生矿物记录了水合物的动态变化、冷泉泄漏历史以及甲烷收支平衡等信息，是保存甲烷渗漏系统信息的最好档案（Feng et al., 2010；Campbell et al., 2010；Feng et al., 2013；Bayon et al., 2013；Wang et al., 2019），具有重要的环境指示作用，根据冷泉碳酸盐岩的矿物组分可以很好地反演其沉积环境。如硫酸盐浓度相对较高时，从动力学角度上看，过高的SO_4^{2-}含量抑制高镁方解石和白云石的形成，就会沉淀出文石而不是镁方解石（Aloisi et al., 2002；Greinert et al., 2001），这种环境往往出现于浅表层的沉积物中，其中含有较高的甲烷通量，而镁方解石可能形成于沉积物较深的位置内，此处硫酸盐含量较低，而AOM的速率也较低（Nöthen and Kasten, 2011）。不仅如此，孔隙水中由于硫酸盐还原反应产生H_2S，会导致与硫酸盐络合的Mg^{2+}释放出来，这些游离态的Mg^{2+}进入方解石的晶格，就会促使镁方解石的形成，同时又抑制了文石的沉淀作用（Zhang et al., 2012）。此外，微生物作用可以调节白云石的生成，在正常海水中，白云岩不易沉淀，但是当存在强烈的去除孔隙水中硫酸盐的微生物活动时，白云岩就可以沉淀（Cavagna et al., 1999）。因此，Takeuchi等（2007）认为白云石可能在甲烷渗漏活动期沿喷口周围集中沉淀。

冷泉碳酸盐岩主要由泥晶、微晶和亮晶组成，部分样品内胶结一些生物壳体和有孔虫（图4-17）。泥晶多为黑色或灰黑色，镜下呈云团状，看不清颗粒结构，有机质含量高，代表最早期的沉积。泥晶碳酸盐岩是由微生物氧化渗漏的CH_4并增加环境的碱度而形成的，其沉积时间最早。微晶为淡黄色或黄褐色，是泥晶碳酸盐岩部分重结晶的产物。亮晶多为白色或灰白色，晶体明亮，多呈纤维状或板状，晶体通常较长。亮晶碳酸盐岩是泥晶碳酸盐岩重结晶的产物，其沉积时间最晚（冯东和陈多福, 2008）。微生物在冷泉碳酸盐岩沉淀中的作用一直被广泛关注，它不仅可以影响碳酸盐矿物的形貌，还会形成微生物结构，甚至在沉淀成岩的过程中石化为不同的碳酸盐矿物。黑海的微生物细菌分布和碳酸盐矿物生长之间的研究表明，正在生长的碳酸盐岩礁具有互相连通的微孔和通道，这样可以使甲烷和硫化物遍布甲烷厌氧氧化细菌（MOA）和硫酸盐还原菌（SRB）生存的空间，微生物虽不在已经形成的碳酸盐矿物上生长，但是影响其形成并改变它的形状（Michaelis et al., 2002）。不同的微生物集合体对碳酸盐矿物和形貌具有不同的影响，如甲烷氧化古细菌ANME-1可以石化为杆状的文石和菱形集合体，或者镁方解石；而另一种甲烷氧化古细菌ANME-2似乎只能石化为层状或菱形的镁方解石（Roberts et al., 2008）。并且，碳酸盐化的细菌细胞倾向于调整自己使之适合晶体结构，如球状、蘑菇状、管状，并且有时形成树枝状或纤维状结构，最后可能成为形成晶形的核心（Castanier et al., 1999）。由此可见，细菌在碳酸盐矿物结晶过程中具有重要作用（杨克红等，2009）。

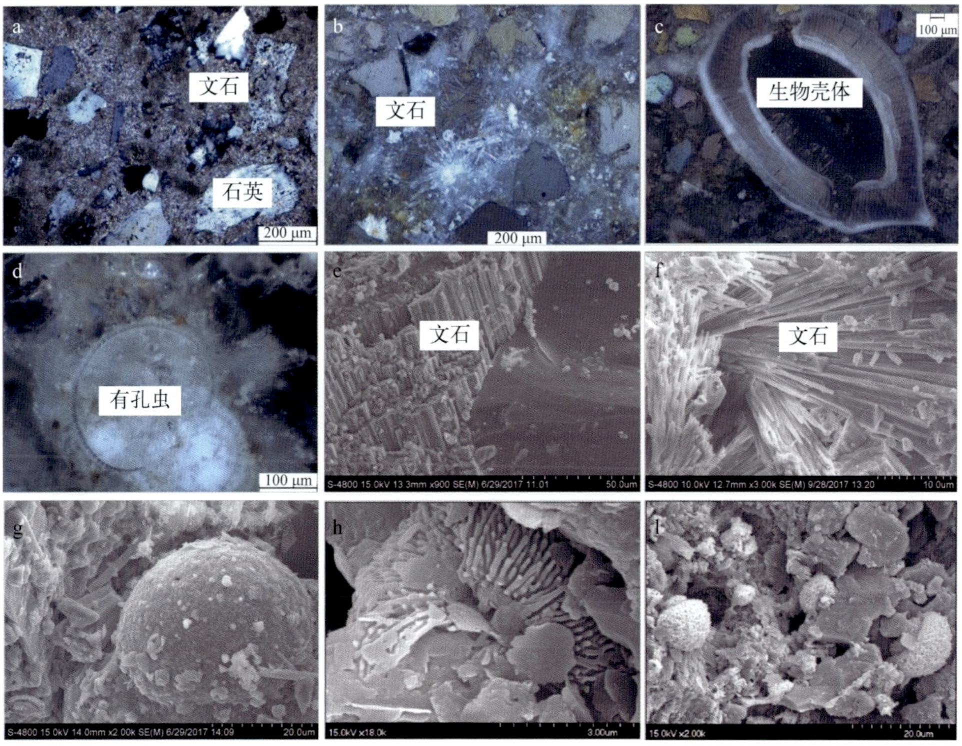

图4-17 碳酸盐岩的微形貌

a. 碳酸盐岩泥晶和微晶两期文石；b. 针状文石；c. 较大的生物壳体被碳酸盐岩胶结；d. 碳酸盐岩内部的有孔虫；e. 栅栏状文石；f. 板状文石；g. 球状文石集合体；h. 管状碳酸盐；i. 蘑菇状碳酸盐（杨克红等，2009；Cao et al., 2020）

在黑海北部海域，甲烷渗漏导致了文石、高镁方解石和黄铁矿的沉淀（Peckmann et al., 2001）；在加利福尼亚州的Monterey海湾，与冷泉有关的沉淀物主要由高镁方解石和白云石组成，并含丰富的草莓状黄铁矿（Stakes et al., 1999）；墨西哥湾的水合物和其他烃类渗漏形成的自生矿物包括多种碳酸盐、硫酸盐和硫化物（Sassen et al., 2004）。冯东等（2008）通过对墨西哥湾北部下陆坡深水区Alaminos Canyon冷泉碳酸盐岩的研究认为：冷泉碳酸盐岩由双壳类和有孔虫为主的生物碎屑和泥微晶碳酸盐岩组成，孔洞异常发育，且往往被针状文石晶体充填。冷泉碳酸盐岩的矿物组成以文石为主（达98%），冷泉碳酸盐岩中发育有凝块、团粒和葡萄状文石等与渗漏系统中微生物新陈代谢活动有关的沉积组构。Sun等（2015）对冲绳海槽北部西侧陆坡Ho盆地东侧一个次级凹陷内的碳酸盐烟囱进行了详细研究，通过沉积组构分析表明，该烟囱体形成于一套河流相浊积岩中， 碳酸盐岩烟囱壁主要由石英、长石（钾长石与斜长石）、针铁矿以及各种碳酸盐矿物组成（图4-18），其中，碎屑矿物含量较高（含量为24.6%～47.5%，平均值为36.80%），大多为不等粒结构、棱角状；碳酸盐矿物由高镁方解石、低镁方解石、白云石和文石组成，变化范围在22.4%～53.6%，平均为36.9%；针铁矿的含量在14.5%～50.7%，平均值为26.1%，与碳酸盐含量呈镜像关系。显微形貌学观察可见碳酸盐矿物总是和针铁矿相互伴生的，并且包围针铁矿，提出沉积物中针铁矿水化释放出来的Fe在硫酸盐相对贫乏的富烃环境中，能成为替代硫酸盐的电子受体，对包括甲烷在内的烃类进行氧化，从而形成一种有效的Fe-C耦合机制。这是迄今为止第一次在海底冷泉泄漏系统原位发现Fe还原偶联AOM的现象，对于历史时期中，尤其是大氧化事件之前，当海洋中硫酸盐含量亏损的环境下，富烃类流体的氧化机制以及其中铁、碳循环过程提供了一种非常关键的新认识。

黄铁矿、硫酸盐矿物（石膏、重晶石）是天然气渗漏系统冷泉碳酸盐岩中最常见的非碳酸盐矿物，它们记录的硫同位素特征与硫酸盐还原细菌（SRB）作用下生成硫化物的过程密切相关。由于SRB对硫同位素具有分馏能力，在SRB作用下，大量的^{32}S优先与甲烷发生厌氧氧化反应，生成的黄铁矿继承了微生物活动形成的H_2S中的硫同位素特征，具有更负的$\delta^{34}S$值，而残余的硫酸盐中保留较多的^{34}S，表明了冷泉过程中形成的硫酸盐类矿物通常具有较高的$\delta^{34}S$值（Peckmann and Thiel, 2004；薛云松和黄俊华，2016）。

重晶石是海洋环境中常见的自生矿物，直接从海水中沉淀形成的生物成因重晶石记录了重晶石形成时海水的化学特征和生产力状况，其$\delta^{34}S$值与海水的$\delta^{34}S$ 基本相同（Rees et al., 1978）。与海底热液活动有关的热液成因重晶石的$\delta^{34}S$值与海水也非常相似，而与硫酸盐还原环境相关的、在沉积物的含氧—厌氧界面形成重晶石或富Ba^{2+}流体中通过冷泉或沿构造被排放到海水中形成的重晶石富集^{34}S（Paytan et al., 2002）。西沙海槽的重晶石$\delta^{34}S$值发生了正漂移，说明沉积环境中存在硫酸盐还原过程（陈忠等，2007a）。由于西沙海槽表层沉积物中广泛分布黄铁矿且硫酸盐含量高（蒋少涌等，2005；苏新等，2005），可认为西沙海槽海底以还原沉积环境为主，不具备形成重晶石的沉积环境，表明碳酸盐结壳产出的海域可能存在富Ba^{2+}的冷泉流体。

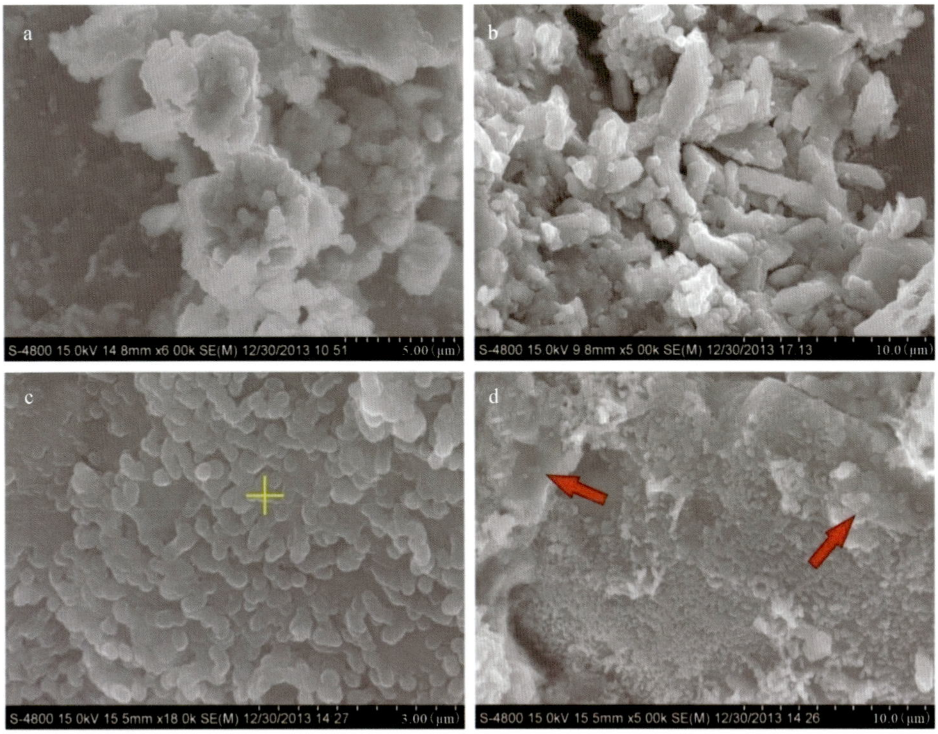

图4-18　自生碳酸盐岩微形貌

a. 菊花状低镁方解石；b. 凝块状高镁方解石或白云石；c. 疑似矿化微生物，球形或椭圆形，其颗粒直径在200～300 nm，富Fe；d. 碳酸盐基底上似微生物矿物颗粒密集生长，富Fe，红色箭头所指为碳酸盐基底（Sun et al., 2015）

Sassen等（2004）在冷泉碳酸盐中发现针状文石、球状黄铁矿与菌丝、沥青共生；细菌触发并促进自生碳酸盐沉淀也已被实验培养所证实（Lith et al., 2003）。Ehrlich（2002）通过实验室细菌培养得到了针状文石的半球状、哑铃状集合体。在东北太平洋水合物脊与水合物伴生的沉积物中亦发现自生石膏，已证实该石膏是一种与甲烷水合物产出背景密切相关的自生矿物相，它与其他自生矿物相（如碳酸盐和重晶石等）一样，可视为水合物识别标志之一（王家生等，2003；邬黛黛等，2009b）。

4.2.2　C-O 同位素

自生碳酸盐类矿物极低碳稳定同位素组成是识别AOM成因的关键证据，记录了水合物的动态变化、冷泉泄漏历史以及甲烷收支平衡等信息，并成功地应用于深时地球古海洋甲烷事件的识别和古海洋环境的分析。冷泉碳酸盐岩的碳主要来自渗漏烃中的甲烷，其碳同位素组成继承了以甲烷为主的母源碳的同位素组成特征，故冷泉碳酸盐岩有特征性的$\delta^{13}C$负值，其组成不是一个固定的值，而是一个较宽的变化范围（韩喜球等, 2013；Chen et al., 2007；Greinert et al., 2002；Sun et al., 2015），一般在−70‰～−35‰（Campbell, 2006；Naehr et al., 2009），在物质来源和成因上明显区别于正常的海相碳酸盐岩（Anderson and Arthur, 1983）。碳酸盐的碳同位素（$\delta^{13}C$）组成代表了为碳酸盐沉淀的形成提供物质来源的不同碳源的混合特征，如微生物来源（−110‰ ～ −50‰ VPDB）与热裂解来源的CH_4（−50‰ ～ −20‰ VPDB），由此可以帮助人们间接地鉴别不同碳源的流体特征（Greinert et al., 2002；Teichert et al., 2005；Han et al., 2014）（图4-19）。如Roberts等（2010）分别对墨西哥湾北部上部陆坡（< 1 000 m）和下部陆坡（≥1 000 m）的冷泉区碳酸盐岩的碳氧同位素进行分析，发现碳酸盐岩的$\delta^{13}C$表现出较大的变化范围（−60.8‰～14.0‰），显示出多种碳源混合的特征，包括碳极度亏损的生物甲烷气、热裂解气、原油的生物降解、海水中的CO_2（图4−18）。认为不同冷泉喷溢区流体组成的变化远远大于同一冷泉区，即流体的组分主要受控于构造环境。墨西哥湾北部下陆坡深水区Alaminos Canyon冷泉碳酸盐岩结壳中泥晶和亮晶文石中等亏损^{13}C（$\delta^{13}C$值为−31.3‰～−23.4‰），结壳中往往可见生物降解石油，指示了冷泉碳酸盐岩中的碳来源于生物降解石油（冯东等，2008）。Mansour和 Sassen（2011）在研究墨西哥湾冷泉碳酸盐岩时也发现，碳酸盐岩的$\delta^{13}C$ 平均值为−26.17‰，与生物降解石油的$\delta^{13}C$ 值−27.0‰十分接近，而在碳酸盐岩的形成过程中并不发生显著的同位素分馏，故Mansour认为原油为碳酸盐岩的主要碳源。Novikova等（2015）在研究黑海的冷泉碳酸盐岩时，其 $\delta^{13}C$ 值为−46.5‰～−33.0‰，认为微生物成因甲烷为主导碳源。而同样是在黑海，Mazzni等（2004）发现的冷泉碳酸盐岩的$\delta^{13}C$ 值在−46.9‰～−8.5‰，显示了多碳源的特征。由于不同的碳源可能发生不同程度的混合，如受到正常海水（Dissolved Inorganic Carbon）、生物钙质碎屑或其他无机碳源的混染，可能会对冷泉碳酸盐岩的$\delta^{13}C$值造成一定的影响，故使冷泉碳酸盐岩的$\delta^{13}C$值有一个较宽的变化范围（Campbell, 2006；Mansour and Sassen, 2011），但总体上讲，不会明显改变碳酸盐岩对母源碳同位素组成的继承特征。

2002年，通过RV Meteor第M56B航次用电视抓斗在非洲刚果外海陆坡水深3 113 m的Hydrate Hole（HH）麻坑采集了现代冷泉碳酸盐岩。HH麻坑属于刚果扇Kouilou麻坑系列中三大麻坑之一，海底观测和地球物理调查表明海底发育天然气水合物和冷泉碳酸盐岩沉积，该麻坑采集的碳酸盐岩以文石和高镁方解石为主要矿物，$\delta^{13}C_{VPDB}$为−62.5‰ ～ −46.3‰，碳主要来自生物成因CH_4（Sahling et al., 2008；Feng et al., 2010）。

我国南海北部陆坡如台西南盆地、东沙群岛东北、东沙群岛西南、神狐海域和西沙海槽等均发育冷泉区（Feng and Peng 2015；Ge et al., 2010；佟宏鹏等，2012）。南海北部不同海域的冷泉碳酸盐岩的碳、氧同位素组成均显示了较大的变化范围（Han et al., 2008；葛璐等, 2011；陈忠等, 2007b），反映了多种来源的冷泉流体、变化的流体渗漏速率及差异的沉积环境。韩喜球等（2013）研究了东沙东北陆坡采集的烟囱状碳酸盐岩，发现它们的碳主要来自生物成因甲烷，且它们的形成与海底天然气水合物藏的破坏密切相关。

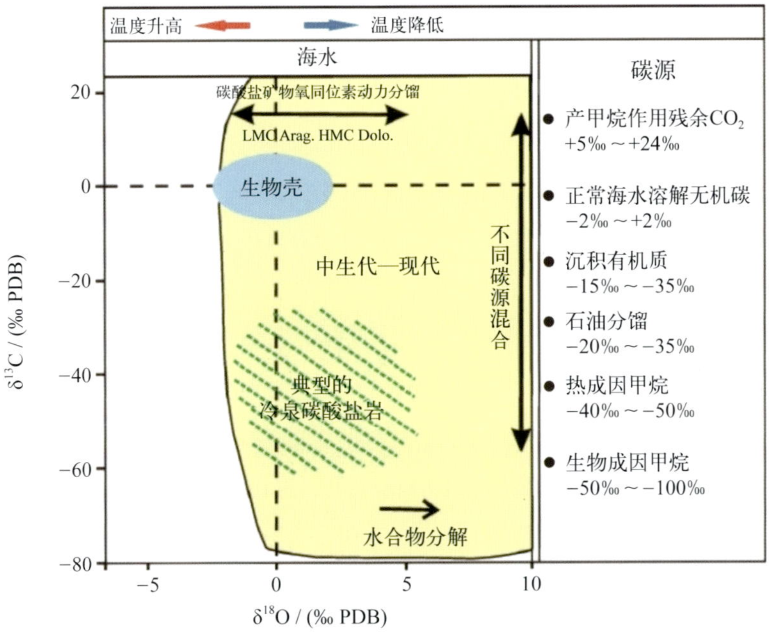

图4-19　冷泉碳酸盐岩的碳氧同位素组成特征及碳的来源（Campbell, 2006）

在AOM反应中，冷泉碳酸盐发生沉淀，这也成为水合物释放水中$\delta^{18}O_{H_2O}$的另一个汇。由于天然气水合物结合的水体富含^{18}O，因此，其分解的水体的氧同位素组成（$\delta^{18}O$）偏大。Hesse（2003）在DSDP 67航次发现了孔隙水$\delta^{18}O$随深度增加而从“零增长”至2.6‰，这明显是水合物分解释放水中的^{18}O影响所致。有人先用“Clathrite”的术语来指代这种岩石，从而又启发人们用“Clathrate”来指代水分子锁定气体分子形成的笼状物。这个名字并不是太贴切，但是当利用它来解释冷泉碳酸盐中来自甲烷水合物的“重”$\delta^{18}O$值的时候，就非常合适了。冷泉碳酸盐岩常具有偏重的氧同位素组成，$\delta^{18}O$多在−0.7‰～7‰，以正值为主（Gontharet et al., 2007；Mansour and Sassen, 2011；Pierre et al., 2014）。当前，许多关于冷泉碳酸盐中“重的”$\delta^{18}O$值的报道是与其下的甲烷水合物层相关的（Tong et al., 2013；Han et al., 2004），尽管在冷泉系统，还有其他来源的“重”水可被排放出来（Dählmann and Lange 2003；Hensen et al., 2004）。黏土矿物的脱水作用也会产生富集^{18}O 的流体，如蒙脱石向伊利石转化的过程中会释放出富集^{18}O 的层间水，类似的情况还有蛋白石脱水变为玉髓（Hesse, 2003）。在卡斯卡迪亚汇聚大陆边缘的冷泉中，人们取得了一种文石—镁方解石交生的碳酸盐岩，恰好说明了这个问题

（Bohrmann et al., 1998）。这种交生岩石的碳同位素比值（$\delta^{13}C$ = −54‰ ~ −40‰ VPDB）表明，这两种矿物相均来自生物成因甲烷。研究显示，文石—相对年轻的矿物相形成时，其流体温度和周围底水的温度是平衡的，而镁方解石—较老的矿物相的$\delta^{18}O$值则比海水富集约+1‰ VPDB。这可表明镁方解石沉淀时的流体内进入了水合物释放水。水合物释放水中的$\delta^{18}O$值可比正常海水富集程度高达3.5‰ PDB（Maekawa and Tatsuo，2004）。与水合物紧密接触的碳酸盐衬里勾画出了水合物的形态，这也进一步证明了较重的^{18}O从水合物释放水中转移到碳酸盐中的可能。

碳酸盐的氧同位素组成（$\delta^{18}O$）可提供碳酸盐沉淀时与之平衡的流体的温度以及流体组成的特征（Aloisi et al., 2000；Feng et al., 2010；Han et al., 2004；Peckmann and Thiel, 2004）。此外，由于沉积物的压实作用和地热梯度的双重作用，海底深埋藏的黏土矿物会比较容易发生脱水作用释放出结构水并形成次生矿物，例如，在60 ~ 160℃，蒙脱石能够脱水转化为伊利石, 所释放流体的$\delta^{18}O$值可高达10‰ SMOW，甚至更高（Sheppard and Gilg, 1996）。与热成因甲烷不同，生物成因甲烷来自浅部地层，其源区的温压条件并不能满足蒙脱石向伊利石转化。对哥斯达黎加大陆边缘冷泉流体和冷泉碳酸盐岩的分析研究表明，黏土脱水作用发生在海底以下10 km 附近，温度为80 ~ 130℃，来自黏土脱水的流体具有富B、Cl 和^{18}O的特点（Treude et al., 2005）。

陆红锋等（2005）利用样品中文石的氧同位素组成和研究区附近底层水温度计算出古流体的$\delta^{18}O$值为0.59‰ ~ 0.74‰ SMOW，认为沉淀文石的平衡流体较现代海水富^{18}O，可能与天然气水合物分解有关。但是在低海面时期，由于大量冰川的形成，古海水本身就富含^{18}O，如末次冰盛期海水的$\delta^{18}O$值可高达（1.05‰ ± 0.2‰）SMOW（Duplessy et al., 2002）。如果流体的$\delta^{18}O$值为0.59‰ ~ 0.74‰ SMOW，并不能对沉淀文石的流体中是否有水合物分解水的贡献作出肯定判断。特别是，由于文石形成于海水—沉积物界面附近（Bohrmann et al., 1998；Peckmann et al., 2001；Díaz-del-Río et al., 2003；Magalhães et al., 2012），当冷泉流体从海底排溢出来后会被海水迅速稀释，所记录的流体信号比较弱，因此用文石示踪深部流体的来源和性质不是很理想。相比之下，形成于海水—沉积物界面以下流体通道周围的烟囱状冷泉碳酸盐岩能较真实地反映深部上涌的古冷泉流体的信息（韩喜球等, 2013）。

东海冲绳海槽冷泉碳酸盐烟囱体的碳氧同位素的特征和周围海水（碳同位素$\delta^{13}C$值约为0 VPDB）明显不同，碳同位素平均值（$\delta^{13}C$，VPDB）为−39.73‰，最小值为−53.66‰（Sun et al., 2015；Cao et al., 2020），这指示甲烷具有浅层生物气和深部热裂解气的混合气源。其氧同位素（平均值1.92‰ VPDB，最大值3.93‰ VPDB，n=84）明显偏正，高出理论值约2.6‰，表明冷泉碳酸盐岩的形成和其下的水合物藏的分解释放有关（Sun et al., 2015；Cao et al., 2020）。

4.2.3 碳酸盐中的硫酸盐（CAS）

已有研究证明，在海洋沉积物中产生的甲烷中，有90%甚至更多比例通量被硫酸盐驱动的甲烷厌氧氧化反应（SD-AOM）所消耗了（Knittel and Boetius, 2009）。虽然当前已知其他类型的电子受体也可以支持甲烷厌氧氧化反应，但在沿着现代大陆边缘广阔的环境中，一些生物群落最繁盛的位置仍是由SD-AOM支持的，而这些地方被称为甲烷泄漏区（Boetius and Wenzhöer, 2013）。已有研究显示，甲烷泄漏区沉积物中的硫酸盐还原速率要比非泄漏沉积物中的速率高几个数量级（Aharon and Fu, 2000；Joye et al., 2004）。作为一种电子受体，在SD-AOM中，硫酸盐的含量、通量以及稳定硫、氧同位素的组成都可以发生改变（Aharon and Fu, 2000；Joye et al., 2004）。我们当前的研究表明，泄漏碳酸盐中的硫酸盐（CAS）保留了不同泄漏强度冷泉环境中的硫酸盐的稳定同位素特征。碳酸盐岩中硫酸盐中的硫和氧同位素（$\delta^{34}S_{CAS}$和$\delta^{18}O_{CAS}$）也可以作为一种特征识别手段，来追溯硫酸盐还原的途径，这种还原可能是与甲烷或其他化合物的氧化偶联的。

在现代沉积环境中，孔隙流体中溶解硫酸盐的氧和硫同位素组成受两种硫酸盐还原反应的影响，包括微生物催化的有机质氧化和甲烷氧化的两种反应，人们也已经对这两种反应进行了分析，以探索其各自的运行模式（Aharon and Fu, 2000；Rennie and Turchyn, 2014）。微生物介导的异化硫酸盐还原发生时，硫同位素分馏过程通常是，使^{32}S分配到硫化物中，而在残留的硫酸盐中分配^{34}S，后者的硫同位素值可高达72‰。通过胞内媒介物质，硫酸盐可以被还原为硫化物，在这个过程中，硫同位素总体分馏程度依赖于胞内每一步反应的同位素分配，同时也依赖于细胞内硫通量的高低增减。而与之相反，在微生物介导的硫酸盐还原反应中，$\delta^{18}O_{CAS}$倾向于与周围海水达到一种氧同位素平衡状态（Fritz et al., 1989）。尽管硫酸盐并不能随意与水体进行氧原子的交换，但已有研究表明，当微生物介导的硫酸盐还原反应发生时，硫酸盐可以和水体交换氧原子，同时会产生含中间价态的硫的物相（Wankel et al., 2012）。在此之后，一些达到同位素平衡的分子重新回到细胞外的硫酸盐池中。人们认为，所有这些胞内的反应步骤都是可逆的，当这些含硫的媒介物质发生氧化时，水—氧都可以加入到反应产物中，从而使其重新回到硫酸盐中，因此，在硫酸盐异化还原过程中，残留硫酸盐中的氧和硫同位素都受到细胞内含硫组分变化的影响。然而，在残留硫酸盐中，这些同位素所受的影响途径不同，因此，当硫酸盐发生还原时，一种同位素与另外一种同位素的变化能巧妙地解决胞内每一步反应过程中相对通量的变化问题。残留硫酸盐中的硫、氧同位素的组成能应用于传统意义上（与有机质碎屑偶联的）硫酸盐还原机制的探索中，无论是在纯培养实验中还是在自然环境中。

通常，自生碳酸盐在甲烷以分子扩散控制区和富甲烷条件下都可以形成（Luff and Wallmann, 2003），而且这些碳酸盐矿物能将孔隙水中的CAS保留下来，因此CAS就可以再现$\delta^{18}O/\delta^{34}S$模式的特征。一系列研究表明，在地球演化历史的绝大多数时期，都曾出现过甲烷泄漏形成的硫酸盐，并且碳和氧同位素特征也都反映了甲烷参与硫酸盐驱动的自生作用的事实（冯东和宫尚桂, 2019；Sun et al., 2019）。Antler等（2017）的研究发现，在富甲烷环境中，SD-AOM的一个效应是产生很小的$\delta^{18}O_{CAS}/\delta^{34}S_{CAS}$同位素斜率（0.24～0.4），这与甲烷受限环境和缺乏甲烷环境的孔隙水的$\delta^{18}O_{CAS}/\delta^{34}S_{CAS}$（>0.4）有很大的不同。且该比值不受环境中的其他理化参数（如温度、压力、盐度以及硫酸盐的浓度等）所影响。而在受有机质氧化驱动的硫酸盐还原反应中，或者在甲烷以分子扩散为主的海洋沉积物环境中，通常能见到更大的斜率（0.7），二者对比明显。

东海冷泉碳酸盐岩中的$\delta^{18}O_{CAS}/\delta^{34}S_{CAS}$值0.36（李鑫，2021）明显小于有机质驱动的硫酸盐还原过程中的$\delta^{18}O_{SO_4}/\delta^{34}S_{SO_4}$值（图4-20），这与富甲烷环境一致。$\delta^{34}S_{CAS}$与$\delta^{13}C$之间呈明显的负相关（图4-21）。在硫酸盐还原过程中，微生物通常利用较轻的硫同位素，因此在封闭半封闭环境下，随深度增加，孔隙水硫酸盐的含量不断降低，孔隙水硫酸盐的$\delta^{34}S$不断增加。此外，随着深度增加，孔隙水中DIC越负，而这也符合富甲烷环境下CAS与碳同位素的变化特征。

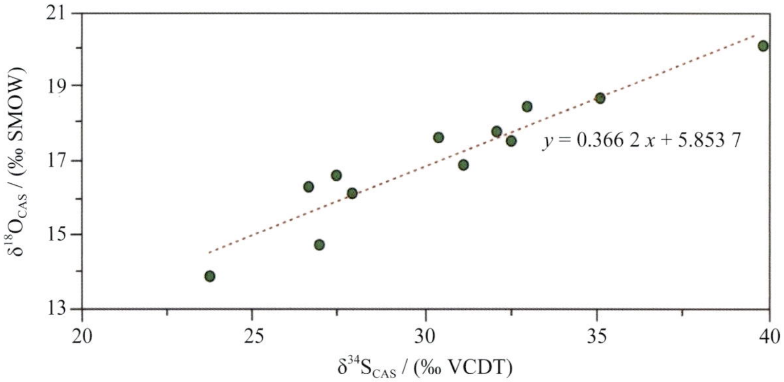

图4-20　冷泉碳酸盐岩CAS硫—氧同位素分布图（李鑫，2021）

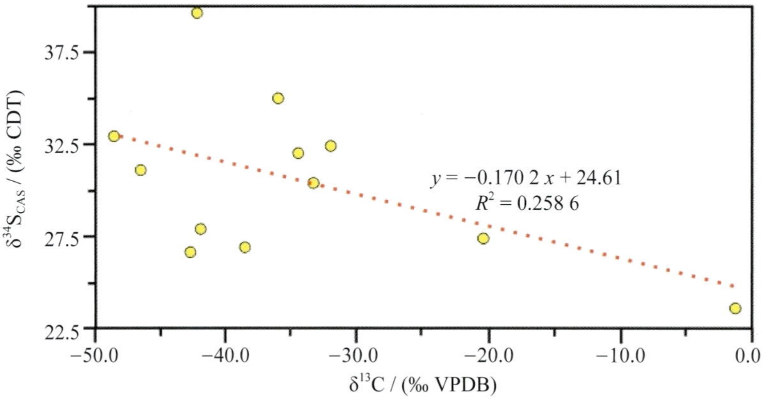

图4-21　东海冷泉碳酸盐岩碳同位素与CAS硫同位素相关图（李鑫，2021）

此外，碳酸盐岩中CAS的浓度可作为环境流体重建的可信指标（Feng et al., 2016）。东海冷泉碳酸盐岩样品中除了两个异常值外，其余样品的CAS含量与氧同位素整体上呈负相关关系（R^2=0.81，图4-22），表明随着成岩流体的演化，^{18}O逐渐富集，能提供的SO_4^{2-}越来越少，这正是下伏水合物分解释放流体供应加强的特征（水合物分解释放水中富集^{18}O）；CAS 的浓度与碳同位素之间总体呈明显的正相关性关系（图4-22），其特征是碳同位素组成偏负，且碳酸盐岩中CAS浓度很低（李鑫，2021），此种现象只能有两种解释：一是流体中可能存在的硫酸盐参与了微生物来源的甲烷厌氧氧化，在反应中被消耗掉了一部分；二是流体本身亏损硫酸盐，因而在最终形成的碳酸盐岩中CAS含量也相应很低（Sun et al., 2019）。

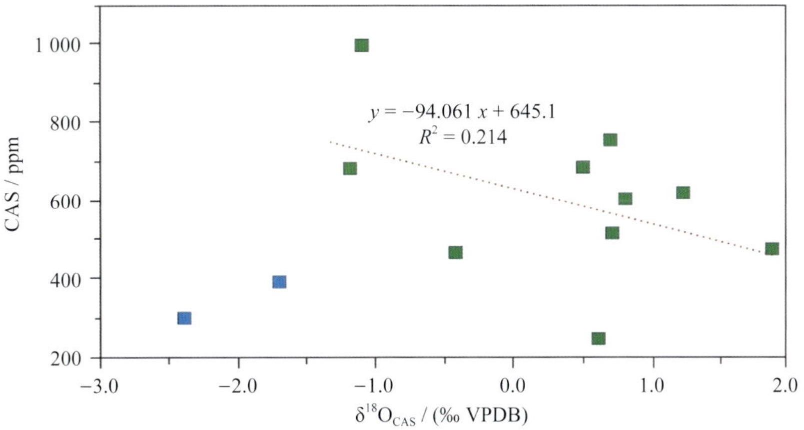

图4-22　冷泉碳酸盐岩氧同位素与CAS浓度分布（李鑫，2021）

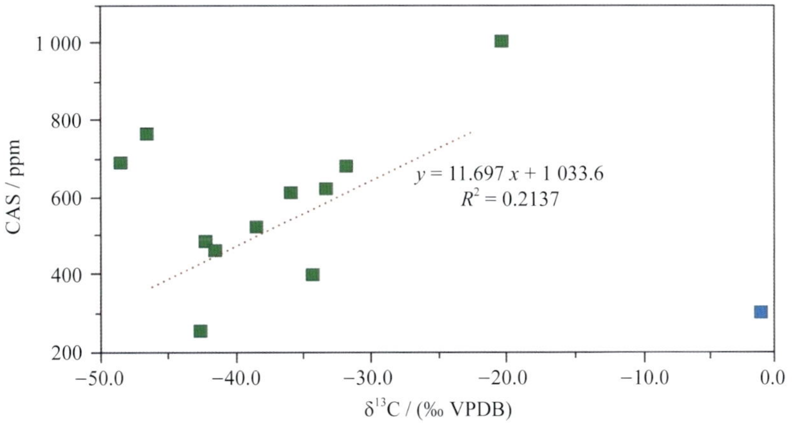

图4-23　冷泉碳酸盐岩碳同位素与CAS浓度分布（李鑫，2021）

此外研究表明，$\delta^{18}O_{CAS}$–$\delta^{34}S_{CAS}$同位素斜率与微生物硫酸盐还原速率相关（Bttcher et al., 1998）。硫酸盐还原速率较高时，就会导致$\delta^{34}S_{CAS}$的增长比$\delta^{18}O_{CAS}$的增长要快，则$\delta^{18}O_{CAS}$–$\delta^{34}S_{CAS}$同位素斜率较低，当微生物介导的硫酸盐还原反应速率较低时，就会导致

$\delta^{18}O_{CAS}$的增长快于$\delta^{34}S_{CAS}$（Bttcher et al., 1998；Aharon and Fu，2000；Antler et al., 2015）的增长，表现为较高的$\delta^{18}O_{CAS4}/\delta^{34}S_{CAS}$同位素斜率。即当硫酸盐还原的速率降低时，硫的中间产物的再氧化反应就会增加（Antler et al., 2014）。

4.2.4 重要的碳汇

在从沉积物中转移到上部水体的过程中，甲烷可以通过一系列反应被消耗。在全球范围内，沉积区内的甲烷在迁移过程中，有超过80%比例的可消耗在硫酸盐—甲烷过渡区内，有效地减少了具有强烈温室效应的甲烷气体释放到大气中，冷泉渗漏区大量的甲烷和其他烃类被转移，成为海洋碳循环的重要一环。在这些环境中，甲烷来源的自生碳酸盐的沉淀代表了一个主要碳汇（Reeburgh, 2007；Wallmann et al., 2006），有效地减少了渗漏到海水和大气中的甲烷通量，据计算海相沉积物中每年由于甲烷缺氧氧化消耗的甲烷数量为70 ~ 300 Tg（Reeburgh, 2007；冯东等，2006）。自生碳酸盐是除原始海相碳酸盐和有机碳以外的第三个主要的全球碳汇。鉴别自生碳酸盐碳汇对于认识地球表面的碳和钙循环，以及理解碳循环在大气氧演化中的作用，都具有重要意义。

对于甲烷的碳汇，最终的归宿有两个：一个是通过生物性的有氧氧化形成的正常海相碳酸盐，另一个是通过厌氧氧化形成自生碳酸盐，直至今天，甲烷在这两个过程中的分配问题依然是一个挑战。如果海底和水体中的生物通过“有氧反应”消耗了甲烷，其中的碳就会以CO_2的形式进入到海水中。如果它们通过“厌氧反应”消耗了甲烷，则这些碳就会以自生碳酸盐的形式在海底封存。这种过滤器的效率还受多种因素的影响，比如流速。在具低流速的系统中过滤器的效率可达到80%，在中流速的系统中缩减到了20%，而在发生强烈气体迸发的区域，则可低于10%，导致甲烷泄漏到上部的水体中去（Luff et al., 2004）。水体中部分或全部甲烷，在最终到达海洋表面并且逃逸到大气中之前，通过自由气体形成的气泡发生溶解以及甲烷营养微生物的活动而消耗。结果，由于甲烷在海洋和大气中的停留时间很短暂（约十年），加上沉积物和水体中存在甲烷消耗的反应，要使甲烷对海洋/大气的化学性质产生明显影响，必须发生快速（十年尺度）和巨量的甲烷的释放。此外，地形地貌、生物量以及底流等因素对这种过滤器的效率也有不同程度的影响。海底环境中明显较高的氧气消耗量和甲烷来源的碳明显的供应不足（Boetius and Wenzhöer，2013），均提示人们需要对这一过程中的碳的收支进行更加精细的研究。

基于全球提出的碳循环模式还存在着不足，其中最重要的是与AOM有关的自生碳酸盐的地位问题。自从观察到光合作用过程中碳同位素能发生分馏现象起（Urey, 1947），人们就尝试应用有机碳和钙质碳酸盐之间明显的同位素组成差异来重建全球碳循环历史，并将地质记录中的海相碳酸盐的碳同位素组成的变化解释为埋藏的有机碳相对于碳酸盐中碳（f_{org}）的比例的变化，这个过程简单表示为式（4−5）（Schrag et al., 2013）：

$$\delta^{13}C_{in} = \delta^{13}C_{org}f_{org} + \delta^{13}C_{carb}(1-f_{org}) \qquad (4-5)$$

其中，$\delta^{13}C_{in}$为地球表面接纳的碳库。对于地质历史的大部分，$\delta^{13}C_{carb}$的水平一直围绕着0值（‰）波动，其中，$\delta^{13}C_{org}$和$\delta^{13}C_{in}$的值分别约为−25‰和−5‰，表明被埋藏的碳中有20%是以有机质碳形式存在的。

这个基本的框架虽然可以用来解释整个地球历史中$\delta^{13}C_{carb}$的变化，但却受到了极大的质疑。首先，维持一种$\delta^{13}C_{carb}$的高值水平（> +5‰），例如，观察到在新元古代整个时期（Gaucher et al., 2009）有机质埋藏的速率相当高，因此，空气中氧气的积累比现在的水平要高数十倍至数百倍。而地质学上的证据表明当时大气中的氧气含量水平要更低一些（Catling and Claire, 2005），这就产生了不一致。其次，在新元古代时期，碳同位素负偏程度很大，为−15‰ ~ −10‰，大量的有机质或者甲烷（Weber and Gauthier，2013）被氧化的观点在这个框架下很难解释得通，因为这两种情况都需要大气中氧气的含量发生巨大改变，同时也需要大气中的二氧化碳含量显著增长，而地质学上的证据对这两种情况都不支持。从总体上调查$\delta^{13}C_{carb}$的记录，明显发现这个框架缺乏一个基本过程，导致人们对地质历史的理解产生了偏差。而这种偏差就来自自生碳酸盐。当前已经清楚海底形成自生碳酸盐反应首先是和硫酸盐（有时候还有铁和锰）的还原反应偶联的（Beal et al., 2009），对于整个地质历史时期碳同位素的质量平衡起到了主要作用。尽管自生碳酸盐分布广泛，但对于现代时期全球碳循环过程，它似乎代表的程度有限。一个原因是自生碳酸盐的形成受到海水中溶解氧含量的抑制，这是因为还原性物质（如Fe^{2+}和H_2S）的有氧呼吸和氧化作用降低了碳酸盐的饱和度。对于全球性的碱度和碳酸盐循环的模式研究表明，当海洋沉积物中的O_2处于低水平时期，如古生代或者在缺氧环境遍布的显生宙时期，有机碳循环、电子受体（Fe^{3+}、SO_4^{2-}和O_2）含量以及DIC含量的改变将导致自生碳酸盐的重要性得以提高（Higgins et al., 2009）。不仅如此，当环境条件导致水体和沉积物中的有氧呼吸变得最低时（这种作用会导致孔隙流体发生酸化），因呼吸作用，单位有机碳产生的碱度达到峰值，这将导致自生碳酸盐成为碳的一个更大的汇（Higgins et al., 2009）。

因此，地质历史时期（包括现在）冷泉泄漏区的自生碳酸盐的全面研究，也是修正全球碳循环模式的需要，虽然它并不一定记录了全球变化的信息（这种信息应该是记录在DIC中的$\delta^{13}C$中的），但从全球碳循环的视角上看，它可能代表着碳的一个重要的汇（Schrag et al., 2013）。但是目前对甲烷缺氧氧化消耗甲烷的量估算还不够准确，需要实验及模型计算方法提供更准确的甲烷缺氧氧化速率，来限定甲烷缺氧氧化在全球甲烷平衡乃至全球碳循环中的作用。

4.2.5 水合物分解泄漏的年代格架

在甲烷通量相对剧烈的区域，由于AOM反应导致的碳酸盐碱度提高，就会在硫酸盐—甲烷过渡区形成甲烷来源的自生碳酸盐岩，而对于这些碳酸盐岩进行定年，就能得到过去甲烷释放时间的信息（Teichert et al., 2003），这也是冷泉泄漏研究的最重要的问题之一。冷泉碳酸盐岩年代学研究可以确定冷泉活动时间, 因而是确定冷泉流体活动触发机制最直接且行之有效的手段（Bayon et al., 2009；Feng et al., 2010；Wang et al., 2021）。但是因为自生碳酸盐矿物掺杂了相当数量的“老碳”，导致传统的碳同位素定年方法失效。

在碳酸盐岩沉淀过程中，其晶格内可以允许铀进入，而将钍排除在外，由此，在接下来的U衰变中，其形成的^{230}Th可以使我们对碳酸盐岩进行定年，这表明，我们利用U/Th定年可以重建过去存在的冷泉泄漏活动（Bayon et al., 2009；Crémière et al., 2012； Feng et al., 2010）。迄今为止，U/Th定年手段是刻画冷泉渗漏活动时间尺度上变化的最理想的方法。

在哥斯达黎加大陆边缘，针对碳酸盐岩夹层以及冷泉泄漏点侧翼的沉积物，在泥火山中心钻孔获得岩芯，并进行了精细研究（Kutterolf et al., 2008；Liebetrau et al., 2014）。该区泥火山的生长跨越了数次冷泉活动时期，所残留的火山灰层为这些时期提供了标志性的证据（分别发生于6 ka、17 ka、24.5 ka、69 ka、84 ka，同时，碳酸盐的U/Th定年也对此予以证明（范围为5 ka ~ 65 ka，图4-24）。对这些碳酸盐结构体上获得样品进行定年，结果显示，在垂向上，这些结构体是从上向下渐次生长的，而不是从下向上生长（Liebetrau et al., 2014）。这表明，后期自生碳酸盐的沉淀阻塞早期的通道。因此，泥火山的中间部位通常都会形成一个碳酸盐岩内核，其内部结构显示，泥浆和火山灰层可作为泄漏活动的寿命和旋回发生事件的标志物。通过碳酸盐定年，获得了空间上颠倒的U/Th年龄，如图4-24中所示，这是因为后期碳酸盐沉淀后对于老通道的顺序充填，导致在结构体顶部，覆盖着较老的碳酸盐，而更年轻的碳酸盐则出现在其底部。

第一个U/Th同位素定年结果是基于卡斯卡迪亚俯冲带的化学礁样品获得的（Teichert et al., 2003）。结果表明，甲烷释放事件发生在低海平面时期，此时，由于静水压力的下降，导致海底之下的沉积层中的压

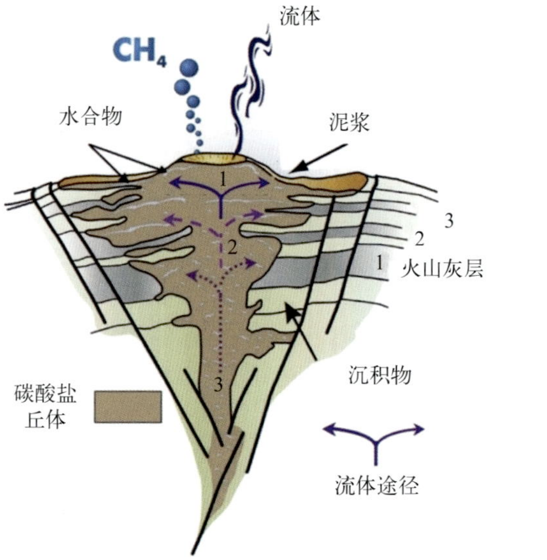

图4-24 泥火山中心的碳酸盐核。当碳酸盐和水合物夹层形成后，泥浆、甲烷和流体从通道排出，但在两侧翼，沉积物和灰层呈互层分布。正常的火山灰层层序（1~3）记录了流体喷发的寿命和旋回性。碳酸盐年龄（1~3）的呈逆序出现（顶部的年龄比底部要老），这是由于通道被渐次堵塞造成的结果（据Kutterolf et al., 2008；Liebetrau et al., 2014修改）

力也随之降低了。随着越来越多的定年研究的开展，最初关于此方面的解释也逐渐得到了确认。在这些后续的研究中间，日本海的冷泉碳酸盐的6个样品的定年结果包含一个为65 ka样品，恰好与低海平面时期对应（Watanabe et al., 2008）。对来自墨西哥、黑海和刚果扇的41件样品的定年结果表明，这些冷泉碳酸盐在末次冰期以后的近期形成。还有较多的定年结果与末次冰盛期的时间一致，但是刚果扇的这些样品跨越的年代太短，不足以支持海平面升降导致冷泉泄漏机制的观点。东海冷泉碳酸盐岩烟囱的^{14}C（34 ka ~ 31 ka）年龄（Sun et al., 2015）以及碳酸盐岩结壳的U/Th测年结果（55.7 ka ~ 22.8 ka，Cao et al., 2020）表明，晚更新世以来海平面的大幅度下降导致冲绳海槽西侧陆坡浅表层水合物大范围分解释放（图4-25），从而产生大面积冷泉碳酸盐结壳；先成的碳酸盐岩结壳形成后，后期由于外力（构造抬升、微地震）或游离气体的聚集，导致流体泄漏事件脉动性频繁发生，形成了多期次矿物生长结构，结壳一直处于增生过程中；先成的冷泉碳酸盐岩结壳捕获了大量的碳，同时还成为后期游离态甲烷良好的盖层，对全球碳循环起到了良好的调节作用。全球范围内，大陆边缘增加的流体通量被认为与全球周期性的海平面下降有关，当海平面下降时，由于上覆水体导致的静水压力以及海洋沉积物中气体水合物的失稳，促使流体渗漏活动加剧（Watanabe et al., 2008）。

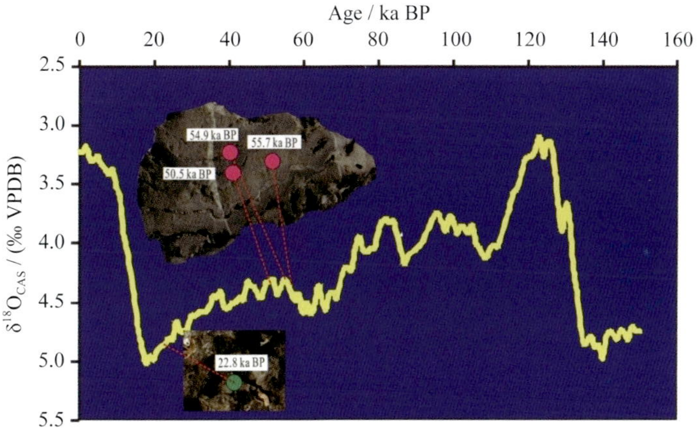

图4-25　东海冷泉碳酸盐岩U/Th年代以及海平面升降关系（Cao et al., 2020）

低海平面时期并非是甲烷泄漏事件出现的唯一时间段，当前，人们发现在高海平面时期，也可能出现旺盛的泄漏活动，并且在大型的碳酸盐岩结构中得以记录下来。在中国南海有两组碳酸盐样品的U/Th年龄，其中一组（350 ka前；Tong et al., 2013）与高海平面时期相匹配，而另一组（11 ka 前；Han et al., 2014）与海平面上升时期相吻合，而其余的样品（16个）则均指向低海平面时期。Crutchley等（2014）通过对流体的数值模拟显示，在水合物稳定带的底界，长期存在一个具有旺盛泄漏活动的碳酸盐结构，也就是所谓的“尖塔结构”。典型的是卡斯卡迪亚俯冲带出现的一个大于50 m高的化学礁。水-气流体聚集的位置位于沉积物深部一个明显的岩层边界处，并且使流体受到挤压。挤压形

图4-27 “F”站位常见的大型生物（Zhao et al., 2020）

a. 帽贝*Bathyacmaea nipponica*；b. 多鳞虫*Branchinotogluma* sp.；c. 尚未定种的白色海绵；d. 软珊瑚*Anthomastus* sp.以及蹲龙虾*Munidopsis* sp.；e. 深海蟹*Chaceon manningi*；f. 管虫 *Paraescarpia echinospica*；g. 海星*Pteraster* sp.；h. 螺*Enigmaticolus nipponensis*；i. 光滑隐棘杜父鱼*Psychrolutes inermis*；j. 长刺石蟹*Lithodes longispina*

4.3.2 冷泉菌席

菌席主要形成在流体持续流出的体系中，分布于硫酸盐还原—甲烷厌氧氧化界面附近，可指示流体的位置和规模。菌席通常由混合菌群组成，生物量主要受硫氧化菌（如 *Beggiatoa sp.*、*Thioploca sp.*、*Leucothrix*、*Thiotrix*、*Desmanthos*）控制（Thamdrup et al., 1996；Nelson et al., 1989；Schulz et al., 1996；Pimenov et al., 2000）。菌席的颜色与硫化物的活性水平相关，一般呈现为白色、黄色和橙色，橙色或微红色的菌席比白色的具有更高的流量（陈忠等，2007c）。

4.3.3 冷泉微生物的多样性

海洋沉积物中蕴藏着丰富的微生物，据估计海洋沉积物大约含有2.9×10^{29}个微生物细胞，相当于4.1 PgC，占地球总活体生物量的0.6%（Kallmeyer et al., 2012）。栖居在沉积物表层的微生物，利用氧气作为电子受体将复杂有机质进行降解。氧气在表层范围内被快速耗尽后，亚硝酸盐/硝酸盐、铁锰等金属离子和硫酸根成为微生物代谢的主要电子受体，将有机质进行厌氧降解，产生二氧化碳或甲烷。游离甲烷气以及溶解甲烷在高压低温的条件下，与水聚合成一种类似冰的具有笼形结构的晶体——天然气水合物，较为稳定地储存在沉积物中。当海底温度和压力条件发生改变时，海底水合物会发生分解，释放的烃类气体（主要成分是甲烷）在向上迁移的过程中会被微生物介导的甲烷厌氧氧化（AOM）和甲烷好氧氧化（AeOM）消耗，进而大大减少了甲烷向大气的排放量（图4-28）。AeOM主要发生在含氧的沉积物及沉积物—水界面中，由甲烷好氧氧化菌（Aerobic Methane-Oxidizing Bacteria, AMOB）介导。然而，绝大部分甲烷在穿透缺氧沉积物层之前是被AOM反应消耗，甲烷厌氧氧化古菌（Anaerobic Methanotrophic Archaea, ANME）是主要的参与者。海洋水体中含有大量的硫酸盐，通过扩散作用，使海底浅层沉积物也富含SO_4^{2-}。甲烷在海底深处形成，当甲烷向上迁移至厌氧层时，与向下扩散的SO_4^{2-}相遇，在ANME古菌和SRB的共同作用下，发生S-AOM。甲烷厌氧氧化作用会改变沉积物中微生物的群落组成特征，形成大量生物标志化合物，因此，识别沉积物中参与AOM的微生物群落特征及其生物标志化合物对于指示下伏地层中是否有天然气水合物藏具有重要意义（孔媛等，2018）。

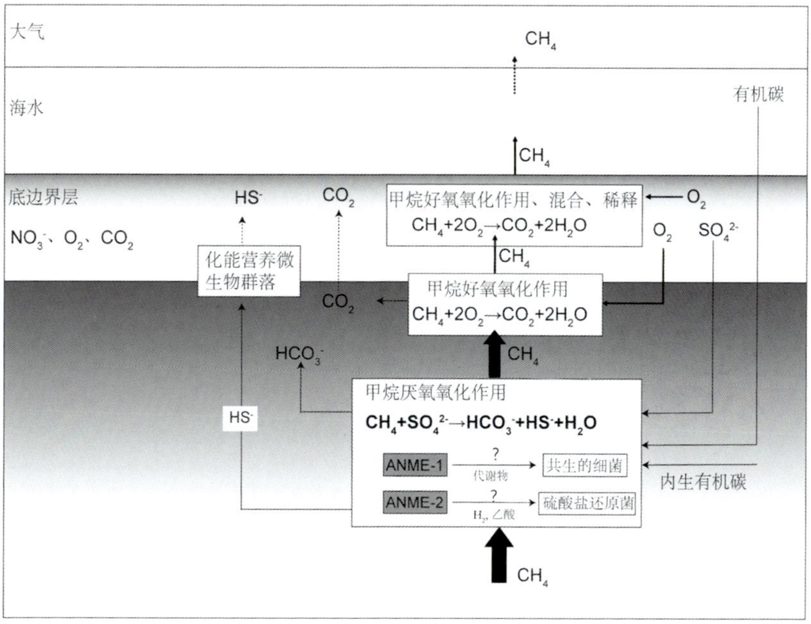

图4-28 海洋微生物主导的甲烷过滤系统（Sommer et al., 2006）

基于16S rRNA基因进化分析，甲烷厌氧氧化古菌（ANME）可分为3个类群：ANME-1、ANME-2和ANME-3（图4−29）。ANME-1分为ANME-1a、ANME-1b两个亚群，与甲烷微菌目Methanomicrobiales和甲烷八叠球菌目Methanosarcinales有较近的亲缘关系（Knittel et al., 2005）。ANME-2划分为ANME-2a、ANME-2b、ANME-2c和ANME-2d 4个亚群，其中ANME-2a、ANME-2b、ANME-2c属于甲烷八叠球菌目，ANME-2d隶属于一个新的类群Methanoperedenaceae（Haroon et al., 2013）。ANME-3则与拟甲烷球菌属*Methanococcoides*亲缘关系较近。3种类型的ANME古菌类群的16S rRNA 基因序列差异较大，其基因同源性在75%～92%（Knittel and Boetius, 2009）。在ANME-2中，亚群ANME-2a和ANME-2b来自一个连贯的进化枝，并与ANME-2c进化距离较远，因此常将ANME-2a和ANME-2b合并归为ANME-2a/b（Timmers et al., 2017）。S-AOM中ANME-1和ANME-3既可以单细胞形式存在，也可与硫酸盐还原菌以共生体的形式存在（图4−30a, b, i）（周京勇等，2015）。ANME-2则往往与硫酸盐还原菌组成互养共生体，其内部核心由ANME-2充当，而外部被SRB构成的壳层部分或全部包围（Knittel et al., 2005）（图4−30c～e, f～g）。除了与SRB耦合形成共生体，有研究也发现仅由ANME-2细胞形成的单一类型微生物的共生体（Orphan et al., 2002；Treude et al., 2007）（图4−30h）。与ANME-1和ANME-2共生的SRB往往属于脱硫八叠球菌属*Desulfosarcina*和脱硫球菌属*Desulfococcus*（Michaelis et al., 2002；Knittel et al., 2003），与ANME-3共生的SRB通常属于脱硫叶菌属*Desulfobulbus*（Niemann et al., 2006b）。

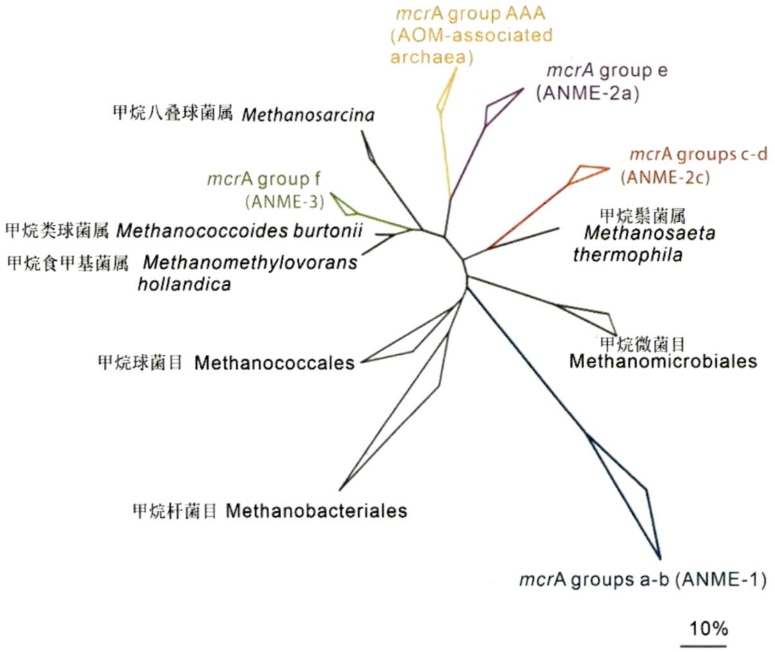

图4−29 基于*mcrA*序列的ANME古菌系统发育树（Knittel and Boetius, 2009）

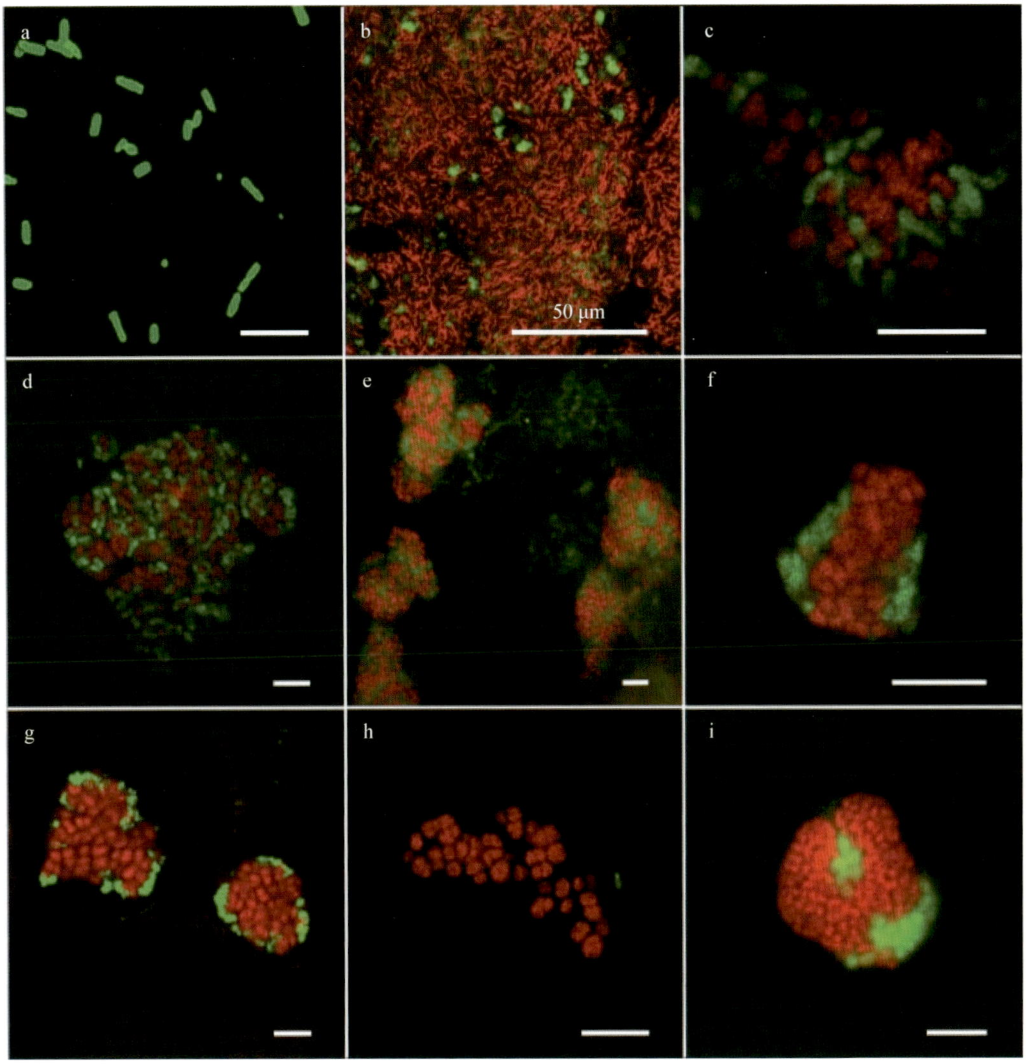

图4-30 FISH或CARDFISH方法处理后不同类群ANME的细胞及集合体形态的荧光显微照片（Knittel and Boetius, 2009）

a. 单细胞的ANME-1；b. 由ANME-1（红色）和DSS细胞（绿色）组成的菌席型互养共生体；c～e. 由ANME-2a（红色）和DSS细胞（绿色）组成的菌席型互养共生体；f～g. 由ANME-2c（红色）和DSS细胞（绿色）组成的壳体型互养共生体；h. 单细胞的ANME-2c；i. ANME-3/Desulfobulbus共生体

在深海冷泉环境中，ANME古菌具有较高的丰度。研究人员利用荧光定量PCR技术对甲烷代谢古菌功能基因——甲基辅酶M还原酶基因（*mcrA*）进行定量分析，发现在冲绳海槽一处活动冷泉沉积物中*mcrA*基因的丰度可达10^5～10^8 copies g^{-1}（Chen et al., 2022），南海海马冷泉*mcrA*基因的丰度范围为10^3～10^7 copies g^{-1}（Niu et al., 2017），南海北部冷泉*mcrA*基因的丰度为10^5 copies g^{-1}（Zhang et al., 2020）。此外，ANME各个亚群在不同冷泉环境中具有不同的分布特征（表4-1）。其中，ANME-1和ANME-2广泛分布在各种天然冷泉环境中，而ANME-3分布在有大量甲烷释放的冷泉区，如水合物脊（Hydrate Ridge）、Sonara Margin冷泉、Håkon Mosby泥火山（表4-1）。冷泉流体渗漏速度对ANME古菌群落组成的塑造具有重要影响。连续流生物反应器培养实验表明，ANME-1古菌在较高甲烷流速下生长繁盛，而ANME-2古菌在低流速下更活跃（Girguis et al., 2005）。垂向分布上，研究表明，ANME-1和ANME-2c在缺氧、富含甲烷和硫酸盐含量低的深层沉积物中占优势主导地位，相比之下，ANME-2a和ANME-3则出现在硫酸盐浓度较高而溶解硫化物和甲烷浓度较低的浅层沉积物中（Roalkvam et al., 2011；Yanagawa et al., 2011）。我们对冲绳海槽一处活动冷泉沉积物中ANME古菌群落结构进行了调查，发现ANME古菌由ANME-1a、ANME-1b、ANME-2a/b、ANME-2c和ANME-3组成，ANME-1b和ANME-2c更倾向于生存在硫酸根含量低、甲烷含量高、硫化氢含量高的沉积物中，ANME-1a的分布则受Fe^{2+}的影响（图4-31和图4-32）（Chen et al., 2022）。ANME古菌亚群生态位的分化，意味着其代谢和功能的多样性（Niu et al., 2017）。除了ANME古菌以外，在对南海神狐海域A27和SH1站位沉积物的研究中，发现Bathyarchaeota中的一些类群和产甲烷菌也可能参与了AOM反应（Kong et al., 2021）。此外，ANME古菌的新功能不断被发现。如上海交通大学张宇团队发现在深海沉积物中，ANME（ANME-2a）在氧化CH_4产生无机碳的同时产生乙酸，为生态系统中的异养微生物提供碳源（Yang et al., 2020）。Metcalfe等（2021）则发现参与深海沉积物中AOM作用的ANME古菌（ANME-2b）和SRB细菌（SEEP-SRB1g）共生聚集体还具有固氮的能力。

表4-1　ANME古菌在不同冷泉生境中的分布

海域	生境特征	ANME古菌种类	参考文献
水合物脊和黑海	贝氏硫细菌（*Beggiatoa*）、离散的甲烷水合物、气泡	ANME-1a、ANME-1b、ANME-2a、ANME-2b、ANME-2c、ANME-3	（Knittel et al., 2005）
南海富含有水合物的沉积物	淡黄色自生碳酸盐和天然气水合物	ANME-1a、ANME-1b、ANME-2a、ANME-2c	（Cui et al., 2019）
Sonora Margin冷泉	贝氏硫细菌（*Beggiatoa*）、气泡	ANME-1、ANME-2a/b、ANME-2c、ANME-3	（Vigneron et al., 2013）
Håkon Mosby泥火山	密集的贝氏硫细菌（*Beggiatoa*）、泥浆的释放、硫化沉积物、密集的管状蠕虫（*Siboglinidae*）	ANME-2a、ANME-3	（Lösekann et al., 2007）

续表

海域	生境特征	ANME古菌种类	参考文献
Tuscan Island Elba 甲烷渗漏区	甲烷的释放、白色硫氧化物微生物	ANME-1a/b、ANME-2a/b/c、ANME-3	（Ruff et al., 2016）
海马冷泉	大量的气泡、强烈的硫化氢气体	ANME-1b、ANME-2ab、ANME-2c、ANME-2d	（Niu et al., 2017）
Scotian Basin冷泉	水合物、气泡、强烈的硫化氢气体	ANME-1、ANME-2ab、ANME-2c、ANME-3	（Dong et al., 2020）
挪威海Nyegga麻坑区冷泉沉积物	甲烷水合物、向上运移的甲烷流体、白色微生物垫	ANME-1、ANME-2ab、ANME-2c	（Roalkvam et al., 2011）
南海北部冷泉沉积物	大量的甲烷水合物、自生碳酸盐、贝壳化石	ANME-1、ANME-2a/b、ANME-2c、ANME-2d、ANME-3	（Zhang et al., 2020）
冲绳海槽	气泡、强烈的硫化氢气味，碳酸盐砾石和巨型蛤壳	ANME-1、ANME-2a/b、ANME-2c、ANME-3	（Chen et al., 2022）

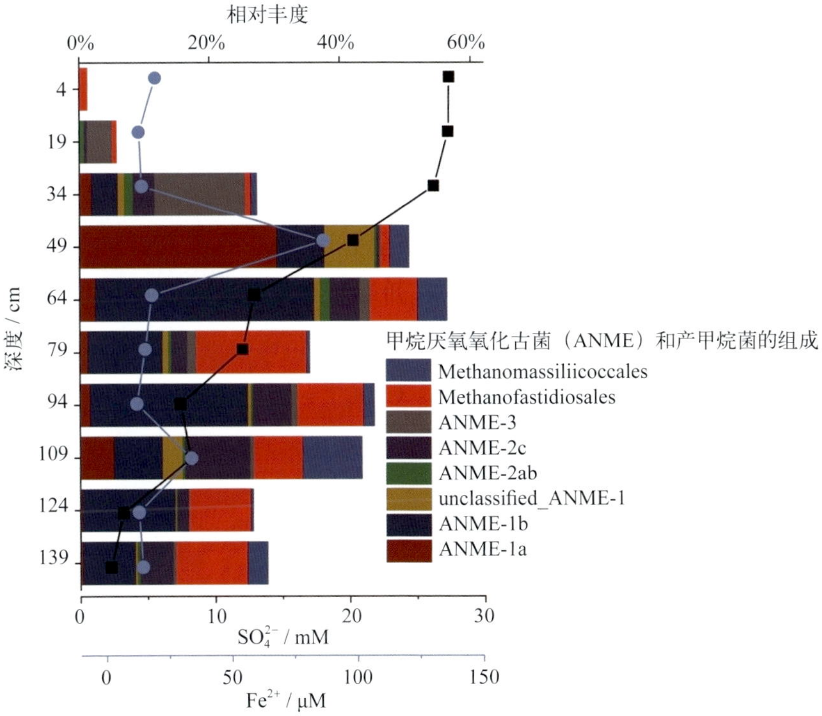

图4-31 冲绳海槽冷泉沉积物中ANME古菌和产甲烷菌的垂向分布（Chen et al., 2022）

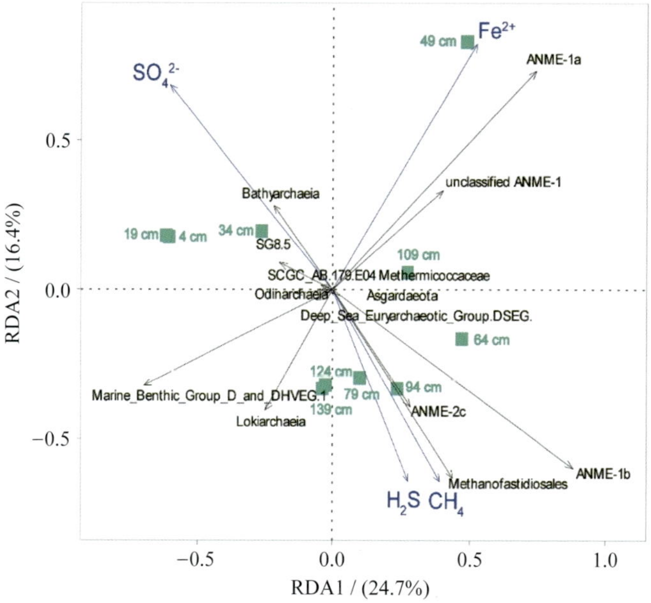

图4-32　冲绳海槽冷泉沉积物中古菌群落结构与环境因子的RDA分析（Chen et al., 2022）

除了ANME古菌以及伴生的SRB外，其他细菌和古菌类群对水合物也有一定的指示作用。如绿弯菌门（Chloroflexi）是不含天然气水合物但有机质含量丰富的沉积物中的主要类群，不含水合物沉积物中发现此类群的频率远高于含水合物沉积物，它的有无可以作为判断沉积物中是否含水合物的一个重要指标（Inagaki et al., 2006）；细菌JS1和古菌MBGB是秘鲁边缘海和喀斯喀特古陆边缘含水合物站位沉积物中的主要类群，推测这两种类群可能在甲烷的消耗或产生中起到重要作用（Inagaki et al., 2006）。Cui等（2019）在对南海第二次水合物钻探GMGS2-08站位沉积物微生物群落结构的解析中，发现细菌群落结构在水合物层和非水合物层存在显著差异（$p < 0.05$），其中*Aerophobetes*和*Gammaproteobacteria*在水合物层相对含量较高，而*Clostridia*、*Bacilli*（*Firmicutes phylum*）、*Bacteroidia*（*Bacteroidetes phylum*）、*Acidobacteria*和*Cyanobacteria*在非水合物层相对含量较高。

4.3.4　生物标记物

ANME古菌和SRB参与AOM反应会产生一系列特定的生物标志物，这些生物标志物作为细胞膜结构的一部分保留了其母源信息，并完好地保存在沉积物和碳酸盐岩中（Thiel et al., 1999）。这些有机分子标志物、含量及其单体碳同位素组成特征不仅能指示微生物的存在、种类，判断AOM的发生，还为确定天然气渗漏和水合物发育提供重要的理论和实际应用价值。在有冷泉活动和水合物产生的海底环境中，常用ANME古菌生物标志物有类异戊二烯甘油二醚类和类异戊二烯烃类，包括古醇（Archaeol）、羟基古醇（C20，20 sn-2/sn-3−Hydroxyarchaeol，C20，25 sn-2−Hydroxyl archaeol）、头头相连无环或环状的双植烷二聚物甘油四醚（Glycerol Dibiphytanyl Glycerol Tetraethers，GDGTs）、2，6，10，15-四甲基十六烷（Crocetane）、双植烷（Biphytane）、2，6，10，15，19-五甲基二十烷（2，6，10，15，19-Pentametylicosane，PMI）和植醇（Phytanol）等（管红香等，2007）。常用硫酸盐还原菌的生物标志物则主要包括二烃基甘油二醚（DGDs）和脂肪酸生物标志化合物（管红香等，2007）。不同类型的ANME古菌所产生的生物标志物也各不相同，其中ANME-1类群的主要生物标志物为GDGTs和极微量的Crocetane；ANME-2类群的主要生物标记物为sn-2-羟基古醇、Crocetane为主；由ANME-3产生的生物标志物主要为含有4～5个双键的不饱和PMIs（Blumenberg et al., 2004；Niemann et al., 2006a）。

4.4 小结

基于国内外关于浅表层水合物的资源探测和环境效应影响评价工作经验，本章在介绍了相关生物地球化学过程基本原理的基础上，从流体、岩石和生物3个学科角度，论述了海洋浅表层水合物赋存区的生物地球化学特征及标志体系。

（1）浅表层水合物赋存区的流体特征及标志包括：上覆海水出现甲烷浓度、DIC浓度高值异常，且DIC碳同位素偏低；低氯度且高D和^{18}O的孔隙流体，或高氯度且低D和^{18}O的孔隙流体，二者分别指示水合物分解和生成过程；沉积物孔隙水中甲烷、DIC、TA和HS^-浓度异常升高，且伴随溶解氧、硫酸盐、钙、镁离子浓度、DIC碳同位素低值，SMTZ界面抬升。

（2）冷泉碳酸盐岩是海底埋藏型天然气水合物形成的重要地质现象，记录了水合物的动态变化、冷泉泄漏历史以及甲烷收支平衡等信息，是保存甲烷渗漏系统信息的最好档案。冷泉碳酸盐岩极低碳稳定同位素组成是识别AOM成因的关键证据，氧同位素（$\delta^{18}O$）可提供碳酸盐沉淀时与之平衡的流体温度以及流体组成的特征。此外，碳酸盐岩中硫酸盐中的硫和氧同位素（$\delta^{34}S_{CAS}$ 和$\delta^{18}O_{CAS}$）也可以作为一种特征识别手段。自生碳酸盐是除原始海相碳酸盐和有机碳以外的第三个主要的全球碳汇，鉴别冷泉碳酸盐岩汇对认识地球表面的碳循环，以及理解碳循环在大气氧演化中的作用，都具有重要意义。目前，冷泉碳酸盐岩的U/Th年代学研究是确定冷泉流体活动触发机制最直接且行之有效的手段。

（3）利用生物群落信息特别是微生物群落特征开展海底甲烷渗漏系统探测，进而为海底天然气水合物勘探提供帮助，是继地质、地球物理、地球化学后新兴的一类天然气水合物勘探技术体系，该技术伴随着深部生物圈的发展兴起开始慢慢壮大起来。在今后的工作中，要不断地探索微生物群落对天然气水合物的响应特征，丰富和完善与天然气水合物相关的微生物群落物种库及基因库，拓展天然气水合物勘查的识别手段。

参考文献

陈多福, 陈先沛, 陈光谦, 2002. 冷泉流体沉积碳酸盐岩的地质地球化学特征[J]. 沉积学报, 20: 34-40.

陈多福, 冯东, 陈光谦, 等, 2005a. 海底天然气渗漏系统演化特征及对形成水合物的影响[J]. 沉积学报, 23: 323-328.

陈多福, 黄永样, 冯东, 等, 2005b. 南海北部冷泉碳酸盐岩和石化微生物细菌及地质意义[J]. 矿物岩石地球学通报, 24: 185-189.

陈忠, 黄奇瑜, 颜文, 等, 2007a. 南海西沙海槽的碳酸盐结壳及其对甲烷冷泉活动的指示意义[J]. 热带海洋学报, 26: 26-33.

陈忠, 杨华平, 黄奇瑜, 等, 2007b. 海底甲烷冷泉特征与冷泉生态系统的群落结构[J]. 热带海洋学报, 26: 73-82.

陈忠, 颜文, 陈木宏, 等, 2007c. 南沙海槽表层沉积自生石膏—黄铁矿组合的成因及其对天然气渗漏的指示意义[J]. 海洋地质与第四纪地质, 27: 91-100.

程俊, 王淑红, 黄怡, 等, 2019. 天然气水合物赋存区甲烷渗漏活动的地球化学响应特征[J]. 海洋科学, 43(5): 13.

冯东, 陈多福, 2008. 黑海西北部冷泉碳酸盐岩的沉积岩石学特征及氧化还原条件的稀土元素地球化学示踪[J]. 现代地质, 22: 390-396.

冯东, 陈多福, 漆亮, 等, 2008. 墨西哥湾Alaminos Canyon冷泉碳酸盐岩地质地球化学特征[J]. 科学通报, 53: 966-974.

冯东, 陈多福, 苏正, 等, 2006. 海底甲烷缺氧氧化与冷泉碳酸盐岩沉淀动力学研究进展[J]. 海洋地质与第四纪地质, 26: 125-131.

冯东, 宫尚桂, 2019. 海底冷泉系统硫的生物地球化学过程及其沉积记录研究进展[J]. 矿物岩石地球化学通报, (6): 11.

葛璐, 蒋少涌, 杨涛, 等, 2011. 南海北部神狐海域冷泉碳酸盐烟囱的甘油醚类生物标志化合物及其碳同位素组成[J]. 科学通报, 56(14): 1124-1131.

耿威, 孙治雷, 吴能友, 等, 2020. 巴伦支海西南部天然气水合物形成与分解影响因素[J]. 海洋地质前沿, 36(9): 12.

管红香, 陈多福, 宋之光, 2007. 冷泉渗漏区海底微生物作用及生物标志化合物[J]. 海洋地质与第四纪地质, 27(5): 75-83.

韩喜球, 杨克红, 黄永样, 2013. 南海东沙东北冷泉流体的来源和性质：来自烟囱状冷泉碳酸盐岩的证据[J]. 科学通报, 19: 85-93.

蒋少涌, 杨涛, 薛紫晨, 等, 2005. 南海北部海区海底沉积物中孔隙水的Cl^-和SO_4^{2-}浓度异常特征及其对天然气水合物的指示意义[J]. 现代地质, 19: 45-54.

孔媛, 雷怀彦, 许江, 等, 2018. 南海北部天然气水合物的形成分解与微生物的偶联关系[J]. 厦门大学学报(自然科学版), 57(6): 768-777.

李鑫, 曹红, 孙治雷, 等, 2021. 生物载体对海底冷泉—热液极端环境的地球化学记录[J]. 海洋地质与第四纪地质, 41(6): 11.

陆红锋, 刘坚, 陈芳, 等, 2005. 南海台西南区碳酸盐岩矿物学和稳定同位素组成特征——天然气水合物存在的主要证据之一[J]. 地学前缘, 12: 268-276.

苏新, 陈芳, 陆红锋, 等, 2008. 南海北部深海甲烷冷泉自生碳酸盐岩显微结构特征与流体活动关系初探[J]. 现代地质, 22: 376-381.

苏新, 陈芳, 于兴河, 等, 2005. 南海陆坡中新世以来沉积物特性与气体水合物分布初探[J]. 现代地质, 19: 1-13.

孙治雷, 何拥军, 李军, 等, 2012. 海洋环境中甲烷厌氧氧化机理及环境效应[J]. 地球科学进展, 27(11): 1262-1273.

佟宏鹏, 冯东, 陈多福, 2012. 南海北部冷泉碳酸盐岩的矿物、岩石及地球化学研究进展[J]. 热带海洋学报, 45-56.

王家生, 林杞, 李清, 等, 2015. 海洋沉积物中AOM成因的自生矿物及其对深时地球古海洋甲烷事件的启示[J]. 第四纪研究, 35(6): 1383-1392.

王淑红, 颜文, 陈忠, 等, 2010. 南海天然气水合物分解的碳同位素证据[J]. 地球科学, (4): 24-30.

邬黛黛, 叶瑛, 吴能友, 等, 2009. 琼东南盆地与甲烷渗漏有关的早期成岩作用和孔隙水化学组分异常[J]. 海洋学报(中文版), 31(02): 86-96.

徐翠玲, 2017. 黑海保加利亚南部陆坡甲烷渗漏及其对海底滑坡的影响[D]. 青岛：中国海洋大学.

薛云松, 黄俊华, 2016. 冷泉沉积研究进展及环境意义[J]. 地质科技情报, 35: 97-104.

杨克红, 初凤友, 赵建如, 等, 2009. 南海北部冷泉碳酸盐岩矿物微形貌及其意义探讨[J]. 矿物学报, 29: 345-352.

赵广涛, 徐翠玲, 张晓东, 等, 2014. 海底沉积物—水界面溶解甲烷渗漏通量原位观测研究进展[J]. 中国海洋大学学报: 自然科学版, 12: 73-81.

周京勇, 刘冬秀, 何池全, 等, 2015. 土壤中甲烷厌氧氧化菌多样性的分子检测[J]. 生态学报, 35(11): 3491-3503.

AHARON P, FU B, 2000. Microbial sulfate reduction rates and sulfur and oxygen isotope fractionations at oil and gas seeps in deepwater Gulf of Mexico[J]. Geochimica et Cosmochimica Acta, 64: 233-246.

ALOISI G, BOULOUBASSI I, HEIJS S K, et al., 2002. CH_4-consuming microorganisms and the formation of carbonate crusts at cold-seeps[J]. Earth and Planetary Science Letters, 203: 195-203.

ALOISI G, PIERRE C, ROUCHY J M, et al., 2000. Methane-related authigenic carbonates of eastern Mediterranean Sea mud volcanoes and their possible relation to gas hydrate destabilization[J]. Earth and

Planetary Science Letters, 184: 321-338.

ANDERSON T F, ARTHUR M A, 1983. Stable Isotopes of Oxygen and Carbon and Their Application to Sedimentologic and Paleoenvironmental Problems[J]. Society for Sedimentary Geology, Stable Isotopes in Sedimentary Geology short course, 10: 1-15.

ANTLER G, TURCHYN A V, HERUT B, et al., 2014. Sulfur and oxygen isotope tracing of sulfate driven anaerobic methane oxidation in estuarine sediments[J]. Estuarine Coastal and Shelf Science, 142: 4-11.

ANTLER G, TURCHYN A V, ONO S, et al., 2017. Combined 34s, 33s and 18o isotope fractionations record different intracellular steps of microbial sulfate reduction[J]. Geochimica Et Cosmochimica Acta, 203: 364-380.

ANTLER G, TURCHYN A V, HERUT B, et al., 2015. A unique isotopic fingerprint of sulfate-driven anaerobic oxidation of methane[J]. Geology, 43: 619-622.

BAKER P A, KASTNER M, 1981. Constraints on the formation of sedimentary dolomite[J]. Science, 213(4504): 214-216.

BAYON G, HENDERSON G M, BOHN M, 2009. U-Th stratigraphy of a cold seep carbonate crust[J]. Chemical Geology, 260: 47-56.

BAYON G, STÉPHANIE DUPRÉ, PONZEVERA E, et al., 2013. Formation of carbonate chimneys in the Mediterranean Sea linked to deep-water oxygen depletion[J]. Nature Geoscience, 6(9):755-760.

BEAL E J, HOUSE C H, ORPHAN V J, 2009. Manganese and iron-dependent marine methane oxidation[J]. Science, 325(5937): 184-187.

BERNHARD J M, BUCK K R, BARRY J P, 2001. Monterey Bay cold-seep biota: assemblages, abundance and ultrastructure of living foraminifera[J]. Deep Sea Research Part Ⅰ: Oceanographic Research Papers, 48(10): 2233-2249.

BLUMENBERG M, SEIFERT R, REITNER J, et al., 2004. Membrane lipid patterns typify distinct anaerobic methanotrophic consortia[J]. Proceedings of the National Academy of Sciences, 101(30): 11111-11116.

BOETIUS A, ORCUTT B N, et al., 2004. The anaerobic oxidation of methane and sulfate reduction in sediments from Gulf of Mexico cold seeps[J]. Chemical Geology, 205: 219-238.

BOETIUS A, WENZHÖFER F, 2013. Seafloor oxygen consumption fuelled by methane from cold seeps[J]. Nature Geoscience, 6(9): 725-734.

BOHRMANN G, GREINERT J, SUESS E, et al., 1998. Authigenic carbonates from the cascadia subduction zone and their relation to gas hydrate stability[J]. Geology, 26(7): 647-650.

BOROWSKI W S, 2004. A review of methane and gas hydrates in the dynamic, stratified system of the Blake Ridge region, offshore southeastern North America[J]. Chemical Geology, 205(3-4): 311-346.

BTTCHER M E, MART Y, BRUMSACK H J, 1998. Data Report: Geochemistry of Pliocene and Miocene carbonates from the Eratosthenes Seamount (Site 965)[R]. In: Robertson, A H F, Emeis K C, Richter C, et al., (Eds.) Ocean Drliilng program: procceeding, Scientific results, 160: 447-451.

BUERK D, KLAUCKE I, SAHLING H, et al., 2010. Morpho-acoustic variability of cold seeps on the continental slope offshore Nicaragua: Result of fluid flow interaction with sedimentary processes[J]. Marine Geology, 275: 53-65.

BURTON E A, 1993. Controls on marine carbonate cement mineralogy: review and reassessment[J]. Chemical Geology, 105(1-3): 163-179.

CAMBON-BONAVITA M A, NADALIG T, ROUSSEL E, et al., 2009. Diversity and distribution of methane-oxidizing microbial communities associated with different faunal assemblages in a giant pockmark of the Gabon continental margin[J]. Deep Sea Research Part Ⅱ: Topical Studies in Oceanography, 56: 2248-2258.

CAMPBELL K, 2006. Hydrocarbon seep and hydrothermal vent paleoenvironments and paleontology: Past developments and future research directions[J]. Palaeogeography Palaeoclimatology Palaeoecology, 232: 362-407.

CAMPBELL K, FARMER J, DES MARAIS D, 2010. Ancient hydrocarbon seeps from the Mesozoic convergent margin of California: carbonate geochemistry, fluids and palaeoenvironments[J]. Geofluids, 2(2): 63-94.

CAO H, SUN Z, WU N, et al., 2020. Mineralogical and geochemical records of seafloor cold seepage history in the Northern Okinawa Trough, East China Sea[J]. Deep Sea Research Part I: Oceanographic Research Papers, 155: 103165.

CASTANIER S, MÉTAYER-LEVREL G, PERTHUISOT J, 1999. Ca-carbonates precipitation and limestone genesis — the microbiogeologist point of view[J]. Sedimentary Geology, 126: 9-23.

CATLING D C, CLAIRE M W, 2005. How Earth's atmosphere evolved to an oxic state: a status report[J]. Earth and Planetary Science Letters, 237: 1-20.

CAVAGNA S, CLARI P, MARTIRE L, 1999. The role of bacteria in the formation of cold seep carbonates geological evidence from Monferrato (Tertiary, NW Italy)[J]. Sedimentary Geology, 126: 253-270.

CHAND S, RISE L, OTTESEN D, et al., 2009. Pockmark-like depressions near the Goliat hydrocarbon field, Barents Sea: Morphology and genesis[J]. Marine and Petroleum Geology, 26: 1035-1042.

CHEN D F, LIU Q, ZHANG Z, et al., 2007. Biogenic fabrics in seep carbonates from an active gas vent site in Green Canyon Block 238, Gulf of Mexico[J]. Marine and Petroleum Geology, 24: 313-320.

CHEN D, HUANG Y, YUAN X, et al., 2005. Seep carbonates and preserved methane oxidizing archaea and sulfate reducing bacteria fossils suggest recent gas venting on the seafloor in the Northeastern South

China Sea[J]. Marine and Petroleum Geology, 22: 613-621.

CHEN Y, XU C, WU N, et al., 2022. Diversity of anaerobic methane oxidizers in the cold seep sediments of the Okinawa Trough[J]. Frontiers in Microbiology, 13: 819187.

CHUANG P, FRANK T, WALLMANN K, et al., 2019. Carbon isotope exchange during anaerobic oxidation of methane (AOM) in sediments of the northeastern South China Sea[J]. Geochimica Et Cosmochimica Acta, 246: 138-155.

COLLETT T, 2002. Energy resource potential of natural gas hydrates[J]. Aapg Bulletin, 86: 1971-1992.

CRANSTON R E, 1999. Pore-water geochemistry, JAPEX/JNOC/GSC Mallik 2L-38 gas hydrate research well[J]. Geological Survey of Canada Bullet, 544: 165-175.

CRÉMIÈRE A, PIERRE C, BLANC-VALLERON M M, et al., 2012. Methane-derived authigenic carbonates along the North Anatolian fault system in the Sea of Marmara (Turkey)[J]. Deep Sea Research Part I: Oceanographic Research Papers, 66: 114-130.

CRÉMIÈRE A, LEPLAND A, CHAND S, et al., 2016. Fluid source and methane-related diagenetic processes recorded in cold seep carbonates from the Alvheim channel, central North Sea[J]. Chemical Geology, 432: 16-33.

CRUTCHLEY G J, KLAESCHEN D, PLANERT L, et al., 2014. The impact of fluid advection on gas hydrate stability: investigations at sites of methane seepage offshore costa rica[J]. Earth and Planetary Science Letters, 401: 95-109.

CUI H, SU X, CHEN F, et al., 2019. Microbial diversity of two cold seep systems in gas hydrate-bearing sediments in the South China Sea[J]. Marine environmental research, 144: 230-239.

DÄHLMANN A, LANGE G J D, 2003. Fluid-sediment interactions at Eastern Mediterranean mud volcanoes: a stable isotope study from ODP Leg 160[J]. Earth and Planetary Science Letters, 212: 377-391.

DANDO P R, HOVLAND M, 1992. Environmental effects of submarine seeping natural gas[J]. Continental Shelf Research, 12: 1197-1207.

DONG X, GREENING C, RATTRAY J E, et al., 2019. Metabolic potential of uncultured bacteria and archaea associated with petroleum seepage in deep-sea sediments[J]. Nature communications, 10: 1-12.

DONG X, RATTRAY J, CAMPBELL D, et al., 2020. Thermogenic hydrocarbon biodegradation by diverse depth-stratified microbial populations at a Scotian Basin cold seep[J]. Nature Communications, 11: 5825.

DUPLESSY J C, LABEYRIE L, WAELBROECK C, 2002. Constraints on the ocean oxygen isotopic enrichment between the Last Glacial Maximum and the Holocene: Paleoceanographic implications[J]. Quaternary Science Reviews, 21: 315-330.

EHRLICH H L, 2002. Microbial formation and degrafation of carbonates[J]. In: Dekker M(Eds.) Geomicrobiology, New York, 183-228.

FAURE K, GREINERT J, DEIMLING J, et al., 2010. Methane seepage along the Hikurangi Margin of New Zealand: Geochemical and physical data from the water column, sea surface and atmosphere[J]. Marine Geology, 272(1-4):170-188.

FENG D, CHEN D, PECKMANN J, et al., 2010. Authigenic carbonates from methane seeps of the northern Congo fan: Microbial formation mechanism[J]. Marine and Petroleum Geology, 27: 748-756.

FENG D, CORDES E E, ROBERTS H H, et al., 2013. A comparative study of authigenic carbonates from mussel and tubeworm environments: Implications for discriminating the effects of tubeworms[J]. Deep Sea Research Part I Oceanographic Research Papers, 75: 110-118.

FENG D, CHEN D, 2015. Authigenic carbonates from an active cold seep of the northern South China Sea: new insights into fluid sources and past seepage activity[J]. Deep Sea Research Part Ⅱ: Topical Studies in Oceanography, 122: 74-83.

FENG D, PENG Y B, BAO H M, et al., 2016. A carbonate-based proxy for sulfate-driven anaerobic oxidation of methane[J]. Geology, 44: 999-1002.

FENG D, QIU J W, HU Y, et al., 2018. Cold seep systems in the South China Sea: An overview[J]. Journal of Asian Earth Sciences, 168: 3-16.

FRITZ P, FONTES J C, FRAPE S K, et al., 1989. The isotope geochemistry of carbon in groundwater at stripa[J]. Geochimica Et Cosmochimica Acta, 53(8): 1765-1775.

GAUCHER C F, RIMMEL H E, GERMS G, et al., 2009. Neoproterozoic to cambrian tectonic, global change and evolution: a focus on southwestern gondwana[J]. In: Gaucher C, Sial A N, Frimmel et al., (Eds.) Developments in Precambrian Geology, 16: 1-466.

GE L, CHEN W, ZHU B, et al., 2020. Sr and Nd isotopes of cold seep carbonates from the northern South China sea as proxies for fluid sources[J]. Marine and Petroleum Geology, 115: 104284.

GE L, JIANG S, SWENNEN R, et al., 2010. Chemical environment of cold seep carbonate formation on the northern continental slope of South China Sea: Evidence from trace and rare earth element geochemistry[J]. Marine Geology, 277: 21-30.

GIESKES J, MAHN C, DA Y S, et al., 2005. A study of the chemistry of pore fluids and authigenic carbonates in methane seep environments: kodiak trench, hydrate ridge, monterey bay, and eel river basin[J]. Chemical Geology, 220(3-4): 329-345.

GIRGUIS P R, COZEN A E, DELONG E F, 2005. Growth and population dynamics of anaerobic methane-oxidizing archaea and sulfate-reducing bacteria in a continuous-flow bioreactor[J]. Applied and environmental microbiology, 71(7): 3725-3733.

georgia, eastern black sea[J]. Marine Geology, 231(1-4): 51-67.

KLAUCKE I, WEINREBE W, LINKE P, et al., 2012. Sidescan sonar imagery of widespread fossil and active cold seeps along the central Chilean continental margin[J]. Geo-Marine Letters, 32: 489-499.

KLAUCKE I, WEINREBE W, PETERSEN C J, et al., 2010. Temporal variability of gas seeps offshore New Zealand: Multi-frequency geoacoustic imaging of the Wairarapa area, Hikurangi margin[J]. Marine Geology, 272: 49-58.

KNITTEL K, BOETIUS A, 2009. Anaerobic oxidation of methane: progress with an unknown process[J]. Annual review of microbiology, 63(1): 311-334.

KNITTEL K, BOETIUS A, LEMKE A, et al., 2003. Activity, distribution, and diversity of sulfate reducers and other bacteria in sediments above gas hydrate (Cascadia Margin, Oregon)[J]. Geomicrobiology Journal, 20(4): 269-294.

KNITTEL K, LOESEKANN T, BOETIUS A, et al., 2005. Diversity and distribution of methanotrophic archaea at cold seeps[J]. Applied and environmental microbiology, 71: 467-479.

KONG Y, LEI H, ZHANG Z, et al., 2021. Depth profiles of geochemical features, geochemical activities and biodiversity of microbial communities in marine sediments from the Shenhu area, the northern South China Sea[J]. Science of The Total Environment, 779: 146233.

KOPF A J, 2002. Significance of mud volcanism[J]. Reviews Of Geophysics, 40:1-52.

KUTTEROLF S, LIEBETRAU V, MRZ T, et al., 2008. Lifetime and cyclicity of fluid venting at forearc mound structures determined by tephrostratigraphy and radiometric dating of authigenic carbonates[J]. Geology, 36(9): 707-710.

KVENVOLDEN K A, 1985. Comparison of marine gas hydrates in sediments of an active and passive continental margin[J]. Marine and Petroleum Geology, 2(1): 65-71.

KVENVOLDEN K A, BARNARD L A, 1983. Gas hydrates of the Blake Outer Ridge, site 533, Deep Sea Drilling Project Leg 76, Init. Rep. DSDP 76: 353-366.

KVENVOLDEN K A, KASTNER M, 1990. Gas Hydrates of the Peruvian Outer Continental Margin[R]. In. Suess E, von Huene, R., et al., Proc. ODP Sci. Results, 112: College Station, Texas (Ocean Drilling Program).

LAW C S, NODDER S D, MOUNTJOY J J, et al., 2010. Geological, hydrodynamic and biogeochemical variability of a New Zealand deep-water methane cold seep during an integrated three-year time-series study[J]. Marine Geology, 272: 189-208.

LEONTE M, KESSLER J D, KELLERMANN M Y, et al., 2017. Rapid rates of aerobic methane oxidation at the feather edge of gas hydrate stability in the waters of Hudson Canyon, U.S. Atlantic margin[J]. Geochimica et Cosmochimica Acta, 204: 375-387.

LIEBETRAU V, AUGUSTIN N, KUTTEROLF S, et al., 2014. Cold-seep-driven carbonate deposits at the central american forearc: contrasting evolution and timing in escarpment and mound settings[J]. International Journal of Earth Sciences, 103(7): 1845-1872.

LITH Y V, WARTHMANN R, VASCONCELOS C, et al., 2003. Microbial fossilization in carbonate sediments: a result of the bacterial surface involvement in dolomite precipitation[J]. Sedimentology, 50: 237-245.

LÖSEKANN T, KNITTEL K, NADALIG T, et al., 2007. Diversity and abundance of aerobic and anaerobic methane oxidizers at the Haakon Mosby Mud Volcano, Barents Sea[J]. Applied and environmental microbiology, 73(10): 3348-3362.

LUFF R, WALLMANN K, 2003. Fluid flow, methane fluxes, carbonate precipitation and biogeochemical turnover in gas hydrate-bearing sediments at Hydrate Ridge, Cascadia Margin: numerical modeling and mass balances[J]. Geochimica et Cosmochimica Acta, 67: 3403-3421.

LUFF R, WALLMANN K, ALOISI G. 2004. Roger Luff, Klaus Wallmann, Giovanni Aloisi. 2004. Numerical modeling of carbonate crust formation at cold vent sites: significance for fluid and methane budgets and chemosynthetic biological communities[J]. Earth and Planetary Science Letters, 221:337-353.

MAEKAWA T, 2004. Experimental study on isotopic fractionation in water during gas hydrate formation[J]. Geochemical Journal, 38(2): 129-138.

MAGALHÃES V H, PINHEIRO L M, IVANOV M K, et al., 2012. Formation processes of methane-derived authigenic carbonates from the Gulf of Cadiz[J]. Sedimentary Geology, 243: 155-168.

MANSOUR A, SASSEN R, 2011. Mineralogical and stable isotopic characterization of authigenic carbonate from a hydrocarbon seep site, Gulf of Mexico slope: Possible relation to crude oil degradation[J]. Marine Geology, 281: 59-69.

METCALFE K S, MURALI R, MULLIN S W, et al., 2021. Experimentally-validated correlation analysis reveals new anaerobic methane oxidation partnerships with consortium-level heterogeneity in diazotrophy[J]. The ISME journal, 15(2): 377-396.

MICHAELIS W, SEIFERT R, NAUHAUS K, et al., 2002. Microbial reefs in the Black Sea fueled by anaerobic oxidation of methane[J]. Science, 297(5583): 1013-1015.

MORSE J W, WANG Q W, TSIO M Y, 1997. Influences of temperature and Mg:Ca ratio on $CaCO_3$ precipitates from seawater[J]. Geology, 25: 85-87.

MOZLEY P S, 1996. The internal structure of carbonate concretions in mudrocks: a critical evaluation of the conventional concentric model of concretion growth[J]. Sedimentary Geology, 103: 85-91.

MURRELL J C, 2010. The aerobic methane oxidizing bacteria (methanotrophs)[M]. In: Timmis, K N (eds) Handbook of Hydrocarbon and Lipid Microbiology. Berlin, Heidelberg: Springer, 1953-1966.

NAEHR T H, BIRGEL D, BOHRMANN G, et al., 2009. Biogeochemical controls on authigenic carbonate formation at the Chapopote "asphalt volcano", Bay of Campeche[J]. Chemical Geology, 266: 390-402.

NELSON D C, WIRSEN C O, JANNASCH H W, 1989. Characterization of large, autotrophic Beggiatoa spp. abundant at hydrothermal vents of the guaymas basin[J]. Applied and environmental microbiology, 55 (11): 2909-2917.

NIEMANN H, DUARTE J, HENSEN C, et al., 2006a. Microbial methane turnover at mud volcanoes of the Gulf of Cadiz[J]. Geochimica et Cosmochimica Acta, 70(21): 5336-5355.

NIEMANN H, LÖSEKANN T, DE BEER D, et al., 2006b. Novel microbial communities of the Haakon Mosby mud volcano and their role as a methane sink[J]. Nature, 443(7113): 854-858.

NIU M, FAN X, ZHUANG G, et al., 2017. Methane-metabolizing microbial communities in sediments of the Haima cold seep area, northwest slope of the South China Sea[J]. FEMS Microbiology Ecology, 93(9): 101.

NÖTHEN K, KASTEN S, 2011. Reconstructing changes in seep activity by means of pore water and solid phase Sr/Ca and Mg/Ca ratios in pockmark sediments of the northern congo fan[J]. Marine Geology, 287(1-4): 1-13.

NOUZÉ H, BALTZER A, 2003. Shallow bottom-simulating reflectors on the Angola margin, in relation with gas and gas hydrate in the sediments, in Van Rensbergen P, Hillis R R, Maltman AJ and Morley C K (Eds.), Special publication for the geological Society of London about subsurface sediment mobilization from Subsurface mobilization, 216: 191-206.

NOVIKOVA S A, SHNYUKOV Y F, SOKOL E V, et al., 2015. A methane-derived carbonate build-up at a cold seep on the crimean slope, north-western black sea[J]. Marine Geology, 363: 160-173.

OLU K, CAPRAIS J C, GALÉRON J, et al., 2009. Influence of seep emission on the non-symbiont-bearing fauna and vagrant species at an active giant pockmark in the Gulf of Guinea (Congo-Angola margin)[J]. Deep Sea Research Part Ⅱ: Topical Studies in Oceanography, 56: 2380-2393.

ORPHAN V J, HOUSE C H, HINRICHS K U, et al., 2002. Multiple archaeal groups mediate methane oxidation in anoxic cold seep sediments[J]. Proceedings of the National Academy of Sciences of the United States of America, 99(11): 7663-7668.

PARMENTIER F J W, CHRISTENSEN T R, 2013. Arctic: speed of methane release[J]. Nature, 500(7464): 529.

PAULL C K, 1996. Gas hydrate sampling on the Blake ridge and Carolina rise[R]. PROC ODO Initial Reports College Station Tx:1-72.

PAYTAN A, MEARON S, COBB K, et al., 2002. Origin of marine barite deposits Sr and S isotope characterization[J]. Geology, 30: 747-750.

PECKMANN J, REIMER A, LUTH U, et al., 2001. Methane-derived carbonates and authigenic pyrite from the northwestern Black Sea[J]. Marine Geology, 177: 129-150.

PECKMANN J, THIEL V, 2004. Carbon cycling at ancient methane-seeps[J]. Chemical Geology, 205(3-4): 443-467.

PENG X, GUO Z, CHEN S, et al., 2017. Formation of carbonate pipes in the northern Okinawa Trough linked to strong sulfate exhaustion and iron supply[J]. Geochimica et Cosmochimica Acta, 205: 1-13.

PIERRE C, IMBERT P, MASCLE J, 2014. Contributions from the 11th international conference on gas in marine sediments, Nice 2011[J]. Geo-Marine Letters, 34: 85-87.

PILCHER R, ARGENT J, 2007. Mega-pockmarks and linear pockmark trains on the West African continental margin[J]. Marine Geology, 244(1-4): 15-32.

PIMENOV N V, SAVVICHEV A S, RUSANOV I, et al., 2000. Microbiological processes of the carbon and sulfur cycles at cold methane seeps of the North Atlantic[J]. Microbiology, 69 (6): 709-720.

PLAZA-FAVEROLA A, KLAESCHEN D, BARNES P, et al., 2013. Evolution of fluid expulsion and concentrated hydrate zones across the southern hikurangi subduction margin, New Zealand: an analysis from depth migrated seismic data[J]. Geochemistry Geophysics Geosystems, 13(8). Q08018.

POHLMAN J W, RIEDEL M, BAUER J E, et al., 2013. Anaerobic methane oxidation in low-organic content methane seep sediments[J]. Geochimica et Cosmochimica Acta, 108: 184-201.

RATHBURN A E, PÉREZ M E, MARTIN J B, et al., 2003. Relationships between the distribution and stable isotopic composition of living benthic foraminifera and cold methane seep biogeochemistry in Monterey Bay, California[J]. Geochemistry, Geophysics, Geosystems, 4(12): 1106.

REEBURGH W, 2007. Oceanic Methane Biogeochemistry[J]. Chemical Reviews, 107: 486-451.

REES C, JENKINS W, MONSTER J, 1978. The sulphur isotopic composition of oceanic water sulphate[J]. Geochimica et Cosmochimica Acta, 42: 377-381.

RENNIE V, TURCHYN A V, 2014. The preservation of $\delta^{34}S_{SO_4}$ and $\delta^{18}O_{SO_4}$ in carbonate-associated sulfate during marine diagenesis: a 25 myr test case using marine sediments[J]. Earth and Planetary Science Letters, 395: 13-23.

RENSBERGEN V P, BATIST D M, 2002. Sublacustrine mud volcanoes and methane seeps caused by dissociation of gas hydrates in Lake Baikal[J]. Geology, 30: 631-634.

ROALKVAM I, JØRGENSEN S L, CHEN Y, et al., 2011. New insight into stratification of anaerobic methanotrophs in cold seep sediments[J]. FEMS microbiology ecology, 78(2): 233-243.

ROBERTS H H, FENG D, JOYE S B, 2010. Cold-seep carbonates of the middle and lower continental slope, northern gulf of mexico[J]. Deep Sea Research Part II Topical Studies in Oceanography, 57(21-23): 2040-2054.

ROBERTS Z, MELDRUM F, PANCOST R, 2008. The archaeal lipid composition of partially lithified cold seep mats[J]. Organic Geochemistry, 39: 1000-1006.

SAHLING H, MASSON D G, RANERO C R, et al., 2008. Fluid seepage at the continental margin offshore Costa Rica and southern Nicaragua[J]. Geochemistry Geophysics Geosystems, 9: 620-628.

SASSEN R, ROBERTS H H, CARNEY R, et al., 2004. Free hydrocarbon gas, gas hydrate, and authigenic minerals in chemosynthetic communities of the northern Gulf of Mexico continental slope: relation to microbial processes[J]. Chemical Geology, 205: 195-217.

SAUER S, ANTOINE CRÉMIÈRE, KNIES J, et al. 2017. U-Th chronology and formation controls of methane-derived authigenic carbonates from the Hola trough seep area, northern Norway. Chemical Geology, 470: 164-179.

SAUTER E J, MUYAKSHIN S I, CHARLOU J L, et al., 2006. Methane discharge from a deep-sea submarine mud volcano into the upper water column by gas hydrate-coated methane bubbles[J]. Earth and Planetary Science Letters, 243(3-4): 354-365.

SAVINI A, MALINVERNO E, ETIOPE G, et al., 2009. Shallow seep-related seafloor features along the Malta plateau (Sicily channel-Mediterranean Sea): Morphologies and geo-environmental control of their distribution[J]. Marine and Petroleum Geology, 26: 1831-1848.

SCHRAG D, HIGGINS P, JOHN A, 2013. Authigenic carbonate and the history of the global carbon cycle[J]. Science, 339 (6119): 540-543.

Schulz H N, Jorgensen B B, Fossing H A, et al., 1996. Community structure of filamentous, sheath-building sulfur bacteria, Thioploca spp., off the coast of Chile[J]. Applied and environmental microbiology, 62 (6): 1855-1862.

SHEPPARD S, GILG H, 1996. Stable isotope geochemistry of clay minerals[J]. Clay Minerals, 31: 1-24.

SOLOMON E A, KASTNER M, MACDONALD I R, et al., 2009. Considerable methane fluxes to the atmosphere from hydrocarbon seeps in the Gulf of Mexico[J]. Nature Geoscience, 2: 561-565.

SOMMER S, PFANNKUCHE O, LINKE P, et al., 2006. Efficiency of the benthic filter: Biological control of the emission of dissolved methane from sediments containing shallow gas hydrates at Hydrate Ridge[J]. Global Biogeochemical Cycles, 20(2):1-14.

STAKES D S, ORANGE D, PADUAN J B, et al., 1999. Cold-seeps and authigenic carbonate formation in Monterey Bay, California[J]. Marine Geology, 159: 93-109.

SUESS E, TORRES M E, BOHRMANN G, et al., 1999. Gas hydrate destabilization: enhanced dewatering, benthic material turnover and large methane plumes at the Cascadia convergent margin[J]. Earth and Planetary Science Letters, 170: 1-15.

SUESS E, 2014. Marine cold seeps and their manifestations: geological control, biogeochemical criteria and environmental conditions[J]. International Journal of Earth Sciences, 103: 1889-1916.

SUN Z, WU N, CAO H, et al., 2019. Hydrothermal metal supplies enhance the benthic methane filter in oceans: an example from the okinawa trough[J]. Chemical Geology, 525: 190-209.

SUN Z, WEI H, ZHANG X, et al., 2015. A unique Fe-rich carbonate chimney associated with cold seeps in the Northern Okinawa Trough, East China Sea[J]. Deep Sea Research Part Ⅰ: Oceanographic Research Papers, 95: 37-53.

TAKEUCHI R, MATSUMOTO R, OGIHARA S, et al., 2007. Methane-induced dolomite "chimneys" on the Kuroshima Knoll, Ryukyu islands, Japan[J]. Journal of Geochemical Exploration, 95: 16-28.

TAYLOR K G, CURTIS C D, 1995. Stability and facies association of early diagenetic mineral assemblages; an example from a Jurassic ironstone-mudstone succession, U.K[J]. Journal of Sedimentary Research, 65: 358-368.

TEICHERT B M A, BOHRMANN G, SUESS E, 2005. Chemoherms on Hydrate Ridge-Unique microbially-mediated carbonate build-ups growing into the water column[J]. Palaeogeography, Palaeoclimatology, Palaeoecology, 227: 67-85.

TEICHERT B M A, EISENHAUER A, BOHRMANN G, et al., 2003. U/Th Systematics and ages of authigenic carbonates from Hydrate Ridge, Cascadia Margin: Recorders of fluid flow variations[J]. Geochimica et Cosmochimica Acta, 67: 3845-3857.

THAMDRUP B O, CANFIELD D E, 1996. Pathways of carbon oxidation in continental margin sediments off central Chile[J]. Limnology and oceanography, 41(8): 1629-1650.

THIEL V, PECKMANN J, SEIFERT R, et al., 1999. Highly isotopically depleted isoprenoids: molecular markers for ancient methane venting[J]. Geochimica et Cosmochimica Acta, 63(23-24): 3959-3966.

TIMMERS P H A, WIDJAJA-GREEFKES H C, PLUGGE C M, et al., 2017. Evaluation and optimization of PCR primers for selective and quantitative detection of marine ANME subclusters involved in sulfate-dependent anaerobic methane oxidation[J]. Applied microbiology and biotechnology, 101(14): 5847-5859.

TONG H, FENG D, CHENG H, et al., 2013. Authigenic carbonates from seeps on the northern continental slope of the South China Sea: New insights into fluid sources and geochronology[J]. Marine and Petroleum Geology, 43: 260-271.

TREHU A M, BOHRMANN G, RACK F R, et al., 2003. Gas hydrate distribution and dynamics beneath southern Hydrate Ridge: ODP Leg 204[R].

TREUDE T, NIGGEMANN J, KALLMEYER J, et al., 2005. Anaerobic oxidation of methane and sulfate reduction along the Chilean continental margin[J]. Geochimica et Cosmochimica Acta, 69: 2767-2779.

TREUDE T, ORPHAN V, KNITTEL K, et al., 2007. Consumption of methane and CO_2 by methanotrophic microbial mats from gas seeps of the anoxic Black Sea[J]. Applied and environmental microbiology, 73(7): 2271-2283.

UREY H C, 1947. The thermodynamic properties of isotopic substances[J]. Quarterly Journal of the Chemical Society of London, 562-581.

USSLER Ⅲ W, PAULL C K, 1995. Effects of ion exclusion and isotopic fractionation on pore water geochemistry during gas hydrate formation and decomposition[J]. Geo-Mar Lett, 15: 37-44.

VAN DOVER C L, AHARON P, BERNHARD J M, et al., 2003. Blake Ridge methane seeps: characterization of a soft-sediment, chemosynthetically based ecosystem[J]. Deep Sea Research Part Ⅰ: Oceanographic Research Papers, 50: 281-300.

VAN RENSBERGEN P, DE BATIST M, KLERKX J, et al., 2002. Sublacustrine mud volcanoes and methane seeps caused by dissociation of gas hydrates in Lake Baikal. Geology, 30: 631-634.

VIGNERON A, CRUAUD P, PIGNET P, et al., 2013. Archaeal and anaerobic methane oxidizer communities in the Sonora Margin cold seeps, Guaymas Basin (Gulf of California)[J]. ISME Journal, 7(8): 1595-1608.

WALLMANN K, DREWS M, ALOISI G, et al., 2006. Methane discharge into the Black Sea and the global ocean via fluid flow through submarine mud volcanoes[J]. Earth and Planetary Science Letters, 248: 544-559.

WANG L, SUN Z, CAO H, et al., 2021. A new method for the U/Th dating of a carbonate chimney deposited during the last glaciation in the northern Okinawa Trough, East China Sea[J]. Quaternary Geochronology, 66: 101199.

WANG X, BAYON G, KIM J, et al., 2019. Trace element systematics in cold seep carbonates and associated lipid compounds[J]. Chemical Geology, 528: 1-18.

WANKEL S D, HUANG Y W, GUPTA M, et al., 2012. Characterizing the distribution of methane sources and cycling in the deep sea via in situ stable isotope analysis[J]. Environmental Science and Technology, 47(3), 1478-1486.

WATANABE Y, NAKAISI, HIRUTA A, et al., 2008. U/Th dating of carbonate nodules from methane seeps off Joetsu, Eastern Margin of Japan Sea[J]. Earth and Planetary Science Letters, 272: 89-96.

WEBER F, GAUTHIER-LAFAYE F, 2013. No proof from carbon isotopes in the francevillian (gabon) and onega (fennoscandian shield) basins of a global oxidation event at 1980—2090 ma following the great oxidation event (GOE)[J]. Comptes Rendus Geosciences, 345(1): 28-35.

WHITICAR M J, 1999. Carbon and hydrogen isotope systematics of bacterial formation and oxidation of methane[J]. Chemical Geology, 161: 291-314.

XU C, WU N, SUN Z, et al., 2020. Assessing methane cycling in the seep sediments of the mid-Okinawa

Trough: Insights from pore-water geochemistry and numerical modeling[J]. Ore Geology Reviews 129(8): 103909.

XU S, SUN Z, GENG W, et al., 2022. Advance in Numerical Simulation Research of Marine Methane Processes[J]. Frontious in Earth Science 10:891393.

YANAGAWA K, SUNAMURA M, LEVER M A, et al., 2011. Niche separation of methanotrophic archaea (ANME-1 and ANME-2) in methane-seep sediments of the eastern Japan Sea offshore Joetsu[J]. Geomicrobiology Journal, 28(2): 118-129.

YANG S, LV Y, LIU X, et al., 2020. Genomic and enzymatic evidence of acetogenesis by anaerobic methanotrophic archaea[J]. Nature communications, 11(1): 1-11.

ZHANG L, ZHANG Q, HU X, 2012. Laboratory dissolution test on dolomite and its micro-dissolution mechanism[J]. Journal of engineering geology, 20: 576-584.

ZHANG T, XIAO X, CHEN S, et al., 2020. Active Anaerobic Archaeal Methanotrophs in Recently Emerged Cold Seeps of Northern South China Sea[J]. Frontiers in Microbiology, 11:612135.

ZHAO Y, XU T, LAW Y S, et al., 2020. Ecological characterization of cold-seep epifauna in the South China Sea[J]. Deep Sea Research Part Ⅰ: Oceanographic Research Papers, 163: 103361.

第 5 章

浅表层水合物赋存的地质特征

浅表层水合物以其赋存深度浅（小于100 m）、厚度大、矿体规模比较集中的独特特点，常赋存于泥火山、泥底辟、气烟囱、麻坑以及断层发育等特殊地质构造中（Matsumoto et al., 2017a；Matsumoto et al., 2017b；Pape et al., 2020；Sahling et al., 2008；Snyder et al., 2020），由于上述特殊构造的发育，有效的连通和促使深层富烃类流体直达海底浅层，因而浅表层水合物常伴随海底裸露的天然气水合物、甲烷气体羽状流、海底冷泉生物群落、高热流背景特征以及潜在的深层流体超压（Boswell and Collett, 2006；Lin et al., 2017；Matsumoto et al., 2017a；Matsumoto et al., 2017b；Pape et al., 2014；Seol and Lee, 2013；Snyder et al., 2020；Thomas et al., 2002；Tomaru et al., 2016）。相比于赋存于砂质、泥质储层中的扩散型天然气水合物，与泥火山、气烟囱、麻坑等构造伴生的浅表层水合物也是一种重要的天然气水合物赋存类型，其赋存的碳储量约为全球天然气水合物的1%～10%（Seol and Lee, 2013），虽然储量相比于扩散型水合物较少（Boswell and Collett, 2006；Boswell et al., 2012），但是由于浅表层水合物极为富集，且赋存深度较浅，也被认为是一种具有重要前景的水合物资源（Haacke et al., 2009），因为其对温压场条件的变化较为敏感，因而，随着开采技术的发展与进步，浅表层水合物将会是一种重要的水合物开采类型（卜庆涛等, 2019），但是由于浅表层水合物储层深度较浅，且饱和度较高，因而开采过程中的工程地质灾害、海底稳定性以及环境影响等均是重要的因素（Boswell and Collett, 2006；Seol and Lee, 2013；Yoneda et al., 2019）。浅表层水合物资源调查是天然气水合物资源勘查的重要组成部分，同时对深水地质灾害预测和评价、气候变化等都具有重要的指导意义。

随着全球天然气水合物调查进程的加快和调查区域的拓展，浅表层水合物的发现也越来越多。墨西哥湾是最早发现浅表层水合物的区域之一，也是浅表层水合物较为富集且分布范围较广的区域（Brooks et al., 1986；Brooks et al., 1984；MacDonald et al., 1994），在水深530～560 m的陆坡区域，通过重力活塞取样获取浅表层热解成因甲烷形成的天然气水合物，由于深部地层中盐构造活动的影响，形成了大量的断层和断裂体系，为深部油气伴生的热解成因烃类气体向上运移提供了重要的通道（Brooks et al., 1984）。而自2017年以来，日本海东侧发现的厚层状浅表层水合物在揭示其重要的研究意义的同时，也证实了浅表层水合物具有重要的资源价值（Matsumoto et al., 2017a），单个气烟囱构造赋存的浅表层水合物甲烷含量高达6×10^{8} m^3，而此类的气烟囱以及麻坑构造在日本海周围发现了1 742个，呈现极高的资源前景（Matsumoto et al., 2017a）。除此之外，与日本海相邻的韩国郁陵盆地（Seol and Lee, 2013），鄂霍次克海（栾锡武等, 2008），南海海槽（Pape et al., 2014），以及冲绳海槽南部（Lin et al., 2017），南海东沙海域（Wang et al., 2018）等沿太平洋板块、菲律宾海板块与欧亚板块俯冲增生沟–弧–盆体系中均发现了浅表层水合物。

浅表层水合物因其似海底反射（BSR）不明显，又因其通常与海底冷泉活动密切相关，因此，海底地形地貌特征和水下成像技术，结合地球化学调查，是浅表层水合物勘探的有效手段。由于浅表层水合物常与麻坑、泥火山、泥底辟等海底地貌有关，因此利用多波束测深、侧扫声呐、浅地层剖面仪等海底微地貌探测、声学深拖等技术，可有效识别海底浅表层水合物。在鄂霍次克海海域，使用船载回声测深仪系统识别了大量的羽状流，并发现大量浅表层水合物，揭示了浅表层水合物与冷泉流体活动具有密切的相关性（Sahling et al., 2003）。在台西南盆地，使用深拖、摄像系统揭示海底与水合物有关特征，确定了麻坑、冷泉、羽状流等水合物有关特征的位置，有效识别了甲烷自深部地层的运移路径。海底电视摄像技术和水下机器人等海底成像技术也是浅表层水合物勘探的重要手段。在台西南盆地，使用JAMSTEC和Polaris ROV系统，获取的影像资料指示了近海底沉积物中浅表层水合物的存在。高分辨率地震也是浅表层水合物勘探的重要手段，在鄂霍次克海、日本海等区域，使用高分辨率地震均发现了大量浅表层水合物赋存以及其赋存的地质构造（Matsumoto et al., 2017a；Matsumoto et al., 2017b）。

随着浅表层水合物在全球各个海域越来越多地被发现，其聚集成藏要素和过程也被证实与中深层扩散型天然气水合物有诸多不同之处。为了系统地揭示浅表层水合物成藏过程中特殊构造因素的控制与影响，本章总结、归纳前人在不整合、泥火山、气烟囱和麻坑等特殊构造影响下浅表层水合物成藏的新认识，以期将上述沉积作用和构造活动影响下的流体运移、地质过程等成藏要素进行总结，揭示泥火山、气烟囱和麻坑等特殊构造对浅表层水合物成藏的控制与影响。

5.1 不整合圈闭影响下浅表层水合物赋存特征

理论上讲，沉积作用与浅表层水合物的成藏关系较为微弱，并不能像构造活动影响浅表层水合物形成那么典型，现已发现的沉积过程能够影响浅表层水合物的形成因素主要为不整合面封盖。2021年，对台西南南Yuan-An海脊钻探时发现，水深约1 200 m的浅层地层5.5 m处存在一典型的不整合面，而不整合面之上被细粉砂沉积物覆盖，其下为一套高反射率倾斜地层，岩性上该套倾斜地层为砂层与泥质沉积互层的较高孔隙层（Huang et al., 2021）。深部富甲烷流体在断层或较高孔隙度等砂质沉积物中运移至浅层地层，在角度不整合面处，由于上方的细粉砂沉积层形成的盖层，封存了运移的甲烷并形成天然气水合物（图5-1）（Huang et al., 2021），这一研究结果首次证实了沉积过程能有效控制浅表层水合物的成藏，也为浅表层水合物勘探提供了重要的理论指导。

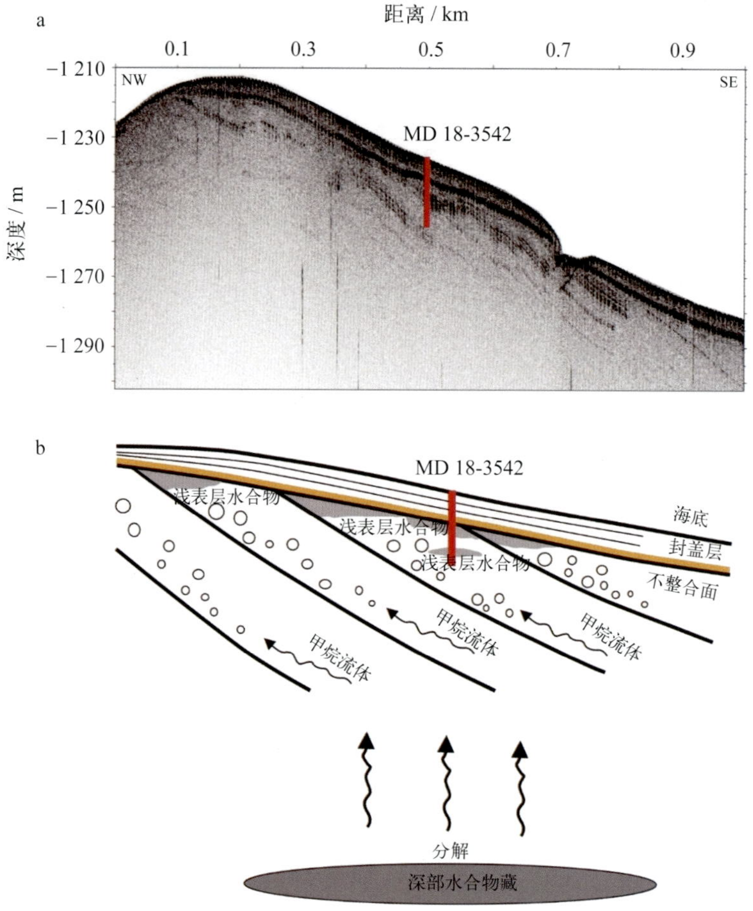

图5-1　台西南海域角度不整合面控制下的浅表层水合物赋存特征（a）与聚集成藏模式（b）（Huang et al., 2021）

5.2　泥火山构造中浅表层水合物赋存特征

5.2.1　泥火山构造特征及浅表层水合物聚集过程

海底泥火山是泥底辟构造发育的一个阶段，当泥底辟活动强烈，刺穿海底在海底形成丘状凸起并有流体或沉积物喷出时，即为泥火山（Ciotoli et al., 2020；Hensen et al., 2007；Milkov, 2000；Nuzzo et al., 2009）。泥火山的另一种形成机制为由于流动泥浆沿断层和裂缝上升而形成泥火山。不管何种机制，流体运移在这两种机制中都起着决定性的作用（Milkov, 2000）。泥火山构造中天然气水合物的发现在里海、黑海、地中海、挪威海、巴巴多斯近海、尼日利亚近海和墨西哥湾等区域被证实（Milkov, 2000）。近年来，日本东海也发现了大量海底泥火山，其中发育的浅表层水合物呈现高饱和度、厚层状富集的特征，部分泥火山见海底裸露的天然气水合物（Matsumoto et al., 2017a；Matsumoto et al., 2017b）。与泥火山有关的天然气水合物有许多共同特征，天然气水合物通常为白色或灰白色，产状为板状、厚层状，且在沉积物中无规律性赋存，部分水合物裸露在海底。

下述部分通过对挪威海Håkon-Mosby泥火山、日本南海海槽两个泥火山构造中水合物研究较为典型的实例进行总结，揭示泥火山构造中浅表层水合物的赋存，以及泥火山构造对浅表层水合物的控制与影响。

5.2.1.1 挪威Håkon Mosby泥火山

位于北冰洋巴伦支海的Håkon Mosby泥火山（HMMV）（72°00′N，14°43′E）研究程度较高（图5-2），是研究泥火山和浅表层水合物关系最典型的例子（Pape et al., 2011），通过调查发现，该泥火山天然气水合物聚集具有同心带状结构（Ginsburg et al., 1999; Ginsburg and Soloviev, 1997），并受泥火山向上运移的深部热流体的控制（Milkov, 2000）。该泥火山水深为1 250 m，平面上呈近圆形，直径约为1 km，高出周围海底小于10 m，具有很高的地温梯度（大于25℃/m），流体在中央供给通道中上升的速率大于4 m/a，侧向流体的运移速率可达0.4 m/d，泥火山顶部有大量的甲烷和二氧化碳气体排出。泥火山口周围存在有固结的泥岩，呈现出圆丘状的几何形态，其中赋存有丰富的浅表层水合物，其上方被管状蠕虫所覆盖。在该泥火山及其周围可经常观察到气体释放，在上覆水体中也可以观测到羽状流。通过组合保压岩芯取样、热流测量和孔隙水化学分析，对Håkon Mosby泥火山进行了调查。定量保压岩芯脱气显示气体—沉积物比率3.1 ~ 25.7，估算为孔隙体积高达21.3%的天然气水合物饱和度。根据对海底地热梯度、孔隙水硫酸盐剖面和微地形数据的大量现场测量，Pape等发现HMMV泥火山的天然气水合物稳定带的厚度从中心不到1 m增加到泥火山外围约47 m（图5-3）（Pape et al., 2011）。初步估算HMMV中储存的水合物—甲烷的总质量约为102.5 kt，其中2.8 kt位于泥火山中心周围的地质单元Ⅰ内（图5-2、图5-3），此部分浅表层水合物可能在泥火山大规模喷发过程中不稳定分解（Pape et al., 2011）。

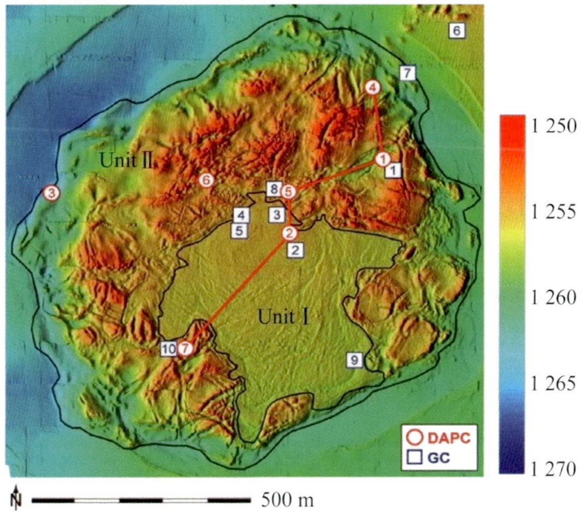

图5-2 巴伦支海Håkon Mosby泥火山地形地貌特征（Pape et al., 2011）

表5-1　日本南海海槽熊野盆地单个泥火山硫酸盐—甲烷转换带（SMI）深度以及天然气水合物赋存情况（Pape et al., 2014）

泥火山编号	从泥火山顶获得的沉积物柱编号	泥火山顶估算的SMI深度（cmbf）	水合物/水合物顶部深度
2	3	20	水合物/约50 cmbsf
4	2	65	水合物/约145 cmbsf
5	1	15	水合物/约75 cmbsf
10	1	115	水合物/未记录
3	2	120	
8	1	280	
11	未编号	145（？）	
12	未编号	265（？）	
13	2	95	

地球物理调查研究表明，熊野盆地泥火山主要位于背斜上方，指示天然气水合物与游离气赋存的BSR反射较为发育（图5-6）。泥火山天然气水合物形成过程中深部地层的气源供给发挥了重要作用。老增生楔中的热和压力引起的地质反应通过黏土脱水和其他有机质热解排烃向上覆弧前沉积盆地提供水，同时刺激原位微生物活动，如氢化产甲烷作用。流体运移过程中，Megasplay巨型断层发挥了重要作用，南海海槽区域Megasplay断层极为发育，为流体的运移提供重要通道，也为浅层泥火山的形成输送了流体物质。由于产甲烷作用的发育，泥火山下部地层中发育高孔隙压力带，这些高压带被认为是泥火山喷逸物质驱动力的来源，大量的生物成因甲烷以天然气水合物的形式储存在泥火山内部，或以游离气体的形式储存在超压沉积盆地中（图5-7）。

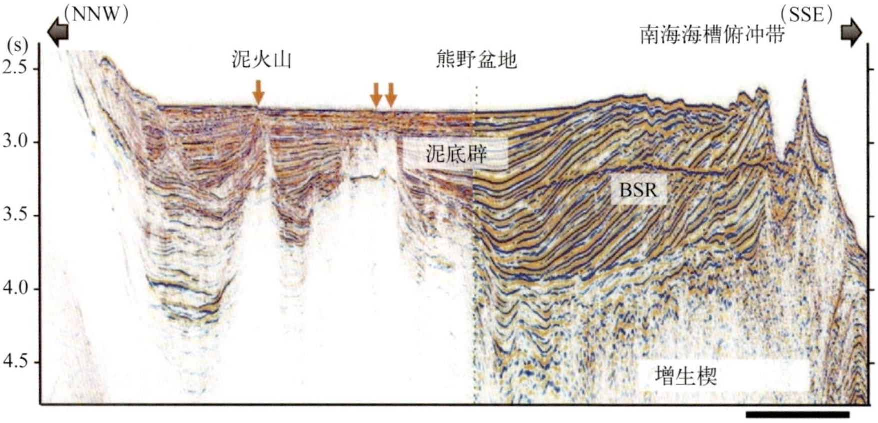

图5-6　熊野盆地泥火山发育区深部地层反射特征（Ijiri et al., 2018）

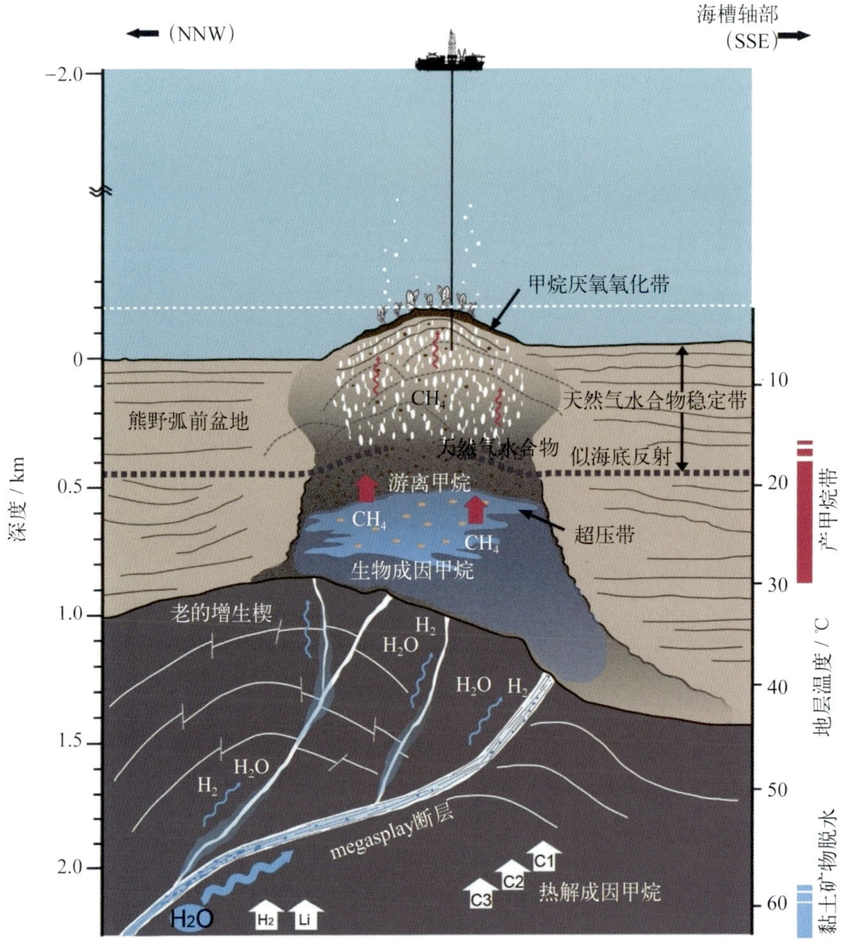

图5-7 熊野盆地泥火山与浅表层水合物形成过程模式图（Ijiri et al., 2018）

5.2.2 泥底辟构造影响下浅表层水合物聚集过程

泥底辟指的是海底深部欠压实地层细粒低密度沉积物向上刺穿挤入浅部地层的构造（何家雄等，2019；Brown and Westbrook, 1988；Zhang et al., 2018；Zhong et al., 2021）。泥底辟未刺穿海底沉积物即为泥底辟构造，刺穿海底即为前述的泥火山构造。泥底辟广泛发育在主、被动大陆边缘，尤其是深部超压赋存区和构造活动以及地层薄弱带发育区，这两种地质条件是泥底辟发育的重要基础（Zhong et al., 2021）。

作为一种重要的流体迁移通道，泥底辟形成过程中携带大量烃类、沉积物和流体。当泥源岩异常高压和高温聚集的能量，超过了顶封层破裂极限或有断层疏导时，烃类及其他流体伴随泥质塑性流和其他固体物质等一起冲破封闭体系，呈混相涌流的形式上拱刺穿（梁金强等, 2018），在超压、流体浮力等因素的驱动下，上述物质在上覆正常压力地层中运移、聚集，并最终形成与周围地层岩性、密度以及地层产状不同的特殊构造（图5-8）。

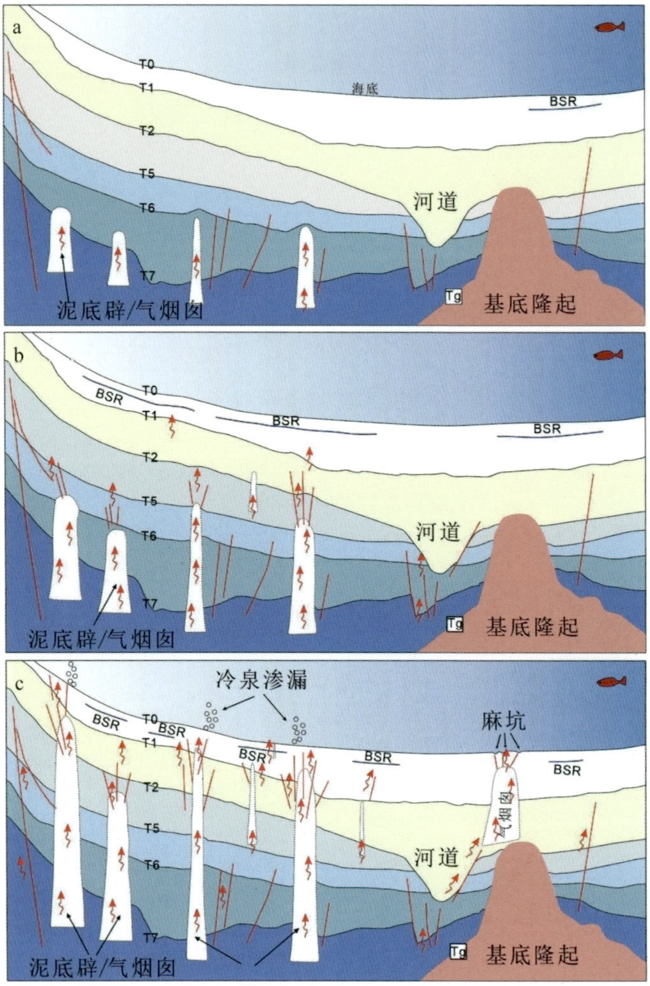

图5-8　琼东南海域泥底辟形成过程与演化，以及其对天然气水合物成藏的影响与控制（Zhang et al., 2018）
a. 泥底辟形成的初始阶段；b. 泥底辟形成的中间阶段；c. 泥底辟最后阶段

泥底辟构造形成的天然气水合物藏在多个海域被发现，如冲绳海槽（Xing et al., 2016；Xu et al., 2009）、台西南盆地（Chen et al., 2014）、南海北部琼东南盆地（何家雄等, 2019；Zhang et al., 2018）、地中海（Camerlenghi et al., 1995；Limonov et al., 1996）、布莱克海台（Naehr et al., 2000；Robinson et al., 2004）、巴巴多斯海脊（Brown and Westbrook, 1988）等，无论是主动大陆边缘还是被动大陆边缘均有分布。泥底辟刺穿海底形成泥火山并伴随浅表层水合物的赋存过程已在上一节进行了阐述。此节主要对未刺穿海底的泥底辟构造对浅层水合物形成过程控制与影响进行描述，与泥火山不同，泥底辟对水合物成藏的典型特征是其周围沉积物中均能形成天然气水合物（图5-9）（梁金强等, 2018），在泥底辟形成过程中，其携带的烃类流体会从泥底辟中向外围沉积物扩散，遇到沉积物中的孔隙水并在合适的温压场条件下形成天然气水合物，泥底辟形成过程中伴随的周围地层中的小断层的发育，能进一步为烃类流体的再次运移提供通道，因而泥底辟上部和周围地层中天然气水合物均能赋存。尤其是泥底辟的顶部，由于浮力的驱动和泥底辟顶部的侵入破坏，烃类流体优先从泥底辟顶部向浅层地层运移，因而烃类流体通量较大，常在其正上方地层中形成渗漏型浅表层水合物。

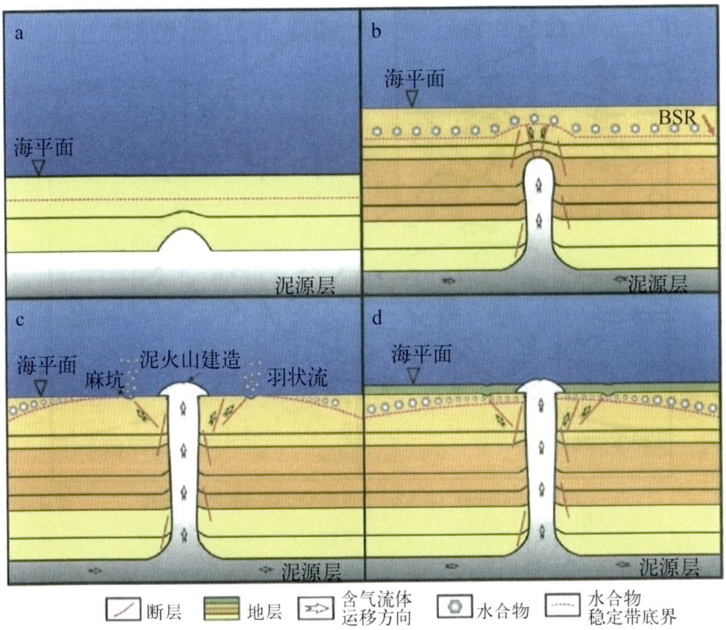

图5-9 泥底辟发育演化与天然气水合物动态成藏示意（梁金强等, 2018）

5.3 气烟囱构造与浅表层水合物赋存

5.3.1 气烟囱构造特征及浅表层水合物

与泥底辟构造特征相似，气烟囱构造也是高压驱动下的深层沉积物向浅层运移侵入的构造，但气烟囱侵入往往富含烃类，导致上覆地层富含气体并发生强烈气侵（何家雄等, 2019），因而地震反射特征较弱，呈现空白反射特征（Loncke et al., 2004），气烟囱的形成需要满足三个条件：有效的压力封堵盖层，有利的岩性组合特征和活动的流体幕式泄压（梁金强等, 2018）。鉴于上述气烟囱发育特征，因而气烟囱是烃类流体的运移过程中的重要通道，并且是浅表层水合物赋存的重要地质体，多个海域天然气水合物钻探工作证实气烟囱构造中赋存天然气水合物，水合物矿体具有赋存深度浅、厚度大、饱和度高的特征，如中国南海（Ye et al., 2019；Zhang et al., 2018）、日本海上越盆地（Matsumoto et al., 2017a；Matsumoto et al., 2017b）、韩国东海郁陵盆地（Haacke et al., 2009）等。

日本海上越盆地经过多年的调查与研究，系统地揭示了气烟囱控制影响下的浅表层水合物赋存与成藏，其显著规模的天然气水合物储量，也向全世界证实了浅表层水合物的巨大资源潜力和环境影响力（Matsumoto et al., 2017a；Matsumoto et al., 2017b）。据调查，日本海发现了1 742个气烟囱构造，通过随钻测井、可控源电磁探测和保压取样等方式，对上越盆地近海的Umitaka丘气烟囱构造（面积近200 m×250 m）进行了精细资源量评价，发现8个钻孔中的水合物饱和度高达35%～86%，估算资源量约为6×10^8 m^3甲烷气体当量。

日本海气烟囱构造主要发育两大类：一种为A型气烟囱（约有300个），地形特征上比周围地形高2～10 m，同时发育不均匀的硬质表层沉积，并发育海底出露的天然气水合物、自生碳酸盐岩和偶尔存在甲烷泄漏与细菌席以及化能自养生物群落（图5-10 AB剖面），钻探保压取芯调查，也在此类型气烟囱构造的海底下17 m深度获取6 m厚的浅表层水合物样品，产状包括块状、结核状和透镜状等（图5-11）。而另一类B型气烟囱（约有900个），海底地形为凸起地貌，地震反射特征与泥底辟特征相似，由于游离气的富集导致气烟囱内部呈空白反射（图5-10 CD剖面）（Matsumoto et al., 2017a）。

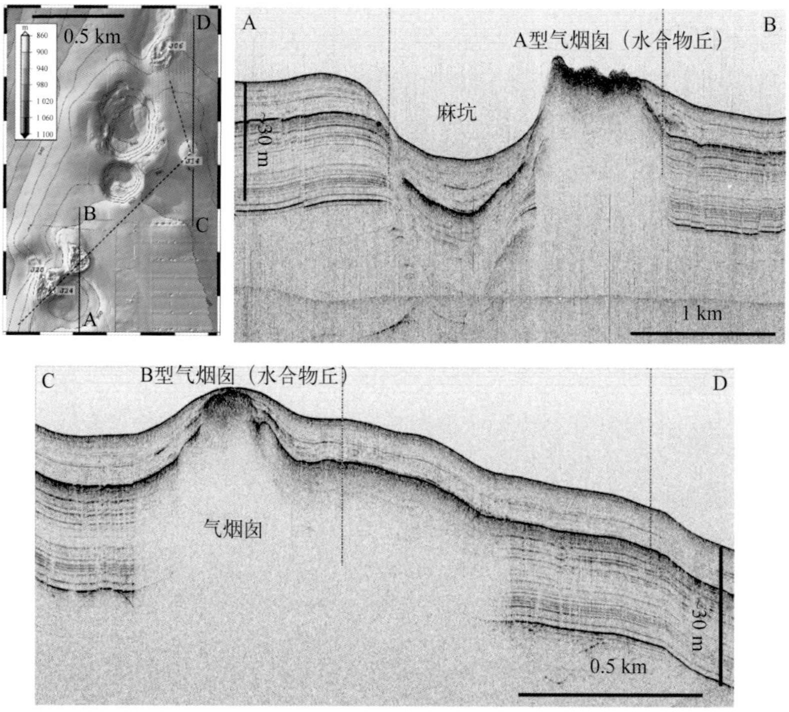

图5-10　上越盆地发育的两种类型气烟囱构造特征（浅地层剖面）左上图为上越盆地Umitaka spur位置，其中AB和CD测线分别穿过两类气烟囱构造，保压取芯站位J20位于AB测线正西方，高分辨率三维地震测线覆盖J24和J14气烟囱构造（Yoneda et al., 2019）

高分辨率三维地震调查发现，气烟囱内部可见清晰的反射特征，气烟囱内部地层分层现象明显，并见BSR反射在气烟囱内部急剧上拉（图3-1），与浅地层剖面测量发现的两类气烟囱构造内部呈现空白反射的特征不一致。上拉的BSR反射特征表明气烟囱中存在大量的高速物质，后经钻探证实存在大量的天然气水合物。对比气烟囱内外BSR反射上拉程度，可见在A型气烟囱构造中地震波速提高更大，表明A型气烟囱中天然气水合物的赋存饱和度远高于B型气烟囱构造（Matsumoto et al., 2017a）。

图5-11 在上越盆地J06站位采获的结核和透镜状浅表层水合物样品（Matsumoto et al., 2017a）

5.3.2 气烟囱构造的演化与天然气水合物的成藏

Freire等（2011）通过对日本海气烟囱发育区水合物赋存的构造与沉积学研究，提出了气烟囱构造演化下的浅表层水合物成藏过程（图5-12），气烟囱构造是深部烃类向浅层运移的重要通道，运移烃类通量较高且集中，因而气烟囱上部、内部构造高部位和周围地层往往富含天然气水合物，同时，气烟囱中上部和构造高部位聚集形成的天然气水合物能够成为较好的盖层，并能继续聚集和积累更多的烃类流体，因而气烟囱构造中天然气水合物往往呈现高饱和度、厚层成藏的特征（Matsumoto et al., 2017b；Ye et al., 2019；Zhang et al., 2018）。

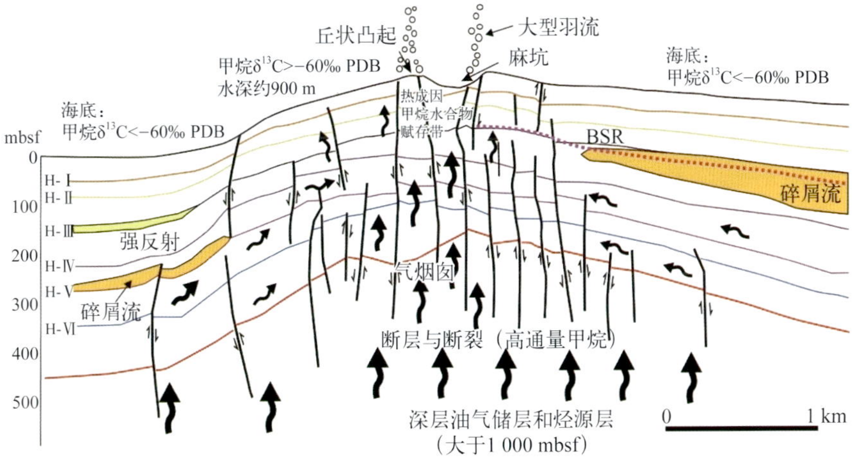

图5-12 上越盆地Umitaka Spur 气烟囱构造影响下的天然气水合物成藏；箭头代表流体的运移方向，箭头的大小代表流体的通量（Freire et al., 2011）

5.4 麻坑构造与浅表层水合物系统演化

麻坑构造可以表述为泥火山或气烟囱发育的最后一个阶段，与浅表层水合物有着重要的相互影响关系。深水麻坑地质构造中赋存浅表层水合物的实例也较多，主要分布在尼日利亚近海尼日利亚三角洲（Pape et al., 2020；Sultan et al., 2014；Sultan et al., 2010）、日本东海上越盆地（Nakajima et al., 2014）、台西南盆地（Huang et al., 2021）和刚果扇（Mienert et al., 2022），以尼日利亚近海三角洲最为典型。

在尼日利亚三角洲麻坑调查研究中发现，麻坑构造中浅表层水合物，是由于强烈向上运移的烃类流体，在浅表层沉积物中由于温压条件改变，导致孔隙水中的甲烷气体过饱和，进而聚集并成藏（Paull et al., 1995；Sahling et al., 2008）。麻坑构造中高饱和度天然气水合物藏，在尼日利亚三角洲麻坑调查发现，通常在麻坑构造的核心部位，浅层1～2 m层位通过重力取芯即可获取块状天然气水合物样品（图5-13），而在浅层2.5 m的沉积物中天然气水合物饱和度高达51%，指示了高饱和度浅表层水合物的赋存（Pape et al., 2020；Sultan et al., 2007）。

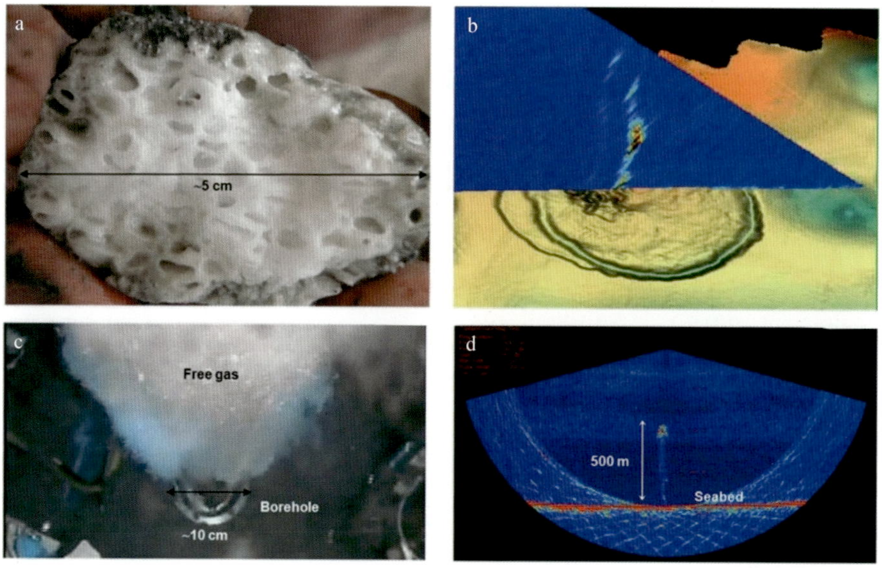

图5-13　尼日利亚三角洲麻坑构造中获取的浅表层水合物样品（a），麻坑构造上覆水体中发育的羽状流（b），MeBo钻机钻探过程中摄像观察到钻孔中来自18 m沉积物深度中喷逸出的游离气（c）和船载多波束捕获到的钻孔喷逸游离气形成的羽状流，羽状流高度达500 m（d）（海面以下600 m深度）（Sultan et al., 2014）

麻坑构造的形成演化与天然气水合物动态成藏相互影响。麻坑构造的形成演化有诸多解释：一种观点认为是天然气水合物赋存区高通量烃类流体向上运移的结果（Pape et al., 2020），富烃流体从深部地层中向上集中运移，随后在海底渗漏（Gay et al., 2007；

Judd and Hovland, 2007；Paull et al., 1995），在流体泄漏逃逸的过程中，减少了海底表层沉积物的沉积，从而形成了麻坑构造。另一种解释认为浅表层水合物快速形成同时伴随水合物的缓慢分解导致麻坑的形成（Sultan et al., 2014），麻坑演化始于天然气过饱和的流体通过断裂系统向上运移导致的水合物形成，随后流体流量减少导致天然气欠饱和、水合物溶解、含天然气水合物的沉积物结构坍塌（Sultan et al., 2010）。例如，在尼日利亚三角洲发育的麻坑构造中，深部地层中游离气层（海底下232 m）通过断层向浅部地层输送烃类流体，并在浅表层地层中形成水合物，水合物形成过程中的麻坑演化模式引用Sultan等（2014）建立的模式图（图5-14），该模式较为系统和全面地解释了麻坑构造与水合物形成演化的耦合机制，具体形成过程如下。

第一阶段（图5-14a）：在中间游离气藏中，游离气聚集并导致气藏层位流体压力升高，一旦孔隙压力超过临界值，则游离气突破地层束缚沿着断层等通道向上运移。

第二阶段（图5-14a）：当游离气运移至水合物稳定带开始形成水合物，水合物形成首先发生在裂缝带的内表面，形成水合物堵塞。此层位中，由于黏土矿物的硬度较大，导致天然气水合物并未出现继续顺层形成，在此阶段，游离气体可能继续积聚在水合物稳定带中存在的水合物堵塞中。

第三阶段（图5-14a）：当游离气体压力继续增加超过一定值时，水合物堵塞破裂。气体可以运移到逐渐变软的沉积物地层中，在松软沉积物中游离气体可以横向运移并形成横向裂缝。进而，天然气水合物可以横向生长并填充此类裂缝。天然气横向运移和天然气水合物形成的量和速度主要取决于周围沉积物的力学性质。这一过程中天然气水合物的形成会导致沉积地层的向上运动。

第四阶段（图5-14b）：在天然气水合物赋存带的中部，游离气与天然气水合物共存。从游离气藏上升的游离气体会导致流体超压，并导致上部天然气水合物盖层进一步破裂，并能形成细长的水合物帽、水平裂缝。在此阶段，水合物快速增长导致游离气和天然气水合物共存。

第五阶段（图5-14c）：持续形成的水合物帽到达足够浅的沉积物中，并形成延伸至海底的裂缝。这些裂缝可能构成从中间储层到上覆水体的流体直接运移通道，形成海底羽状流。此阶段，从储层上升的气体部分分散在水体和浅层裂缝中，深层断层在向上运移的气体压力下保持开放。

第六阶段（图5-14d）：当天然气水合物在裂缝、横向裂隙和剪切带中快速形成的过程中，水合物矿体的边界也在进行着分解（图5-14d ~ f中的红色边界线）。事实上，靠近海底的浅表层水合物的长期存在必须通过足够的烃类气体供应来维持，以维持边界层的饱和，甚至是水合物的持续增长。因此，水合物的形成和溶解受来自中间游离气藏的烃类流体流入和流出之间的平衡控制，包括AOM和水体中气体羽流的消耗。此外，天然气水合物层和堵塞的快速形成大大限制了天然气的横向运移，对维持水合物边界处的稳定性起到重要作用。

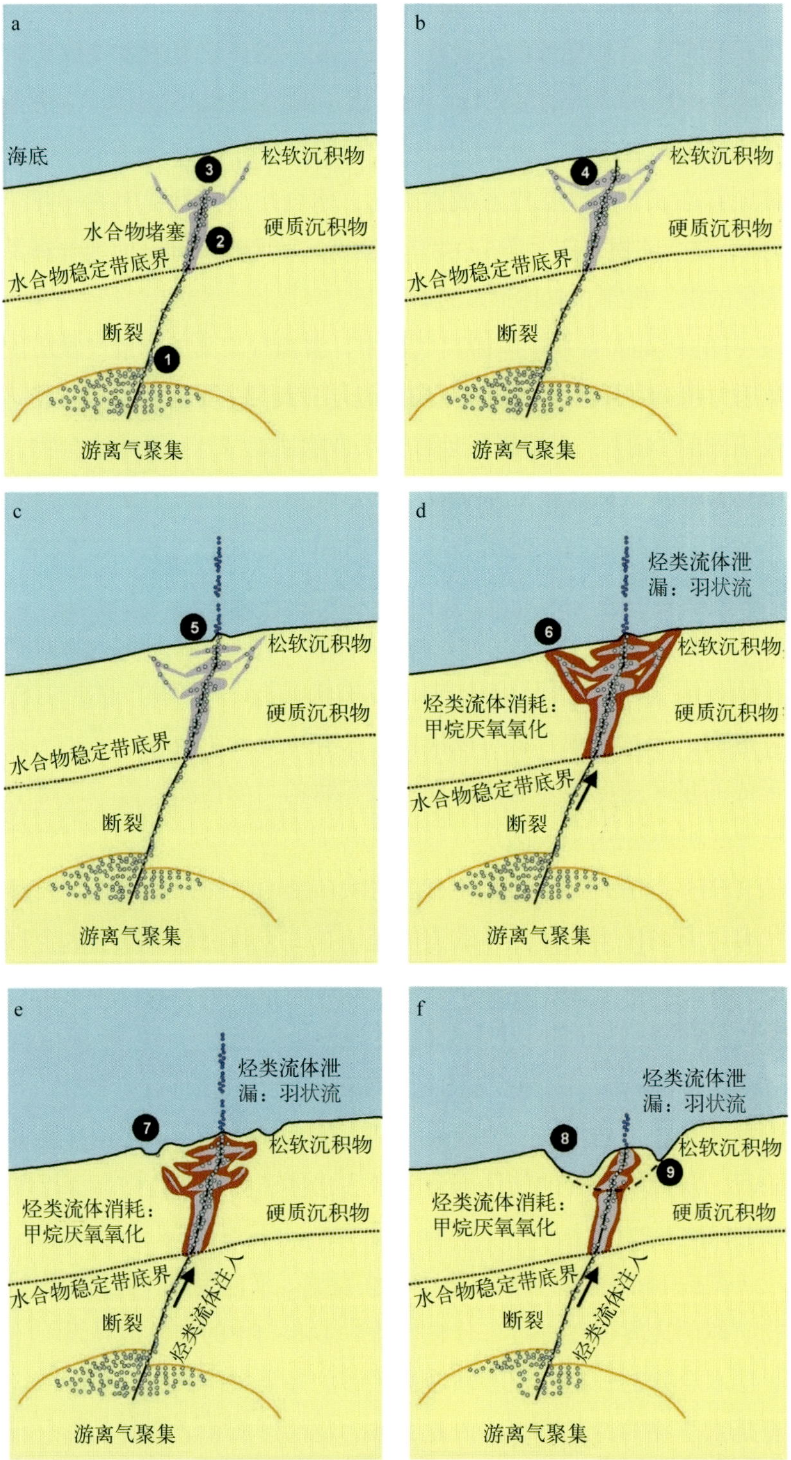

图5-14　天然气水合物形成与分解过程中麻坑构造的演化（Sultan et al., 2014；Sultan et al., 2010）

第七阶段（图5-14e）：由于烃类流体流入和流出速率的明显差异以及水合物层的低渗透性影响烃类流体的运移，导致天然气水合物矿体的边界发生分解，影响矿体的规模，这一过程中，影响浅层沉积物的稳定性，在中央富含浅表层水合物带周围形成了圆形塌陷结构，这就是麻坑构造的初始形貌。

第八阶段（图5-14f）：麻坑区域水合物的分解是烃类流入和泄漏出之间的差值的函数，主要发生区域是水合物赋存带的边界（图5-14f中的红色区域）。由于水合物分解释放导致的沉积物缺失是麻坑边缘加深的主要原因和过程，而中心之所以保留了圆顶状构造，主要是由于烃类流体在断层附近有持续的供应，支撑了核心部位水合物的持续稳定。

第九阶段（图5-14f）：麻坑构造的最后一个过程，随着游离气藏的烃类流体流入的减弱，导致核心部位的水合物分解并释放，导致核心部位沉积物缺失，并形成图中虚线所示的麻坑构造特征。日本海浅表层水合物调查中发现的麻坑构造即处于该阶段（Matsumoto et al., 2017a；Matsumoto et al., 2017b），但其发育的另一个重要特征即为麻坑构造紧邻气烟囱构造，且气烟囱构造仍为强烈活动期，一方面表明日本海浅层高通量流体活动过程；另一方面也指示了流体运移过程从麻坑构造迁移至旁侧的气烟囱构造，麻坑构造已处于流体活动的间歇期。

5.5 活动断层控制下的浅表层水合物形成过程

相比于泥火山、气烟囱等特殊构造既为浅表层水合物成藏提供有利储集空间，同时也充当了富烃流体的运移疏导体系，而断层系统则更多的是发挥了流体运移疏导体系的作用（Zhang et al., 2021），断裂系统常常导致盖层中产生毛细裂缝，使沉积层渗透性得以改善，从而产生跨层流体迁移（Talukder et al., 2012），因此断层系统对于连通深层流体的运移，并进一步驱动形成泥火山、气烟囱等冷泉系统具有重要作用。在多个海域，冷泉泄漏的位置和分布都受控于断裂系统，例如，在阿尔沃兰海（Talukder et al., 2003）、南非外海（Benavraham et al., 2002）、刚果盆地（Gay et al., 2007）、圣巴巴拉盆地（Eichhubl et al., 2000）、地中海东部（Dimitrov and Woodside, 2003）、西西里水道和马耳他隆起（Savini et al., 2009）、尼加拉瓜外海（Talukder et al., 2008）、希库朗依陆架边缘（Kroeger et al., 2022）、伊朗外海莫克兰增生楔（Grando and McClay, 2007）、南海海槽增生楔（Kobayashi, 2002）。

无论是在主动大陆边缘还是在被动大陆边缘（图5-15），断层体系都是流体运移的重要通道，其可由一个复杂的裂缝和断层形成的网状结构组成，相互连通的裂缝提高了地层渗透率（Etiope, 2015），形成了流体最易穿过的通道，流体从这些扩张的又相互连通的裂缝网络中运移（图5-15下图）（Talukder，2012）；或者有时也由多个流体管道联合形成一个圆柱形的地带，成为流体运移集中的部位，这种多重和分支状的通道系统为流体运移提供了重要疏导体系，并驱动且形成了海底一系列复杂地形地貌，如泥火山、麻坑等浅表层水合物赋存的海底冷泉系统（Milkov, 2000）。海底冷泉系统的浅表层水合物聚集成藏前述章节已做介绍，此处不再赘述。总之，断裂系统通过流体运移疏导体系的重要纽带。

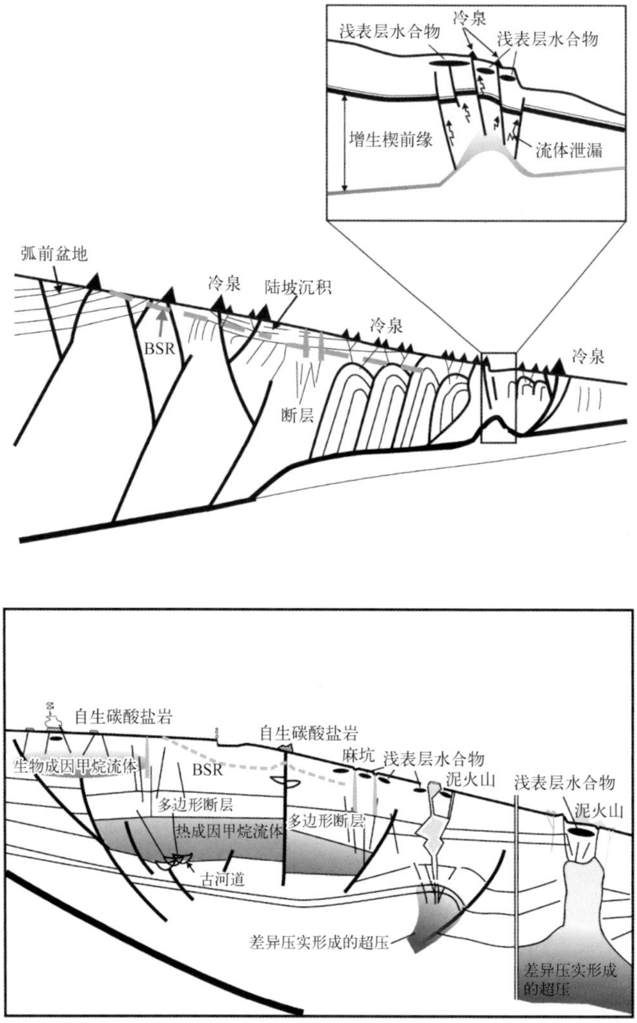

图5-15　主动（上图）与被动（下图）大陆边缘断层体系对冷泉系统及浅表层水合物的控制与影响（Talukder et al., 2012）

除了上述宏观断裂系统外，浅层裂隙也在浅层流体运移及浅表层水合物形成过程中发挥重要作用。“海马冷泉”是琼东南海域发现的大型海底冷泉系统，在发育海底冷泉生物群落和大规模羽状流的同时，海底浅层沉积物中也赋存高饱和度水合物。Wei等

（2020）以海底观测为基础，通过结合多波束水体数据和地震剖面，对“海马冷泉”进行了系统研究，发现海马冷泉区的浅层裂隙对间歇性甲烷泄漏和浅层水合物的发育具有重要控制。通过地震数据解释，海马冷泉区深部流体运移至海底形成渗漏的过程根据运移通道和机制的不同划分为三个单元（图5-16）。第一个单元（a）为气体从储层运移至构造顶部。这一阶段气体从位于构造隆起两侧的储层，在地层压力梯度的控制下，沿构造隆起两侧向上运移并到达顶部积聚。第二个单元（b）为气体从构造隆起顶部运移至浅部。在这个深度区间发育大量高角度断层。推测这些高角度断层是由于隆起构造导致沉积不均一性，并在后期差异性压实的情况下形成的，这些断层为气体运移至浅部提供了有效的通道。第三个单元（c）为浅部的气体运移和海底甲烷渗漏。第二个单元中的高角度断层没有直接刺穿海底，因此，大量气体到达浅部后发生聚集，在地震剖面显示为增强振幅的亮点。气体的不断积聚导致压力增大，当压力超过上覆地层压力时，气体向上刺穿形成垂直裂隙，并为气体运移提供有效通道。在地震剖面上这些裂隙或者与亮点相接，或者与高角度断层相接。有些裂隙直通海底，形成冷泉泄漏和羽状流。然而，推测随着浅层裂隙中天然气水合物和自生碳酸盐岩的生长，气体渗漏将停止，这将不断降低原始裂缝的渗透率。随后将建立新的压力体系并产生新的裂缝，从而形成新的流体渗漏。推断这种机制导致冷泉渗透活动的时空变化，并影响冷泉生态系统的发育。

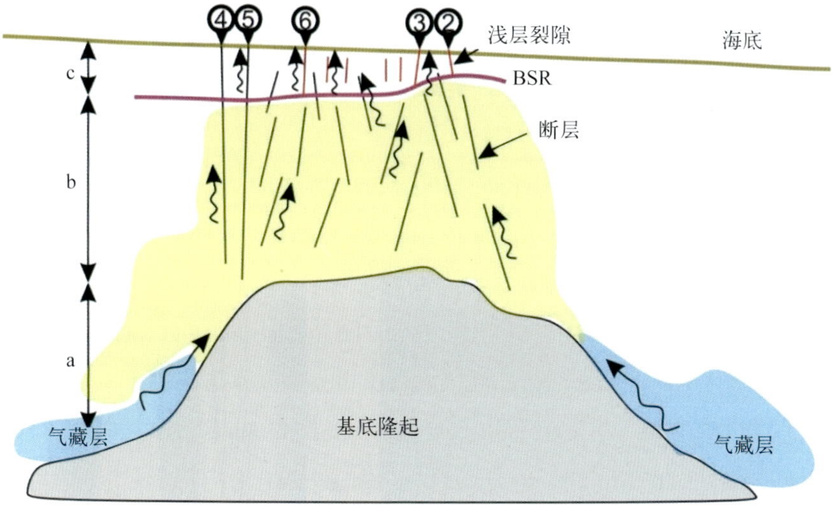

图5-16　穿过“海马冷泉”的地震剖面、构造活动与冷泉系统发育（Wei et al., 2020）

5.6　小结

无论是泥底辟、泥火山、气烟囱、麻坑构造，还是断层活动，这些典型地质过程都是深部流体向浅层地层运移、疏导的重要通道（Pape et al., 2020；Zhong et al.,

2021）。这些构造将深部地层中的热、烃类流体和细粒未固结沉积物输送到了浅层地层（何家雄等, 2019），驱动力就是深部地层中超压，无论是差异压实超压（Li et al., 2021）、黏土矿物脱水超压（Chen et al., 2020），还是油气系统排烃超压（Spencer, 1987），都能有效地驱动上述过程的发生。

运移到浅层的高浓度烃类流体在合适的温压场条件下，极易在泥火山的两翼（Ginsburg et al., 1999）、泥底辟气烟囱的顶部（Matsumoto et al., 2017b）周围地层和不整合面形成圈闭等中形成饱和度高且矿体厚度大的浅表层水合物藏，这一过程中，流体的通量极为关键，通量大刺穿海底，往往形成泥火山以及上覆水体的羽状流，通量低不刺穿海底则形成泥底辟或气烟囱伴随的水合物藏，而流体运移如果呈现幕次变化（epsodic）特征，则容易形成麻坑构造及其控制下的浅表层水合物藏。

参考文献

卜庆涛, 胡高伟, 刘昌岭, 等, 海底浅表层块状水合物开采装置及保压钻取采收方法, ZL 2018 1 1501189.7, 发明专利, 授权日期：2019.10.11, 专利权人：青岛海洋地质研究所.

何家雄, 万志峰, 张伟, 等, 2019. 南海北部泥底辟/泥火山形成演化与油气及水合物成藏[M]. 北京：科学出版社: 1-247.

梁金强, 王宏斌, 苏丕波, 等, 2018. 天然气水合物成藏的控制因素研究[M]. 北京：地质出版社. 1-221.

栾锡武, 赵克斌, Obzhirov A, 等, 2008. 鄂霍次克海浅表层水合物的勘查识别和基本特征[J]. 中国科学（D辑）：地球科学, 38: 99-107.

ALOISI G, PIERRE C, ROUCHY J M, et al., 2000. Methane-related Authigenic Carbonates of Eastern Mediterranean Sea Mud Volcanoes and Their Possible Relation to Gas Hydrate Destabilisation[J]. Earth & Planetary Science Letters, 184(1): 321-338.

BENAVRAHAM Z, SMITH G, RESHEF M, et al., 2002. Gas hydrate and mud volcanoes on the southwest African continental margin off South Africa[J]. Geology, 30: 927-930.

BOHRMANN G, IVANOV M, FOUCHER J, et al., 2003. Mud Volcanoes and Gas Hydrates in the Black Sea: New Data From Dvurechenskii and Odessa Mud Volcanoes[J]. Geo-marine Letters, 23(3): 239-249.

BOSWELL R, COLLETT T, 2006. The gas hydrates resource pyramid[J]. Fire in the Ice, 6: 5-7.

BOSWELL R, COLLETT T S, FRYE M, et al., 2012. Subsurface gas hydrates in the northern Gulf of Mexico[J]. Marine and Petroleum Geology, 34: 4-30.

BROOKS J M, COX H B, BRYANT W R, et al., 1986. Association of gas hydrates and oil seepage in the Gulf of Mexico[J]. Organic Geochemistry, 10: 221-234.

BROOKS J M, KENNICUTT Ⅱ M C, FAY R R, et al., 1984. Thermogenic gas hydrates in the Gulf of

Mexico[J]. Science, 225: 409-411.

BROWN K, WESTBROOK G K, 1988. Mud diapirism and subcretion in the Barbados ridge accretionary complex: The role of fluids in accretionary processes[J]. Tectonics, 7: 613-640.

CAMERLENGHI A, CITA M B, VEDOVA B D, et al., 1995. Geophysical evidence of mud diapirism on the Mediterranean ridge accretionary complex[J]. Marine Geophysical Researches, 17: 115-141.

CHEN N C, YANG T F, HONG W L, et al., 2020. Discharge of deeply rooted fluids from submarine mud volcanism in the Taiwan accretionary prism[J]. Scientific Reports, 10: 381.

CHEN S C, HSU S K, WANG Y, et al., 2014. Distribution and characters of the mud diapirs and mud volcanoes off southwest Taiwan[J]. Journal of Asian Earth Sciences, 92: 201-214.

CIOTOLI G, PROCESI M, ETIOPE G, et al., 2020. Influence of tectonics on global scale distribution of geological methane emissions[J]. Nature Communications, 11: 2305.

DIMITROV L, WOODSIDE J, 2003. Deep sea pockmark environments in the eastern Mediterranean[J]. Marine Geology, 195: 263-276.

EICHHUBL P, GREENE H G, NAEHR T, et al., 2000. Structural control of fluid flow: offshore fluid seepage in the Santa Barbara Basin, California[J]. Journal of Geochemical Exploration 69: 545-549.

ETIOPE G, 2015. Natural Gas Seepage: The Earth's Hydrocarbon degassing[M]. Switzerland: Springer, 1-199.

FREIRE A F M, MATSUMOTO R, SANTOS L A, 2011. Structural-stratigraphic control on the Umitaka Spur gas hydrates of Joetsu Basin in the eastern margin of Japan Sea[J]. Marine and Petroleum Geology, 28: 1967-1978.

GAY A, LOPEZ M, BERNDT C, et al., 2007. Geological controls on focused fluid flow associated with seafloor seeps in the Lower Congo Basin[J]. Marine Geology, 244: 68-92.

GRANDO G, MCCLAY K, 2007. Morphotectonics domains and structural styles in the Makran accretionary prism, offshore Iran. Sedimentary Geology, 196: 157-179.

GINSBURG G D, MILKOV A V, SOLOVIEV V A, et al., 1999. Gas hydrate accumulation at the Hakon Mosby Mud Volcano[J]. Geo-Marine Letters, 19.

GINSBURG G D, SOLOVIEV V A, 1997. Methane migration within the submarine gas-hydrate stability zone under deep-water conditions[J]. Marine Geology, 137: 49-57.

HAACKE R R, HYNDMAN R D, PARK K P, et al., 2009. Migration and venting of deep gases into the ocean through hydrate-choked chimneys offshore Korea[J]. Geology, 37: 531-534.

HENSEN C, NUZZO M, HORNIBROOK E R C, et al., 2007. Sources of mud volcano fluids in the Gulf of Cadiz-indications for hydrothermal imprint[J]. Geochimica et Cosmochimica Acta, 71: 1232-1248.

HUANG Y S, HSU S K, SU C C, et al., 2021. Shallow gas hydrates off southwest Taiwan and their distribution[J]. Marine and Petroleum Geology, 26: 1831-1848.

SEOL Y, LEE H, 2013. Natural gas hydrate as a potential energy resource: From occurrence to

active gas chimneys and massive gas hydrates in the Japan Sea[J].

[redacted]

Geology, 260: 225-

A. J., Morley C. K.(Eds.). Subsurface

venting[J]. Terra Nova, 00: 1-18.

TALUKDER A R, BIALAS J, KLAESCHEN D, et al., 2008. Tectonic framework of the mud mounds, associated BSRs and submarine landslides, offshore Nicaragua Pacific margin[J]. Journal of the Geological Society 165: 167-176.

THOMAS D L, DOUGHERTY J A, FLOCKS J G, 2002. Hydrocarbon gases from giant piston cores in the northern Gulf of Mexico: Results from the IMAGES VIII/PAGE 127 cruise of the RV Marion Dufresne, July 2002. In: Winters, W.J., Thomas, D.L., Tindl, C.K. (Eds.) Initial report of the IMAGES VIII/PAGE 127 gas hydrate and paleoclimate cruise on the RV Marion Dufresne in the Gulf of Mexico, 2-18 July 2002. U. S. Geological Survey, 1-36.

TOMARU H, HONDA Y, MATSUMOTO R, 2016. Concentration anomalies of pore waters collected

第 6 章

浅表层水合物成藏体系

天然气水合物成藏体系主要包括生、储、圈、运要素，少于常规油气藏成藏要素数量，这是由于海洋水合物自身独特的成矿机制，成矿过程不会过度依赖盖层封闭和保存条件。在水合物成藏体系中上述要素通常被归纳为温压条件、气源条件、运移条件以及聚集条件，这些要素共同构成了天然气水合物成藏体系的重要组成部分，其相互作用控制着天然气水合物的成藏过程。类比于沉积地质学中河流搬运沉积物的“源—汇”概念，也可以将天然气水合物成藏过程当作甲烷的“源—汇”过程，河流物源剥蚀、河流河道搬运以及入海口沉积分别对应水合物体系中的气源产气、运移通道疏导以及水合物稳定带中的富集，只有理解了各个要素和过程，才能解释水合物矿体中甲烷的“足迹”和“一生”，从而科学构建具体海域天然气水合物成藏过程和模式。在研究中，通常先逐个研究成藏要素，考虑其地质控制因素，之后再将成藏要素整体考虑，探讨在不同时空维度下水合物体系演变过程及其构成要素相互耦合关系，其中关键是水合物稳定带的动态变化及其与生烃、排烃位置的匹配关系，而对于本书关注的浅表层水合物，还要重点关注甲烷逃逸过程所形成的一系列地质单元（如泥火山）。本章首先介绍天然气水合物成藏的稳定带特征、气源特征以及运-聚-散特征，之后列出世界范围内已发现的浅表层天然气水合物实例，最终归纳出浅表层水合物成藏体系与特点。

6.1　浅表层天然气水合物稳定带特征

低温高压是天然气水合物富集的先决物理条件，温度、压力场以及水合物相平衡关系共同定义了天然气水合物稳定带的空间位置，其底部界面（Base Of Hydrate Stability Zone，BHSZ）深度直接决定了具体位置成藏区带的垂向范围，该界面为流体相态突变面，上方为固态水合物，下方通常为气态和液态流体的混合。水合物稳定带上部界面通常较难约束，一般将硫酸盐—甲烷界面（Sulfate-Methane Interface，SMI）作为上界面，该界面深度会随着甲烷通量改变而改变，当通量足够大时，可延伸至海底，此时可在海底形成出露的水合物。上述两个界面决定了天然气水合物富集的理论空间上限，也直接影响了天然气水合物的资源潜力，因此，温压场特征是评估水合物资源潜力需要首先考虑的因素。

天然气水合物稳定带底部深度的具体位置可在温度—深度图中由水合物相平衡曲线和温度曲线相交处所确定（图6-1），因此，影响水合物相平衡以及实际温度变化的因素均有可能影响水合物的稳定性，在实际地质条件下，这一变化通常是由不同地质事件造成的温度、压力变化带来的，其余因素（包括盐度、烃类气体成分改变等）导致水合物失去稳定性的情况较少。下面分别介绍各个因素对水合物稳定性的影响，并联系地质事件讨论水合物在自然界中的聚集—消散过程。

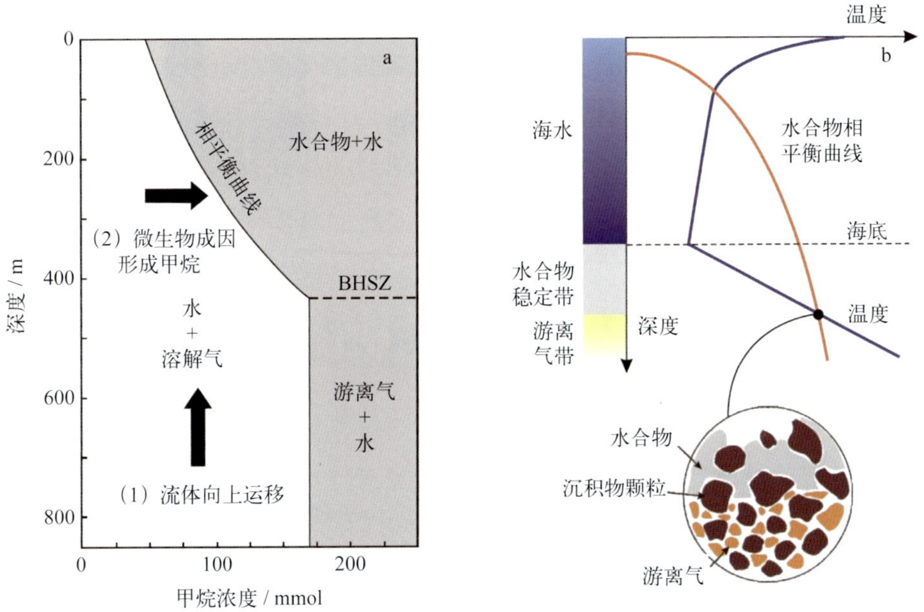

图6-1 溶解气、游离气和水合物之间相关系示意（a）（修改自：Davie and Buffett, 2001）；水合物稳定带底界面深度判断示意（b）

6.1.1 温度

海洋沉积物内影响水合物稳定的温度因素主要包括海底温度和近海底地层地温梯度，其中，前者很大程度上决定了水合物能够开始赋存的水深深度，即水合物稳定带尖灭端和海底相交深度（Seabed Intersection Depth, SID），该深度在地球南北两极处最浅，例如，在北冰洋仅为300 ~ 350 m，随着纬度的降低这一深度不断增大，在低纬度地区这一深度可达700 ~ 800 m。此外，水深也在一定程度上决定了海底温度，当深度超过海水温跃层后，这一温度会迅速下降，例如在中国南海海域，当水深大于800 m，海水温度基本上维持在3 ~ 4℃，即使水深达到超过3 000 m，这一温度变化也不会太大，然而，在地质历史时期中海底温度受到海洋条件变化的影响会发生较大的改变，通过底栖有孔虫等研究载体重建的底水温度表明在冰期—间冰期会有大于1℃的改变，这会导致大范围内海域天然气水合物的失稳和分解，结合水合物中庞大的碳储量以及甲烷温室效应气体的属性，人们便认为水合物是导致全球气候变暖的“元凶”之一，随着研究的不断推进，发现该过程可能不是短期的，但确实会对海洋和大气造成一系列的后续影响（Archer et al., 2017）。

地层地温梯度是另一个可以决定水合物稳定带厚度的关键因素，其数值越小，稳定带理论厚度越大。例如，在某些弧后盆地地温梯度可达100℃/km以上，导致水合物稳定带的厚度小于90 m，这仅为其他被动陆缘（地温梯度约40 ~ 60℃/km）的一半左右，极大地减小了水合物资源赋存潜力。需要指出的是，水合物稳定带厚度并不会随着地温梯度发生线性变化，这是由于水合物相平衡线是曲线。地热场由于地壳厚度不均、下侵地质体而发生变化，例如，如果下方存在盐底辟或者高温流体向上运移，会导致地层等温线上拱（图6-2），从而造成天然气水合物稳定带厚度局部减小。研究表明，海底温度3℃且地温梯度为40℃/km的条件下，水合物稳定带厚度为460 m，当海底温度增加2℃，水合物稳定带厚度降低约11%；当地温梯度为60℃/km，海底温度增加2℃，水合物稳定带厚度降低约13%（杨胜雄等，2019）。

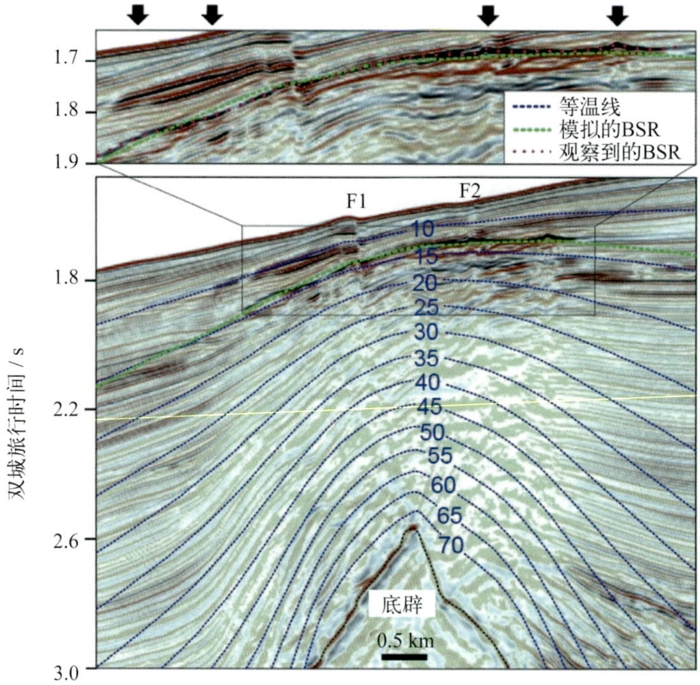

图6-2　盐底辟上侵导致地层等温线的改变以及水合物稳定带底界面的上拱，图中模拟的和观察到的BSR吻合很好（Li et al., 2017）

6.1.2　压力

自然条件下影响水合物稳定性的压力因素主要来源于海水压力，即使水合物有上覆沉积物，由于其通常未固结，水合物赋存孔隙压力的计算接近于静水压力。不同于温度影响水合物需要热传导耗时，压力改变对水合物的影响是即时直接的，因此，在地质历史时期间冰期至冰期转化中，全球温度降低，海平面迅速降低，会导致水合物的分解（Bayon et al., 2013）。数值模拟表明，海底温度为3℃，地温梯度为40℃/km，若水深为1 800 m，水合物稳定带厚度约为450 m，若水深为2 000 m，水合物稳定带厚度约为460 m，由此可见，水深增加会导致水合物稳定带的增厚。相比于温度，水合物稳定性对水深变化的敏感性不高，毕竟在地质历史中相对海平面变化通常约为120 m。

6.1.3 盐度

作为水合物抑制剂，盐度的增加会使水活度降低，阻碍天然气水合物生成，盐水会使甲烷水合物相平衡边界温度降低，从而使生成水合物更加困难。在自然条件下，海水中盐度变化通常不大，对水合物稳定性影响较小，但是在一些河流入海口，盐度的突然改变会导致水合物的分解，例如，黑海西北部在过去9 000年中盐度的变化导致了水合物的分解（图6-3），增加了海底滑坡和海啸产生的可能性，而且推测该过程可能也出现在里海和马尔马拉海当中（Riboulot et al., 2018）。

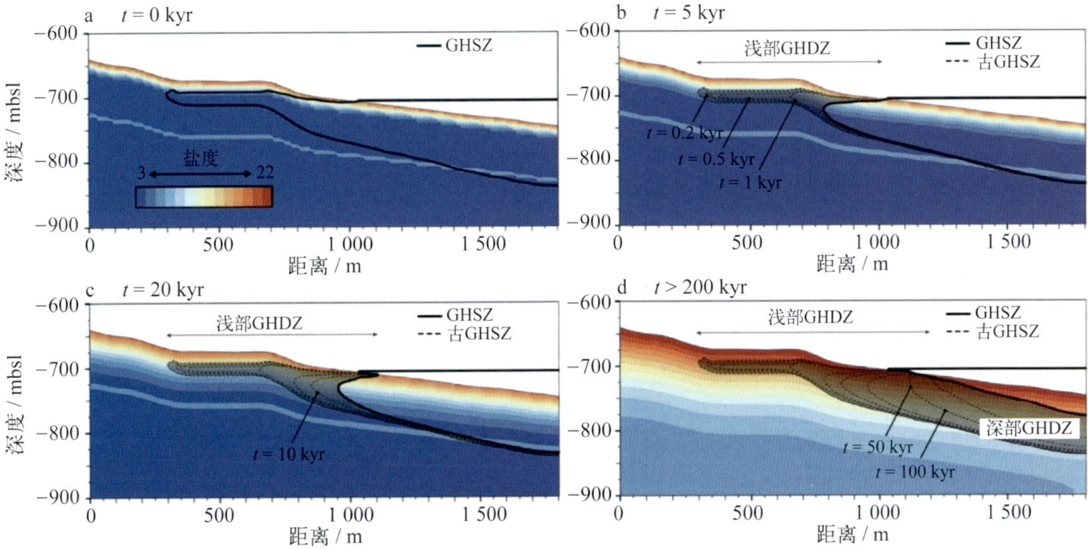

GHDZ—天然气水合物失稳带，GHSZ—天然气水合物稳定带

图6-3 黑海西北部由于盐扩散导致的水合物稳定带的变化（Riboulot et al., 2018）

6.1.4 气体组成

不同气体组合形成的水合物具有不同的相平衡边界，实验室中已经对各气体相平衡曲线进行了模拟，结果表明，甲烷和丙烷对水合物形成的温压条件影响很大，天然气中如果含有重烃气，相平衡曲线相对甲烷水合物来说会向右移，水合物形成温度和压力更容易达到，在自然界中体现为更高的温度和更低的压力便可形成水合物，且在相同压力下，含有丙烷分子的水合物最容易形成，含有氮气分子的水合物最难形成。自然条件下不同组分的烃类物质会导致水合物稳定带底界面深度不同，可能在同一时间会形成不止一个水合物稳定带底界面，其宏观体现就是出现两条似海底反射（Foucher et al., 2002）。数值模拟表明，海底温度为3℃，地温梯度为40℃/km，水深为2 000 m，纯甲烷水合物稳定带厚度为460 m，而气体组成变为96%甲烷、3%乙烷和1%丙烷，水合物稳定带厚度为510 m。可以看出，较小的气体组成变化时水合物稳定带厚度的影响较大，但是在地质条

件下，气体组分的改变是相对较少的，而且全球大于99%的水合物均由甲烷构成，因此，气体组成在实际自然条件下对水合物稳定带的影响不大。

6.2 浅表层天然气水合物气源特征

6.2.1 天然气水合物气源类型

天然气水合物从孔隙流体中结晶形成的前提条件之一是气体浓度达到临界值，且在形成后甲烷浓度需要维持在一定水平，因此，天然气水合物的富集必须具有充足的气源条件，气源充足与否是决定天然气水合物成矿规模的重要影响因素；同时，作为天然气水合物系统的起源要素，成矿气体成因类型也是理解天然气水合物系统成藏机理以及资源评价的重要环节。

截至目前，已发现的天然气水合物气体组分均以烃类为主，非烃类气体主要为二氧化碳，例如，在冲绳海槽发现的二氧化碳水合物（Sakai et al., 1990），该类水合物不具备能源及资源潜力特征，故不在本书的讨论范围内。其中，烃类以甲烷作为最主要的成分，通常可以达到所有水合物气体组分的99%以上，其余烃类气体还包括乙烷和丙烷等重烃类气体。从成因上来说，烃源岩中甲烷等烃类气体可分成有机成因和无机成因两大类，而前者是天然气水合物研究中重点关注的对象，又可以细分为微生物成因气和热解成因气两个端元以及两者的混合气体。微生物成因气是岩石中干酪根在微生物作用下通过一系列化学作用转化而来，包括二氧化碳还原和乙酸发酵两种途径；而热解成因气是干酪根进入生烃门限后发生热裂解形成的气体，根据干酪根的不同可分为油型气（腐泥型干酪根）和煤型气（腐殖型干酪根）。

以下对两种成因类型烃类气体分别进行介绍。①微生物气，该类型气体是指沉积物中的有机质在厌氧细菌作用下分解产生的气体。产甲烷菌广泛分布于厌氧环境，这也包括深水环境下的沉积物，产甲烷菌主要通过醋酸的厌氧发酵作用和二氧化碳还原作用将有机质转化为甲烷，其他生物地球化学作用则取决于产甲烷菌的种类和有机质类型等因素，如甲酸酯、甲醇、甲胺的转化作用和硫化物的甲基化还原作用也可将有机质转化成甲烷，但这些作用的意义相对较小。研究表明，二氧化碳还原作用主要发生在海底沉积物当中，而醋酸发酵主要发生在淡水环境当中。微生物地球化学作用形成的气体大多会滞留于原地，部分则会向上运移到海水中。当沉积物中甲烷浓度超过甲烷在孔隙水中的饱和溶解度，即处于饱和或过饱和状态时，配合合适的温度和压力条件即可析出天然气水合物晶体，该过程就是水合物成因理论的原地微生物气模式，也就意味着天然气水合物广泛分布于陆架边缘的海域环境中。②热解气，该类型气是沉积物中的有机质在一定的温度、压力条件下，经裂解作用产生的气体。随着埋深的增加，温度升高，有机质成熟度也会增加，有机质热化学分解可形成热解气。在早期热成熟阶段，热解甲烷常常与其他烃类气体、非烃类气体和原油共生，而在晚期热成熟阶段，甲烷则由干酪根、沥青或原油的碳键裂解形成，该类气体可以细分为油性伴生气（油型气）和非油性伴生气（煤型气）两类。相比于传统油气，起初对于天然气水合物热解气的重视程度较低，随着世界范围内发现越来越多的热解气或混合气天然气水合物，人们逐渐开始关注热解气的生成运移机制。深部形成的热解气以溶解状态或游离状态进入孔隙水，与孔隙水一起发生运移。尽管在深部的孔隙流体中，甲烷含量可能低于其饱和度，但随着这类孔隙流体向上运移，特别是在板块俯冲带附近更有可能向上运移至浅部的水合物稳定带，随着孔隙压力的降低，孔隙流体中甲烷的溶解度也相应降低，这可能会导致甲烷从不饱和状态转变为饱和状态，从而形成天然气水合物，即水合物成因理论中流体运移和扩散模式。适应该理论的有利环境包括有增生楔的俯冲带、无增生楔的俯冲带和高沉积速率地区。这类地区由于地壳的压缩变形或由于沉积物的侧向挤压作用，导致大量的流体排出。对于浅表层天然气水合物来说，研究表明，具有和水合物稳定带附近类似的气源类型，微生物气、热解成因气及混合成因气均有发现。由于水合物藏在空间上位于整个水合物系统的最顶部，来自深部的热解成因气和浅部原地生成的微生物气混合，从而形成大规模的混合气型水合物。

6.2.2 浅表层天然气水合物气源研究载体与方法

天然气水合物烃类气体成因类型的判断需要基于不同地质档案，其记录载体包括3种。①原位采集到的天然气水合物样本，该载体反映出的烃类气体信息最为准确和直接，将水合物样本于低温下保存在船载实验室并运回，在陆地实验室上待其分解，将收集到的气体进行测试，需要指出的是，测得的气体可能为多期生成气的混合，这是由富烃流体的幕式运移造成的。②孔隙水，该类载体主要使用在天然气水合物早期勘探中，通过对近海底沉积物样品的榨取，提取未固结沉积物中孔隙流体，收集到的顶气烃类气体可以用于测试分析，对于浅表层水合物来说，由于孔隙水通常采集位置比深部扩散型水合物更浅，这种空间上的联系能够更好地指示浅表层水合物特征，上述两类载体记录的均为当前时间尺度下的烃类气体信息。③冷泉碳酸盐岩，天然气水合物富集区附近发育的冷泉碳酸盐岩通常与富集的水合物具有相同成因类型的气源，近海底附近水合物释放的甲烷在硫酸盐—甲烷过渡带中发生甲烷厌氧氧化作用，形成的HCO_3^-为碳酸盐岩的成岩提供了有利条件，全球冷泉碳酸盐岩年龄为几千年至几十万年，因此，其中记录的是过去甲烷的信息，无法直接判断现今天然气水合物的气体成因类型，仅能提供参考意义。

在获取到天然气水合物气源记录载体后，便可进行稳定同位素和气体组分含量测试和分析，最主要的有两个：①$C_1/(C_2+C_3)$和甲烷$\delta^{13}C$值，若$C_1/(C_2+C_3)$值大于

1 000，即甲烷含量占据绝对优势，且$\delta^{13}C < -60‰$ VPDB，可判断为微生物气体；若$C_1/(C_2+C_3)$值小于100，其$\delta^{13}C > -50‰$ VPDB，可判断为热解成因气；若$C_1/(C_2+C_3)$值介于100～1 000，为两者的混合气体（Whiticar, 1999）。②甲烷碳氢同位素，该方法是利用Whiticar（1999）提出的C-D图版进行判断，当$\delta^{13}C<-60‰$ VPDB，且δD介于$-250‰$～$-150‰$ VSMOW，判断为通过二氧化碳途径还原形成的微生物成因甲烷，当$\delta^{13}C>-50‰$ VPDB，特别是$\delta D>-150‰$ VSMOW，可判断为热解成因气。除了上述两种方法外，也不断有新图版用于研究烃类气源，例如利用$\delta^{13}C_{CH_4}$和$\delta^{13}C_{DIC}$进行研究，上述3种方法的实例应用可参考Nankai增生楔附近Kumano盆地KMV#5泥火山（Ijiri et al., 2018）（图6-4）。

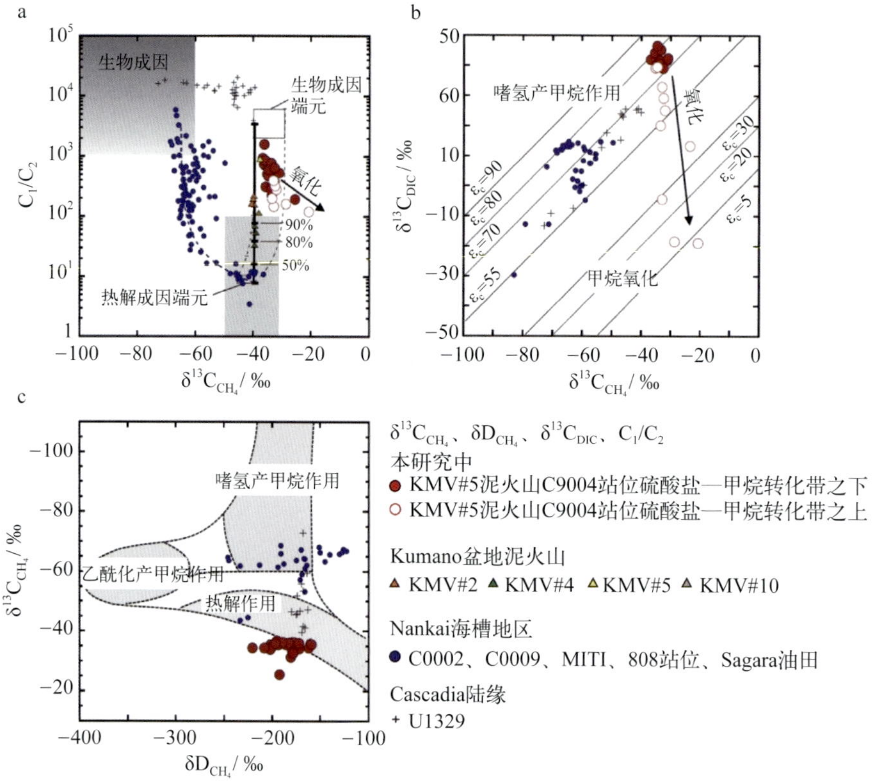

图6-4　日本Nankai海槽Kumano盆地KMV#5泥火山烃类气体成因类型判断图版
（Ijiri et al., 2018）

全球范围内天然气水合物气源分析表明，绝大多数天然气水合物均以微生物成因甲烷为主，混合成因甲烷次之，而热解成因甲烷数量最少，目前，在中国的南海东沙海域、墨西哥湾、里海、黑海、加拿大马立克等少数地区发现了热解气或混合气组成特征（Mienert et al., 2022）。沉积物中微生物生烃实验表明，微生物生烃能力有时并不足以形成大规模具有资源前景的天然气水合物藏，因此，天然气水合物藏深部气源是微生物成因的可能性较小，水合物样品大多数表现为生物成因气特征的原因，可能与判定气源成因依据的同位素分馏作用有关。例如，冷泉碳酸盐岩当中稳定碳同位素的数值与甲烷厌氧氧化的分馏作用有关，同时，由于成岩位置接近海底，海水中的δ^{13}DIC也会使该数值增加15‰～25‰（Himmler et al., 2019），如何更准确地判断天然气水合物气源依赖于方法和理论的进步，例如，已有研究开始使用水下机器人搭配激光拉曼探头的方法于深海现场获取水合物气体组成成分。

此外，水合物气源成因类型的判断还可以参考其下方的含油气盆地，两者可在垂向上构成更大的常规—非常规成藏系统。目前，全球发现天然气水合物藏的海域，如我国神狐海域、墨西哥湾、里海、黑海、日本海等，一般其深部均发育有成熟的含油气盆地，烃源岩广泛分布，并且干酪根有过排烃历史，生成的烃类流体可以通过断层等运移通道到达天然气水合物稳定带，含油气盆地和水合物富集区是富烃流体在运移路径不同空间位置处的聚集，因此，含油气盆地和天然气水合物很有可能具有相同的气源成因类型，可以依据含油气盆地当前勘探阶段掌握的资料初步判断水合物气源类型。

6.3 浅表层天然气水合物运—聚—散特征

天然气水合物的运移和聚集决定了其成藏位置，是天然气水合物成藏体系中最重要的组成部分，也是水合物勘探的主要目标。特别是对浅表层天然气水合物来说，其勘探思路是根据沿运移通道和途径寻找附近水合物矿体，由于埋藏深度较浅，且聚集不完全依赖岩石物性特征，运移和聚集两个要素需要通过地震声学数据研究两者的联系，因此，运聚要素对于浅表层水合物成藏系统来说尤为重要（吴能友等，2020）。与浅表层水合物相关的运移通道主要包括断层和裂缝两大类，一些特殊地质体也会与上述两类通道共同形成疏导体系，完成富烃流体的接力运移过程，而在水合物稳定带中富烃流体运移又不同于常规流体运移。现分别介绍各特征。

6.3.1 运移特征

1）断层

与常规油气中以断层为通道进行的二次运移相比，水合物系统中富烃流体在进入水合物稳定带之前具有相似的运移机制，即幕式流动过程。部分规模较大的断层有成为深部热解气垂向穿层运移有效通道的潜力，该过程与断层活动密切相关，流体运移发生在断层面或附近的破碎带里。许多实例研究表明，无论是对于扩散型水合物还是渗漏型水合物，构造作用对其富集均有重要的控制作用，例如水合物脊（Hydrate Ridge）和墨西哥湾（Gulf of Mexico）北部（Johnson et al., 2003）。富烃流体的运移可以发生在断层幕式活动期以及间歇期。

断层幕式活动流体运移动力主要有两种：地震泵作用以及超压作用（Talukder，2012）。其中，地震泵作用是地下深部的地震活动使岩石发生剪切破碎，断层带内部的裂缝开启，断层带活动被激活，其附近岩石垂向渗透率有所增加，使超压带内流体迅速外泄，孔隙压力也随之下降。在内外压差的作用下，断层带像泵一样把围岩内大量流体吸入，造成流体向断层带汇流；随着断层带的活动，压力得以释放，被吸入的流体运移至浅部压力较小的岩层，断层活动逐渐停止。当断层中应力再次累积导致地震时，断层活动再次激活，从而重复上述过程。

超压作用是流体沿断层幕式运移的另一种常见动力，在生长断层下降盘，由于各种作用，往往形成异常高压带，当其内部压力达到断层带内破碎岩石的破裂压力时，断层带内裂缝重新开启，大量超压流体进入裂缝，由于异常孔隙压力提供了断层活动所需的剪切应力，流体在进入断层带后在异常高压以及浮力的驱动下向浅部运移，遇到渗透率较高的地层便有可能离开断层进入其中，流体排出后，压力下降导致断层带内裂缝逐渐关闭，异常高压带内孔隙流体压力继续缓慢积累，等待重复上述过程。该过程在水合物稳定带下部气体聚集尤为明显，不断增高的气柱在浮力的作用下导致孔隙压力不断升高，从而打开贯穿水合物稳定带的断层发生幕式运移（Talukder, 2012；Liu and Flemings，2006）。

断层幕式活动间歇期，流体运移驱动力远小于断层活动时，断层带与两侧岩层的压力平衡由于断层活动的停止而被打破，从而引起断层带及两侧储层之间流体的再分配，该过程中，流体运移以砂层内及穿越断层的侧向运移为主，运移动力为浮力和断层带与其两侧砂层的排驱压力差。此时，断层角砾岩成为流体在断层带内运移的障碍，由断层一侧储层排入断层带的流体只有在角砾岩不连续处才能横穿断层带进入另一侧储层，这种流体穿越断层带的侧向运移会持续到断层带与两侧砂层所构成的疏导系统达到压力平衡为止。

2）裂缝

单一裂缝难以构成疏导富烃流体的有效通道，但其一系列高角度、穿层的圆柱状裂缝集合体便可构成这一通道，该通道在地震数据中呈现为圆柱状的空白反射或反射异常，因其外形特征类似于烟囱，便被称为气烟囱（图6-5）。现在气烟囱这一概念已被广泛使用于天然气水合物系统中，部分研究已将该概念广义化，对于外形不类似于烟囱的空白反射带也被称为气烟囱，无论是狭义上还是广义上的气烟囱，都是指代地下可以作为孔隙流体有效运移通道的单元。

气烟囱构造特征已在陆地上得到观察和具体的描述，其内部是一系列垂向分布的裂缝，并伴随有同心圆状的断裂，内部沉积物并未发生大规模的错断和滑动（Løseth et al., 2011），其形成主要是因为根部附近存在异常高压，上覆岩石强度被克服，以气态和液态混合为主的孔隙流体快速释放而造成的，其顶部通常为海底，首次喷发后留下的单元也可继续成为通道，下方流体重新累积压力，完成新一轮的释放，由此可以看出，除了首次喷发时，后续流体快速排放的机理类似于断层的幕式排烃过程（万志峰等，2021）。

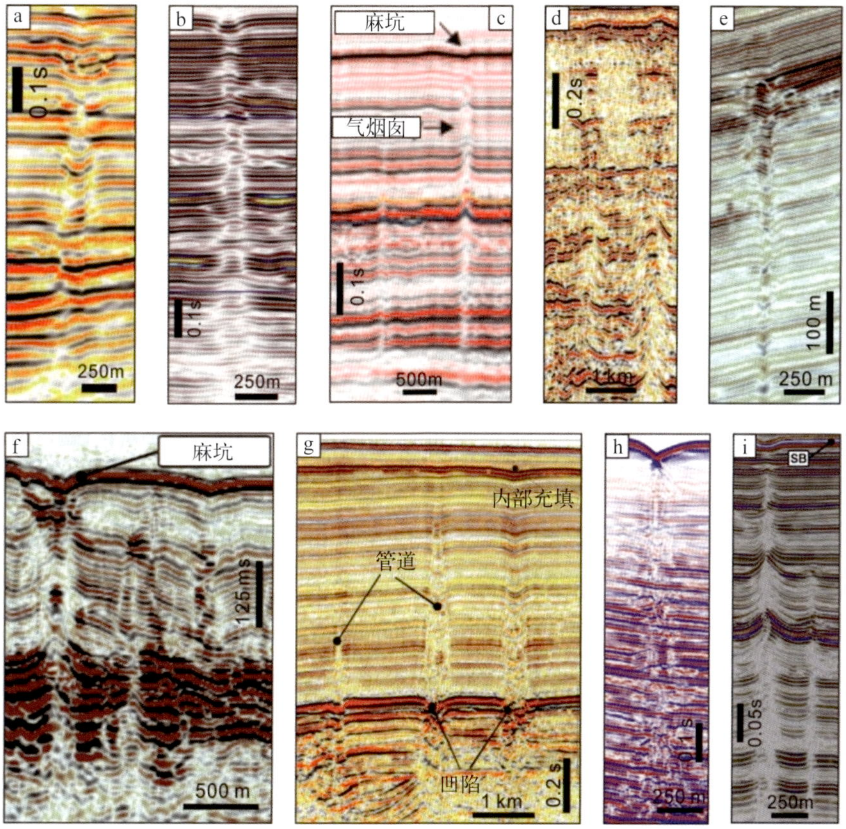

图6-5　世界范围内典型的气烟囱地震特征

a. 纳米比亚海域（Moss and Cartwright, 2010）；b. 尼日利亚海域（Løseth et al., 2011）；c. 挪威中部海域（Hustoft et al., 2010）；d. Faeroe-Shetland盆地（Cartwright et al., 2007）；e. 毛里塔尼亚海域（Davies and Clarke, 2010）；f. 安哥拉海域（Andresen et al., 2011）；g. 中国南海（Sun et al., 2013）；h. 东日本海（Horozal et al., 2017）；i. 挪威海域（Plaza-Faverola et al., 2011）

气烟囱是浅表层水合物聚集成藏的重要运移通道，特别是水合物稳定带内的气烟囱，其流体运移路径附近是浅表层水合物有利富集区，关于其聚集位置，现已发表的结果具有不同的观点（Wood et al., 2002；Plaza-Faverola et al., 2010），一是认为运移通道附近的高渗透率地层是有利场所，运移通道内部由于间歇性排出深部高温流体，受到高温的影响，内部形成的水合物难以长时间维持（Wood et al., 2002），而在通道四周的高渗透率地层，会在流体排出过程中捕获部分流体形成水合物（Milkov, 2000），从而在空间上形成下大上小的圣诞树结构；该论点在之后的研究中受到质疑，地震反演数据和实际取样表明，通道内部（如气烟囱、麻坑等）可以发育天然气水合物，推测流体活动间歇

2）日本海浅表层天然气水合物藏

日本海水合物勘探将海底凸起、冷泉、气烟囱等地质体一同视为浅表地层潜在目标，研究表明这些类型水合物声学剖面及海底特征酷似泥火山，但严格来讲并非海底泥火山系统（Matsumoto et al., 2011）。日本海高分辨率三维地震数据显示日本海东缘发育1 700多个气烟囱，部分位于海底凸起下方，直径为数百米至上千米，其两侧反射特征清晰且成层，其顶部是由通量较高的甲烷渗漏所形成的碳酸盐岩、菌垫以及化能合成生物群落，上方水体偶见游离气泡和羽状流，BSR深度为海底以下135 ~ 150 m，与气烟囱相交部分出现上拉，其幅度可达80 ms（图6-8），该地物现象是由气烟囱内部存在高速物质所导致的。随钻测井数据表明，该海域水合物并非以细粒状充填在海洋沉积物孔隙当中，而是以结节状、透镜状或块状出现在气烟囱结构泥岩中。在J24站位，厚层块状水合物出现在海底以下10 ~ 45 m、50 ~ 70 m及80 ~ 115 m位置，在水合物稳定带附近出现有少量泥和水合物互层，其中，出现1.5 m长度异常伽马值（接近0）和高速度数值（3 000 m/s）部分，对应的天然气水合物饱和度接近100%。地化分析表明，日本海水合物气源成因类型随地域变化较大，其分解形成的烃类物质为微生物成因、热解成因以及混合成因（Matsumoto et al., 2017）。

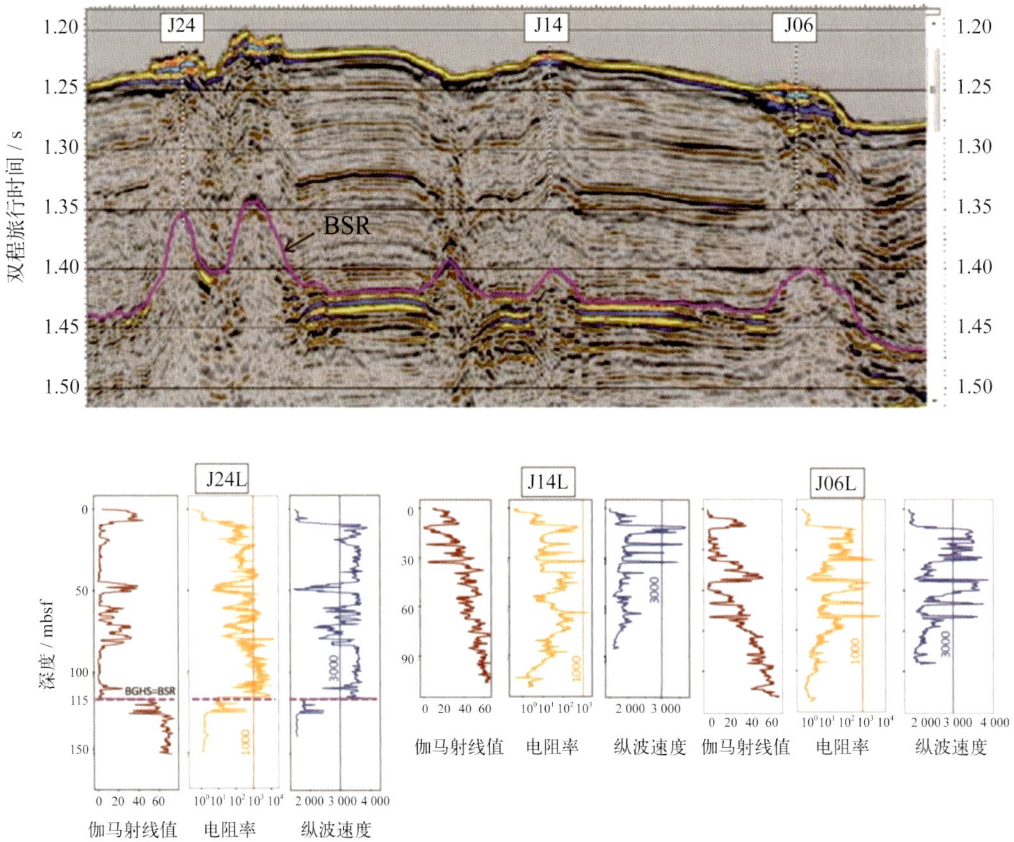

图6-8 日本海典型地震剖面及随钻测井数据（修改自：Matsumoto et al., 2017）

3）韩国郁陵盆地气烟囱天然气水合物藏

郁陵盆地是一个晚渐新世深水弧后盆地，北部以南韩海台为界，西部以朝鲜半岛为界，盆地内更新世以来的沉积充填由半远洋沉积和块体流沉积体所构成。多道地震剖面中BSR已经证实该盆地中发育水合物，且存在海底柱状地震空白单元，即气烟囱，单元内部具有明显的高速异常，大部分终止于海底以下的沉积物中，少量刺穿海底形成冷泉并造成了沉积层变形或海底地形变化，包括水合物帽、水合物丘等（图6-9）。为了进一步探明该单元中是否有水合物，UBGH1航次采用重力活塞和钻探方式对该位置取样，结果表明，在3个取样站位中均有厚度不等的水合物层，最厚可达130 m，是一套砂质和黏土沉积物的互层。水合物通常以两种形式产出：①裂缝充填或层状赋存于黏土骨架中，如UBGH1-09和UBGH1-10。②以孔隙充填形式赋存于粉砂/砂质沉积物之中，如UBGH1-04井。通过测井曲线估算UBGH1-09井和UBGH1-10井天然气水合物饱和度为60%～90%，两口井中水合物位置分别为70～150 mbsf和10～140 mbsf，其形成均是由于富烃流体通过通道垂向运移至浅部地层。

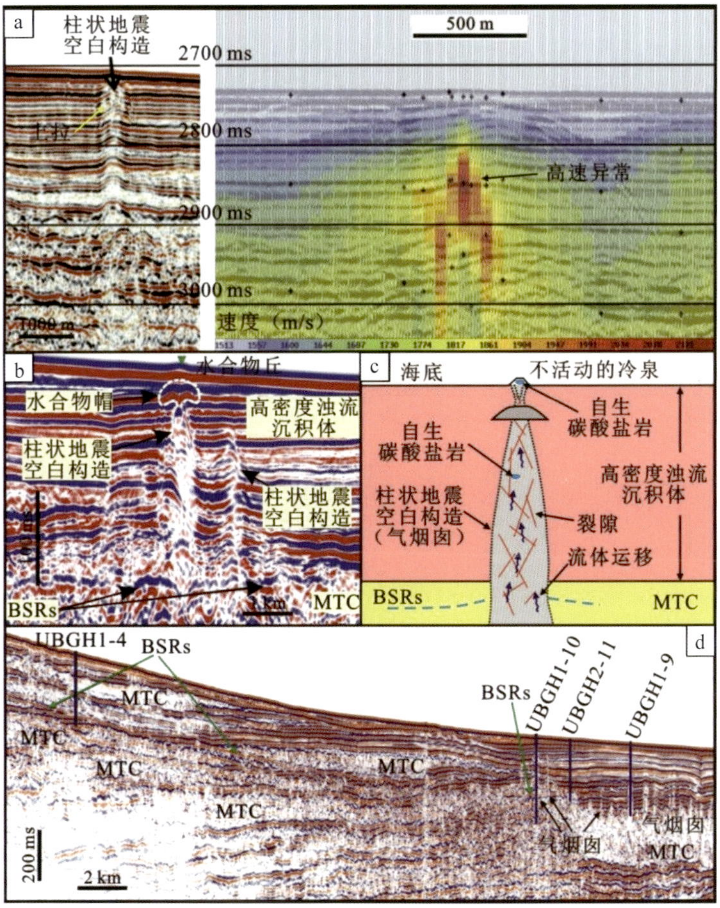

图6-9 韩国郁陵盆地水合物柱状地震空白构造的地震反射及速度特征（a）；水合物帽及水合物丘的地震反射特征（b）；气烟囱-水合物帽-水合物丘的地质模式图（c）；气烟囱和MTC的特征（d）（苏明等，2015）

4）哥斯达黎加海域泥火山天然气水合物藏

SO144科研航次发现了位于哥斯达黎加岛弧前的Mound 11泥火山（8°55′N，84°18′W）（Schmidt et al., 2005），随后M54-2科研航次确认了该泥火山中存在的天然气水合物。该泥火山处于主动大陆边缘背景下，水深约1 000 m，直径约300 m，高度约为20 m，顶部覆盖有大量的碳酸盐岩和零散的细菌垫。地震剖面上可见似海底反射层位于海底以下340 m，泥火山下方热孔隙流体的垂向运移导致了水合物稳定带底界面的向上弯曲。重力取样（GC109）显示近海床沉积物有两个岩性单元，上部为橄榄绿含砂黏土岩并伴有含钙泥角砾，该部分可见含砂泥岩和碳酸盐岩的河道沉积，下部单元为匀质的粉砂质黏土和钙质薄层互层，似冰状的水合物出现在下部单元，与上覆钙质层相比，水合物层倾斜45°，通过密度数据估算此处的水合物含量最高可达60%。储存在该泥火山附近的水合物大部分都是甲烷水合物，地化数据表明，甲烷来自地下深处的有机质降解。硫酸盐和甲烷的消耗、硫化氢的形成以及碱性升高说明了甲烷厌氧氧化作用的存在。Schmidt等（2005）综合了地球物理、地球化学数据和取样结果提出了如图6-10所示的模型，在该模型中低氯含量、富含甲烷的地下深部流体通过断层运移至浅部地层并穿过水合物稳定区域到达海床表面，这一流体外排通过了泥火山中央通道，由于这一外排作用海床附近的对流单元使海洋底部水进入到泥火山附近沉积物中，在这一过程中，自生碳酸盐岩的成岩区域底界面会变深，水合物稳定区域顶界面也随之变深。

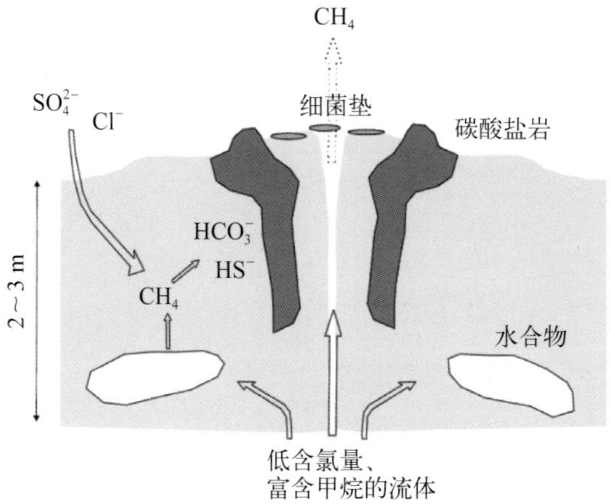

图6-10 哥斯达黎加海域Mound 11泥火山流体运移模式图（修改自：Schmidt et al., 2005）

5）鄂霍次克海泥火山天然气水合物藏

鄂霍次克海萨哈林岛海域存在着泥火山（如Piltunsky泥火山）和大量的羽状流（如Giselle羽状流），这些羽状流沿着大型走滑断层分布，高度为90～500 m，多次调查证实了羽状流的频繁出现，这都说明了该海域活跃的浅层气体运移和海床气体排出（Shakirov et al., 2004）。Luan等（2008）通过侧向扫描声呐发现一丘状突起发育在该海域海床上（54°27′ N，144°14′ E），该构造形态上不对称，水深880 m，直径约为600 m，高度约为40 m，其顶部泥火山口直径12 m，深度4 m，通过重力取样（LV39-25H），样品显示岩性为含黏土粉砂岩，含有双壳贝壳、自生碳酸盐岩，该样品中富含天然气水合物（图6-11），水合物以不连续的白色薄片状分布在样品中，厚度1 ~ 2cm，宽度2 ~ 5 cm，饱和度约为5%。

图6-11 鄂霍次克海LV39-25H采样观察到的水合物（Luan et al., 2008）

6）刚果深水扇麻坑天然气水合物藏

刚果盆地位于非洲被动大陆边缘，水深超过3 500 m，该盆地之前已有常规油气发现，BSR在该海域广泛分布，水合物稳定带厚度从1 000 m水深的100 m增至3 000 m水深的500 m。从刚果河口延续至深水扇的连续空间内已发现有672处类似麻坑的微地貌，其分布密度达到了20个每百平方千米，但海底背向散射强度表明仅有2% ~ 3%的麻坑有流体逃逸活动，这些麻坑的浅部富含水合物，海底有化能合成作用于底栖生物以及气体逃逸。在下刚果盆地，麻坑位于一系列构造单元（包括断层带、盐底辟、多边形断层）和埋藏沉积单元（包括浊积水道、侵蚀面、河道-天然堤体系）之上，说明了构造和沉积单元对于麻坑发育的控制作用。麻坑中获取的水合物样品，深度小于12 mbsf，水合物产状呈透镜状、条带状、脉状、纤维状、团块状、块状或分散于沉积物颗粒当中（图6-12），在地震剖面上麻坑下方可识别出正断层，其底部位于BSR下方高亮反射中，在垂向上自下而上构成盐底辟—BSR—正断层—麻坑的特征，指示了潜在的富烃流体运移通道，海底麻坑可见背向散射强度异常，可能是由于浅部埋藏的水合物以及自生碳酸盐岩造成的。水合物中甲烷的测试结果表明，此处甲烷均为通过二氧化碳还原途径生成的微生物气，自生碳酸盐岩的氧同位素正偏也表明其生成与水合物密切相关。刚果深水扇的快速沉积导致了水合物稳定带底界面的向上迁移，这促使了底部水合物的分解以及随后甲烷游离气的逃逸（Mienert et al., 2022；Sahling et al., 2008）。

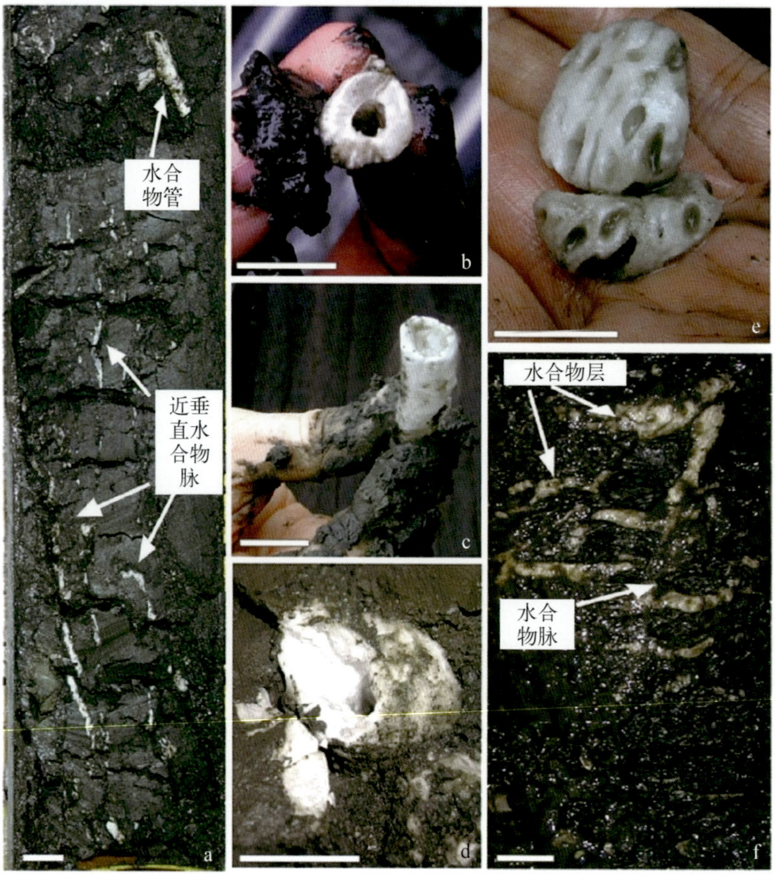

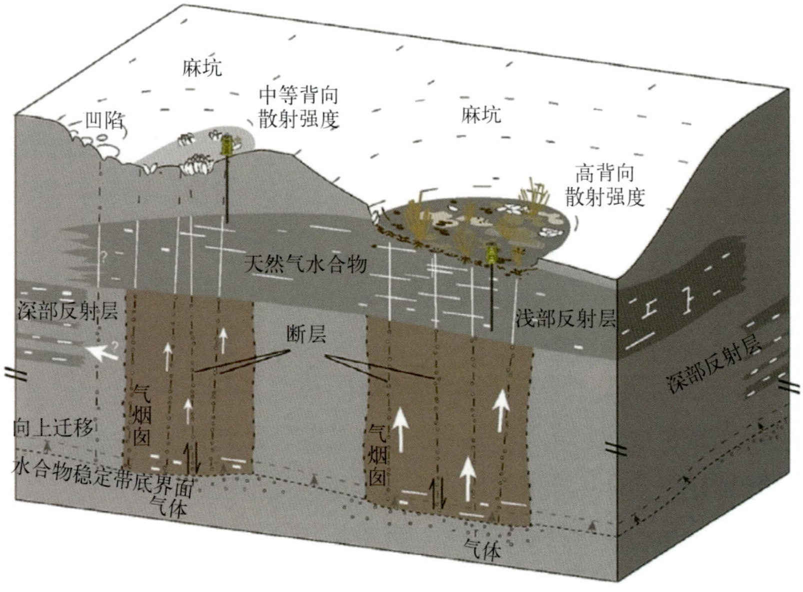

图6-12　库伊鲁麻坑中获得的水合物样本（比例尺代表2 cm）（上）和库伊鲁麻坑地区浅表层水合物分布示意（下）

7）中国海域浅表层天然气水合物藏

中国海域中广泛存在海底游离气逃逸现象，形成诸如泥火山等一系列深海地质系统，勘探初期在大范围海域中识别泥的火山主要依靠不同频率声学数据所提供的水体、海底及沉积物信息，这些地球物理数据可以刻画泥火山—水合物系统，其表征包括水体中出现的甲烷羽状流、海底微地貌凸起及反射或背向散射强度异常和沉积物中异常声学反射带（图6-13），但目前并无泥角砾资料支撑泥火山地质系统的准确界定。上述数据表明，中国海域深海泥火山表征与世界范围内主动大陆边缘附近发育的泥火山较为类似。该系统中天然气水合物分布位置是通过地震和少量钻井资料分析所得的，结果表明，中国海域泥火山系统中天然气水合物在平面上主要出现在中央通道外缘附近，距泥火山数百米处便很难发现，水合物偶尔以细粒充填在粉砂中，多数呈块状分布于未固结泥岩当中。此外，对这些泥火山附近孔隙水及顶气甲烷进行地球化学分析，表明泥火山外缘存在溶解态甲烷渗漏，且水合物中烃类气体成因类型为微生物成因、热解成因以及混合成因（李清等，2020；Li et al., 2021；Xu et al., 2021）（图6-13）。

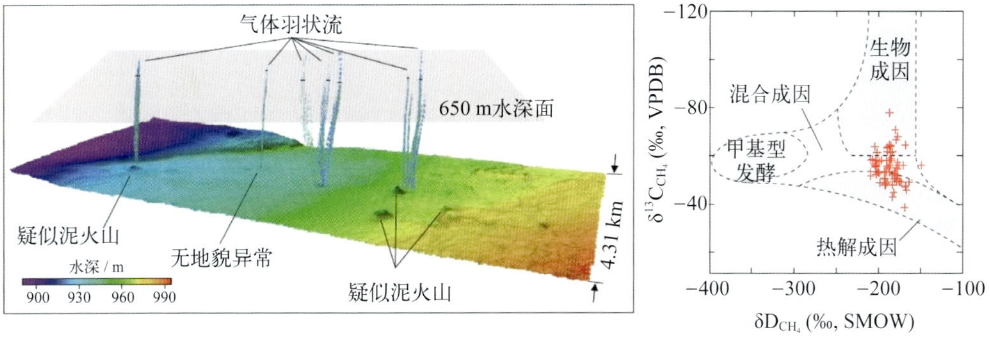

图6-13 中国海域泥火山海底地貌及其气源分析

6.4.2 浅表层天然气水合物成藏模式

通过上述水合物成藏典型案例，可以看出浅表层水合物系统是高通量甲烷自沉积物排出这一地质过程的产物，该过程会形成一系列地质体，包括泥火山、冷泉等（表6-1），以甲烷为主的热解成因、微生物成因及其混合成因的气体会在构造等地质作用驱动下向浅部运移，该运移通常伴随着孔隙超压和高角度裂隙（蔡峰等，2020；李昂等，2020）。甲烷喷出在海底形成似锥状凸起和单个或若干个喷口，前者形成源于喷出液化沉积物的持续堆积，通常伴随泥底辟塑性泥质流的强烈上侵，后者间歇性的开闭会导致泄漏的气泡羽状流随时间而变化。富甲烷孔隙流体的对流主要发生在裂隙内部，通量较高，同时甲烷由于浓度差向围岩扩散，形成的硫酸盐甲烷界面由中央部分向四周逐渐变深，该界面上方发生的甲烷厌氧氧化作用为自生碳酸盐岩的发育提供物质基础。

此外，从深部快速运移至此的孔隙流体通常具有较高的温度，这会影响局部水合物稳定带的厚度，水合物稳定带底部在通道附近向上拱起，形成的封盖外形可能会为游离气富集提供圈闭。泥火山系统中天然气水合物多数以团块状分布于通道附近泥岩之中，厚度从几厘米至几米不等，其饱和度通常较高，向周围地层逐渐降低直至消失，其范围通常为数百米不等，且随着深度变浅该范围变小，在剖面上呈现类似圣诞树的结构（图6-14），而在空间上潜在水合物储层形成下大上小类似环状的外形。

表6-1 全球典型浅表层天然气水合物成藏要素

天然气水合物藏类型	水合物产物	水合物指示特征	水合物赋存位置	水合物厚度	水合物饱和度	气源特征	疏导系统	沉积物岩性
巴伦支海泥火山型	渗漏	BSR（深度为海底之下85 ~ 150 m）	通道外部	1 ~ 50 m	21.30%	热解	泥火山	泥岩
日本海浅表层	渗漏	BSR（深度为海底之下135 ~ 150 m）	通道内部	几厘米到几十厘米不等	75%	生物—热混合成因	气烟囱	泥岩
韩国郁陵盆地气烟囱	渗漏	BSR	通道内部	70 ~ 130 m	60% ~ 90%	微生物	气烟囱	砂质与黏土互层
哥斯达黎加海域泥火山	渗漏	BSR	通道外部	20 m	60%	热解	泥火山	泥岩、砂岩
鄂霍次克海泥火山	渗漏	BSR上方反射振幅减小、下方放大	通道外部	1 ~ 2 cm	5%	生物—热混合成因	泥火山	粉砂岩
刚果深水扇麻坑	扩散	BSR下方高亮反射	通道内部	100 m	—	微生物	麻坑	泥岩、砂岩
中国海域浅表层	渗漏	BSR	通道内部	77.3 m	45%	生物—热混合成因	泥火山	泥岩、粉砂岩

总体来说，浅表层天然气水合物通常具有范围小、饱和度高、埋藏深度浅的特点。不同于常规油气藏的生、储、盖、圈、运、保的时空匹配，浅表层天然气水合物更加侧重研究成藏过程中运移和聚集要素，强调甲烷厌氧氧化带、天然气水合物温压稳定带、孔隙水甲烷及盐度分布等多套物理和化学场有效耦合配置，水合物高饱和度对于砂岩岩性的依赖程度较小，而在烃类气体成因上与扩散型水合物以及常规油气藏差别不大。

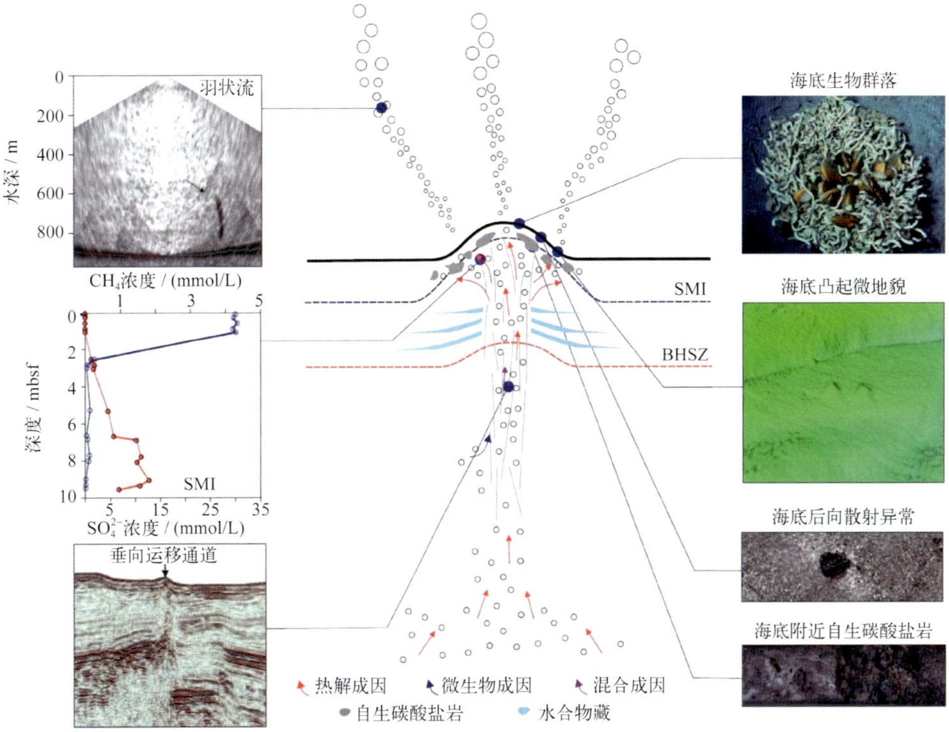

图6-14　浅表层天然气水合物藏及其表征地质模式图

6.5　小结

本章首先介绍了浅表层水合物成藏要素及其特征，之后结合世界上典型的浅表层水合物案例说明了具体环境下成藏要素特征及其组合方式，在充分了解水合物成藏体系通性特征与具体表征的基础上归纳出了海域浅表层水合物的成藏模式。其中，天然气水合物稳定带决定了水合物能够富集的理论上限，主要受到温度和压力的控制，局部地热场、压力场、盐度场的变化都会导致部分水合物稳定带的变形。浅表层水合物烃类气体来源为生物成因、热解成因或混合成因，不同类型成因的烃类气体保证了水合物富集的供给，气源类型的分析可以通过原位水合物采集分析、水合物周围孔隙水以及自生碳酸盐岩测试分析的方法来实现。形成水合物的富烃流体在沉积物地层中通常以断裂和断层为通道，都可以体现为幕式过程，其活动—停止过程取决于孔隙流体压力和毛细管封闭阻力的相对平衡关系。水合物的富集对储层岩性的依赖程度不高。总体来说，海域浅表层水合物呈现“浅、小、富”的特点，即埋藏深度浅、分布规模小、饱和度高，是深海环境下物理—化学—生物过程交互作用的结果，其本质是甲烷生成—运移—转化—聚集—消散的“一生”中在浅部沉积物快速逃逸环节中的短暂停留。

Namibia[J]. Basin Research, 22(4): 481-501.

PAULL C K, MATSUMOTO R, 2000. Leg 164 overview. Paper presented at the Ocean Drilling Program, Scientific Results[R].

PLAZA-FAVEROLA A, BÜNZ S, MIENERT J, 2011. Repeated fluid expulsion through sub-seabed chimneys offshore Norway in response to glacial cycles[J]. Earth and Planetary Science Letters, 305(3): 297-308.

PLAZA-FAVEROLA A, WESTBROOK G K, KER S, et al., 2010. Evidence from three-dimensional seismic tomography for a substantial accumulation of gas hydrate in a fluid-escape chimney in the Nyegga pockmark field, offshore Norway[J]. Journal of Geophysical Research: Solid Earth, 115(B8).

RAMANA M V, RAMPRASAD T, PAROPKARI A L, et al., 2009. Multidisciplinary investigations exploring indicators of gas hydrate occurrence in the Krishna-Godavari Basin offshore, east coast of India[J]. Geo-Marine Letters, 29(1): 25-38.

RIBOULOT V, KER S, SULTAN N, et al., 2018. Freshwater lake to salt-water sea causing widespread hydrate dissociation in the Black Sea[J]. Nature communications, 9(1).

RUPPEL C D, KESSLER J D, 2017. The interaction of climate change and methane hydrates[J]. Reviews of Geophysics, 55(1): 126-168.

SAHLING H, BOHRMANN G, SPIESS V, et al., 2008. Pockmarks in the Northern Congo Fan area, SW Africa: Complex seafloor features shaped by fluid flow[J]. Marine Geology, 249(3-4): 206-225.

SAKAI H, GAMO T, KIM E, et al., 1990. Venting of carbon dioxide-rich fluid and hydrate formation in mid-Okinawa Trough backarc basin[J]. Science, 248(4959): 1093-1096.

SCHMIDT M, HENSEN C, MÖRZ T, et al., 2005. Methane hydrate accumulation in “mound 11” mud volcano, costa rica forearc[J]. Marine Geology, 216(1): 83-100.

SHAKIROV R, OBZHIROV A, SUESS E, et al., 2004. Mud volcanoes and gas vents in the Okhotsk sea area[J]. Geo-Marine Letters, 24(3): 140-149.

SUN Q, CARTWRIGHT J, WU S, et al., 2013. 3D seismic interpretation of dissolution pipes in the South China Sea: Genesis by subsurface, fluid induced collapse[J]. Marine Geology, 337: 171-181.

TALUKDER A R, 2012. Review of submarine cold seep plumbing systems: leakage to seepage and venting[J]. Terra Nova, 24(4): 255-272.

WHITICAR M J, 1999. Carbon and hydrogen isotope systematics of bacterial formation and oxidation of methane[J]. Chemical Geology, 161(1): 291-314.

WOOD W T, GETTRUST J F, CHAPMAN N R, et al., 2002. Decreased stability of methane hydrates in marine sediments owing to phase-boundary roughness[J]. Nature, 420(6916): 656-660.

WU N, ZHANG H, YANG S, et al., 2011. Gas hydrate system of Shenhu area, Northern South China Sea: Geochemical results[J]. Journal of Geological Research: 1-10.

XU C, WU N, SUN Z, et al., 2021. Assessing methane cycling in the seep sediments of the mid-Okinawa Trough: insights from pore-water geochemistry and numerical modeling[J]. Ore Geology Reviews, 129: 103909.

第 7 章

浅表层天然气水合物环境效应评价体系

物的环境效应和记录，并将一系列重大的地学事件与之联系起来。其中，美国对海域天然气水合物勘探也兼顾了环境效应的调查研究，引领了环境效应调查的技术方法，为世界各国广为效仿。十余年来，中国也进行了天然气水合物环境效应的理论探讨（魏合龙等，2016；孙治雷等，2016），随着两次试采的顺利实施，环境效应的调查评价工作取得了实质性进展。

综合各国浅表层天然气水合物自然环境效应调查实际情况和成果，按调查对象分类，海洋浅表层天然气水合物环境效应可分为环境生物效应、环境化学效应和环境物理效应。

7.1.1.1 环境生物效应

环境生物效应是指因各种环境因素变化而导致生态系统变异的效果，海洋浅表层天然气水合物环境生物效应主要对象是生态群落与生化反应及生物标志物，天然气水合物的环境生物效应是天然气水合物调查研究领域关注度最高的问题之一。当海底天然气水合物的稳定条件被各种潜在因素所破坏，就会发生分解，释放出来的流体沿泥火山、构造面或沉积物裂隙向上运移和排放，形成海底冷泉（吴时国等，2014）。一方面，海底冷泉及其所支持的生态系统是现代海洋地质学和生物学的前沿研究领域，它提升了人类对深海资源的认知和利用，拓展了对深海极端环境下生命界线的认识，对研究地球及地外生命起源与演化具有重要意义；另一方面，现代冷泉生态系统和冷泉泄漏本身是海底浅表层天然气水合物存在的重要标志之一（Suess, 2014），与各种地球化学参数和地球物理特征相比，冷泉生物群落更易于发现和识别，因此颇受天然气水合物资源勘探所关注。

1）冷泉生态群落的结构与多样性及分布

冷泉区存在以化能自养细菌为初级生产者的食物链，衍生了一种繁茂的生态系统，具有独特的群落结构（图7-1）。与深海热液环境相比，冷泉区的生态系统生物量高、多样性低，其生长速率也较低（Domack et al., 2005），且分布范围广泛。在被动、主动大陆边缘甚至南极都发现了冷泉生态群落，在超过6 000 m的深渊内也非常普遍（Olu and Sibuet, 1996；Levin, 2005），已知最深的冷泉生物群发现于Kurile海沟9 345 m处（陈忠等，2007），同时还发现了直接生活在天然气水合物丘内的冰蠕虫（*Hesiocaecametha—Nicola*），它们在天然气水合物分解之前可直接利用其中的甲烷生存（Fisher et al., 2000），这也显示了冷泉生态系统的独特性。

从生物的（空间、种类）结构和多样性来看，冷泉生态调查应该涵盖冷泉区的底表动物、底内动物（有孔虫、中小型底栖动物）以及沉积物中的微生物等各个方面，特别需要重点调查其丰度、生物量、特有和优势种属以及分布。这是因为冷泉系统与非冷泉区的生态群落往往有着截然不同的特征，其丰度、生物量常常远大于正常海底背景值，且不同的地区有着不同的专属群落（Levin, 2005）。已有调查发现，日本海槽和秘鲁大陆边缘冷泉区的蛤类丰度达到1 000 个/m^2（Hashimoto et al., 1989；Olu et al., 1996）。由于其生物地理学上的控制因素颇多，包括水深、构造背景、基底性质、流体特征以及环境中还原性物质（如硫化氢和甲烷）的化学梯度和供应水平等不同（Hashimoto et al., 1989；Olu et al., 1996；Ristova et al., 2012），冷泉区生态系统在深海常呈碎片状或孤岛状分布（Levin, 2005；Ristova et al., 2012），具有明显的地区专属性。管状蠕虫、贻贝和蛤类是冷泉区最常见的大型生物，它们在海底或其下塑造了一种广泛的非均匀性生境，但其分布范围和具体种属在不同的冷泉区也有很大的区别。通过对全球23个不同冷泉区的对比研究表明（Ruff et al., 2015），这些区域微生物的地区专属性程度非常高，与周围背景相比，其多样性模式呈现"孤岛状"分布。虽然核心的生物种属是相同的，但每个冷泉区都有自己的不同微生物组合和优势种，地方性特征明显。此外，还有研究表明，在数十米到数百米的范围内，冷泉系统的微生物群落组成就可能大不相同，这可能是由于孔隙水中古菌分解烃类所产生的硫化物含量不同造成的（Ristova et al., 2014）。

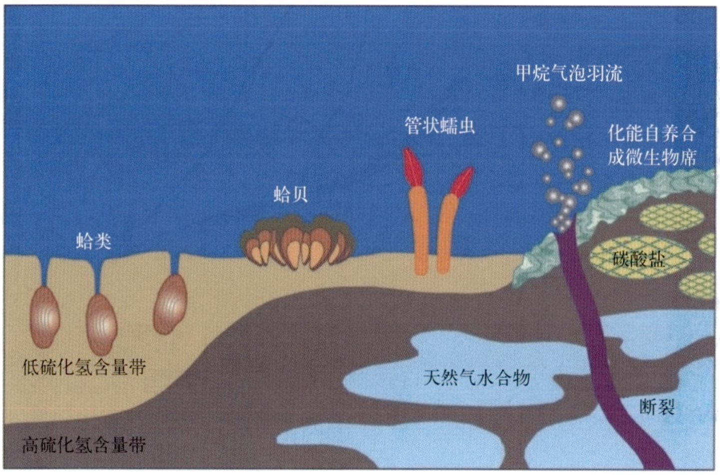

图7-1　天然气水合物泄漏区生物群落示意（魏合龙等，2016）

2）运转机制、控制因素及特征生化反应

冷泉区生态群落的调查研究重心是微生物，这是因为以化能自养为基础的微生物代谢活动是该系统正常运转的原始驱动力，也是冷泉生态系统与天然气水合物藏发生联系的媒介基础。

冷泉环境中的生态群落是海洋中最富有生产力的系统，它是以甲烷、硫化氢等还原性物质为能量和物质基础的特殊生态群落（Vanreusel et al., 2010）。该系统中存在的初级生产者主要为营自由生活的或共生于无脊椎动物（如管状蠕虫、贻贝和蛤类等）体内的甲烷氧化菌、硫酸盐还原菌。在有充足甲烷和硫酸盐供应且氧气亏损环境中，甲烷厌氧氧化古菌（ANME）和硫酸盐还原细菌（SRB）在沉积物表层附近的硫酸盐—甲烷过渡带内，发生与硫酸盐还原的甲烷厌氧氧化反应，从而将为冷泉生物群落提供了用之不竭的碳源和能量（Knittel and Boetius, 2009）。据已有数据估计，到达沉积物表面甲烷总量的75%［0.06 Gt/a（以C计）］是在硫酸盐-甲烷过渡带中被消耗的，因而硫酸盐-甲烷过渡带中的AOM反应控制了进入到水体和大气中的甲烷通量（Boetius and Wenzhofer, 2013）。有鉴于此，海洋生态群落也被称为“甲烷海底过滤器”。但这种过滤器的效率受流速等多种因素的影响，在低流速系统中过滤器的效率可达80%，在中流速系统中缩减到了20%，而在发生强烈气体喷出的区域则低于10%。此外，地形地貌、生物量以及底流等因素对这种过滤器的效率也有不同程度的影响。

冷泉区生态群落的运转是建立在微生物化能自养合成的基础上，当前仍有如下问题有待调查。

①不同区域冷泉生态系统中，甲烷来源的碳对于整个系统碳库的贡献。在阿拉斯加湾，须腕动物体内有32%~51%的碳来自甲烷；俄勒冈微生物菌席中碳的比例为20%~44%（Levin and Michener, 2002），而布莱克海台中星虫体内碳的比例为15%~40%（Van Dover et al., 2003）。

②冷泉系统与周围的物质交换程度。以化能自养合成为基础的冷泉系统与周围背景生物系统或以光合作用为基础的系统之间是否存在着物质交换。已有研究表明，阿拉斯加湾（4 500 m）E283和鄂霍次克海（1 450~1 600 m）（Sahling et al., 2003）主要捕食对象的软体组织生物中的碳来自于化能自养合成的碳。

③大多数冷泉生物已经进化到能适应一定含量的硫化氢，但是，具体含量程度仍需要进一步了解。此外，还有生物对于包括碳酸盐在内的自生矿物沉淀的适应能力也知之甚少。

④不同深度和特殊地理单元（如6 000 m以深的深渊内部）的冷泉生态系统分布的控制因素，既是天然气水合物环境效应调查至关重要的问题，也是生物学家、环境地质学家最感兴趣的科学问题。此外，对于运转机制的调查还应该考虑各种特殊地理、地貌单元中冷泉生态系统的特征，如最小含氧带、深渊以及俯冲扩张洋脊等位置（Levin, 2005），以扩展对冷泉生态系统的认识范围。

3）生物标志物

冷泉生物群落和甲烷厌氧氧化反应互养共生体的功能、结构、组成连同有关的生物标志物特征，已经成为当前与天然气水合物资源相关的冷泉系统研究的主要对象之一。冷泉生物标志物的一个主要特征就是其^{13}C值相对于碳源非常亏损，这是由甲烷营养型古菌的作用导致的（Rossel et al., 2008）。这种作用可能使有机碳的碳同位素组成低至-141.5‰ VPDB（Guan et al., 2013），这取决于微生物利用生物来源还是热裂解来源的甲烷。当前，从正在泄漏的沉积物和自生碳酸盐中，人们识别出了AOM共生体的生物标志物，从古代的冷泉沉积物中也识别出了越来越多的生物标志物（Campbell et al., 2002；Yang et al., 2011）。当前，最古老的生物标志物是从300 Ma前的灰岩中识别出来的（Birgel et al., 2008）。生物标志物的信息库已建立并逐渐更新（Rossel et al., 2008；Rossel et al., 2011）。根据脂类分析的结果，已经识别出了3种在AOM中起作用的甲烷营养型古菌互养体（ANME-1，ANME-2和ANME-3），同时也识别出了伴生的硫酸盐还原菌，它们的组合可以指示温度，可用氧气和硫酸盐含量的不同来区别（Rossel et al., 2011）。

7.1.1.2 环境化学效应

环境化学效应是在环境条件的影响下物质之间的化学反应所引起的环境效果。海洋浅表层天然气水合物环境化学效应主要对象是流体地球化学及自生矿物的环境记录，在天然气水合物区环境化学效应也非常显著。就当前对于天然气水合物区的环境化学效应理解，它涵盖的范围包括泄漏的孔隙流体、自生矿物的特征、形成以及对周围海水的影响。

1）天然气水合物系统孔隙流体的地球化学特征

沉积物孔隙流体中的Cl^-浓度异常是天然气水合物勘探最主要的地球化学识别标志之一。结合H_2O中的O和D/H同位素的分析结果，孔隙水中的Cl^-含量异常可以用来指示天然气水合物的存在，并且已经广泛应用于评估沉积层中天然气水合物的饱和度（Matsumoto and Borowski, 2000）。天然气水合物形成时，水分子被用于形成天然气水合物晶格，而Cl^-则被排斥在外（Kvenvolden and Lorenson, 2001），导致沉积物中越接近天然气水合物层其Cl^-浓度越低。通过多年的调查，含天然气水合物的沉积物中孔隙水Cl^-浓度随深度降低的趋势在布莱克海台（Kvenvolden and Barnard, 1983）、秘鲁外海（Kvenvolden and Kastner, 1990）、卡斯卡迪亚大陆边缘（Whiticar et al., 1995）、加拿大马更些三角洲（Cranston, 1999）以及中国南海北部陆坡（杨涛等，2009；杨涛等，2013）等海域均有发现。

孔隙水氧同位素的变化提供了另一种识别天然气水合物的参数。由于天然气水合物结合的水体富含^{18}O，因此，其分解的水体中氧同位素组成（$\delta^{18}O$）偏大。DSDP 67航次采集的岩芯中孔隙水$\delta^{18}O$随深度增加从0增长至2.6‰（Hesse and Harrison, 1981），显然是天然气水合物分解释放水中的^{18}O影响所致。在卡斯卡迪亚汇聚大陆边缘的冷泉中，人们取得了一种“文石—镁方解石”交生的碳酸盐岩（Bohrmann et al., 1998），这种交生岩石的碳同位素比值（$\delta^{13}C= -54‰ \sim -40‰$ VPDB）表明，这两种矿物相均来源于生物成因甲烷。室内研究显示，相对年轻的文石形成时，其流体温度和周围底水的温度是平衡的，而较老的矿物相镁方解石的$\delta^{18}O$值则比海水富集约+1‰ VPDB。这表明镁方解石沉淀时流体内进入了天然气水合物释放水，而天然气水合物释放水中的$\delta^{18}O$值可以比正常海水高

3.5‰ VPDB（Maekawa, 2004）。

此外，伴随甲烷泄漏的发生，天然气水合物系统也源源不断地向孔隙流体和海水提供溶解无机碳（DIC）和溶解有机碳（DOC）。来源于化石甲烷的DIC大部分沉淀下来形成冷泉碳酸盐，但相当数量的DOC却进入上部水体中，成为海洋DOC的一个重要来源。在东北太平洋含甲烷天然气水合物的泄漏区，来源于化石甲烷的碳大约占到总溶解有机碳的28%（Pohlman et al., 2010），与正常海水背景中的DOC相比，这种甲烷来源的碳年龄相对非常老，^{13}C更亏损。研究发现（Pohlman et al., 2010），化石甲烷来源的碳对于深海DOC的贡献非常大，它们为深海微生物群落提供了还原性的有机质和能量来源。因此，在天然气水合物赋存区，甲烷和甲烷来源的DOC通过冷泉泄漏进入海洋，如忽视了DOC的加入，仅关注甲烷含量难以真实评估天然气水合物泄漏对深层海水的影响。

2）天然气水合物系统中自生矿物的沉淀与效应

自生矿物记录了天然气水合物的动态变化、冷泉泄漏历史以及甲烷收支平衡等信息，具有重要的环境指示作用。AOM反应的直接结果是发生自生碳酸盐的沉淀，理论上可使被氧化甲烷中10%～20%沉淀为碳酸盐矿物（Luff and Wallmann, 2003），因此，天然气水合物区自生矿物主要为碳酸盐，但同时也包括硫酸盐（重晶石、石膏）、黄铁矿等。

（1）自生碳酸盐矿物

冷泉泄漏系统中最主要的自生碳酸盐矿物为文石、镁方解石和白云石，但是在某些情况下，也会存在富铁和富镁的碳酸盐矿物。文石是天然气水合物沉积环境中最常见的碳酸盐矿物，天然气水合物环境中出现文石可能的原因是天然气水合物形成时将沉积物孔隙水中的盐类排出，使周围孔隙水中Mg^{2+}含量增高，抑制了方解石的结晶，但对文石则没有明显影响。同时，文石在较氧化的环境（SO_4^{2-}浓度高）和总碱度较高的条件下易于沉淀。因此，在天然气水合物区的表层沉积物中，文石比方解石更易于形成。此外，自生菱铁矿也常出现在天然气水合物赋存区的沉积物中，其形成的有利环境是缺氧、铁离子和重碳酸根含量高的环境（Taylor and Curtis, 1995）。前人研究发现，在大陆边缘环境中的甲烷生成带，都曾发现有菱铁矿的存在（Mozley and Carothers, 1992；Hicks et al., 1996；Burns, 1997）。白云石在天然气水合物区也常见，其所需要的Ca^{2+}、Mg^{2+}由上覆海水及先成的方解石提供。在富含有机质的大陆边缘环境，白云石通常是通过交代先成的方解石形成的（Baker et al., 1985）。根据孔隙水中离子含量的变化，可以推断白云石可能的形成机制是直接沉淀还是交代形成碳酸盐矿物。

（2）自生黄铁矿

自生黄铁矿是冷泉泄漏区仅次于各种碳酸盐的重要矿物。首先，沉积物中自生黄铁矿的含量、形貌特征以及其硫同位素的分馏程度，均可指示甲烷含量异常和SMTZ界面的深度（Lim et al., 2011；Borowski et al., 2013）。陆红锋等（2007）在研究南海沉积物岩芯时发现沉积物中黄铁矿高含量异常与甲烷含量异常的层位吻合，因此研究者提出黄铁矿的含量异常可以作为识别沉积物中甲烷异常的重要参数。自生黄铁矿的精细研究可为现代天然气水合物勘探提供重要的科学依据。同时，在天然气水合物赋存区硫同位素在SMTZ界面附近出现异常高值也能指示沉积物中甲烷异常和AOM的存在（Neretin et al., 2004；Bhatnagar et al., 2008）。由此可以看出，自生黄铁矿对天然气水合物系统的烃类运移和成藏过程均具有重要的指示意义。对于冷泉系统的自生黄铁矿，将来的研究重点可置于相关的Fe、S同位素的分馏特征及控制因素、生物催化反应对自生黄铁矿沉淀过程的影响等关键问题。

（3）自生硫酸盐矿物

最早于1979年在加利福尼亚陆架边缘圣克莱门特（San Clemente）裂谷地带发现了与冷泉泄漏有关的自生重晶石（Lonsdale, 1979）。此后，在阿拉斯加陆架边缘（Suess et al., 1998）、墨西哥湾（Feng and Roberts, 2011）、秘鲁大陆边缘（Torres et al., 1996；Aquilina et al., 1997）、日本海（Torres et al., 1996）、蒙特雷峡谷（Naehr et al., 2000）、鄂霍次克海（Greinert et al., 2002）以及刚果冲积扇北部（Kasten et al., 2012）的冷泉泄漏区内均发现了重晶石的存在。

和自生碳酸盐一样，重晶石也是AOM反应在SMTZ中作用的结果。当SMTZ中甲烷和硫酸盐发生反应时，碳酸盐的碱度增加，即可导致其相对碳酸盐矿物的过饱和状态出现（Ritge et al., 1987）。当重晶石颗粒在SMTZ之下被埋藏起来时，钡元素的成岩循环就得以发生，而绝大多数重晶石颗粒是由于水体中有机碳的降解而形成的。在SMTZ之下缺乏硫酸盐的沉积物中重晶石是不饱和的，可发生溶解作用，产生的Ba^{2+}释放到孔隙水中。于是，Ba^{2+}向上扩散到富硫酸盐区，作为自生 / 成岩重晶石发生重新沉淀，其位置在与SMTZ紧密相邻的上部，被称为“钡峰”（Torres et al., 1996；Dickens, 2001；Riedinger et al., 2006）。这些成岩重晶石的峰值受控于向上运移的Ba^{2+}通量。

石膏也是与冷泉泄漏有关的自生矿物。在东北太平洋天然气水合物脊的沉积物中，发现了具特殊外形的自生石膏集合体，这类石膏与天然气水合物的产出背景联系密切，可能与下伏天然气水合物形成时排出Ca^{2+}的过程有关（王家生等，2003）。在丹麦卡特加特海峡海底冷泉喷溢点，沉积物中也发现了少量自生石膏（Jorgensen, 1980）。天然气水合物赋存环境往往存在硫酸盐还原带，尽管沉积物中的硫酸盐还原菌会分解消耗硫酸盐，但这并不意味着环境中不存在SO_4^{2-}，相反，这种环境中往往富含有机质，SO_4^{2-}可以由富含有机质的沉积物分解而成（Briskin et al., 1978；Guptha, 1980）。而Ca^{2+}可以由钙质生物的分解或下伏天然气水合物形成时排出的Ca^{2+}提供（Suess et al., 1999）。因此，自生石膏可以作为识别下伏沉积物中存在天然气水合物的矿物标志。

坡体形成于古近纪，迄今为止，由于天然气水合物的分解先后发生了3次大规模滑坡事件（Bugge et al., 1987；Harbitz, 1992）。此外，调查研究表明，非洲沿岸、加利福尼亚北部、南美亚马孙河冲积扇、新西兰、日本海南部和地中海东部等地滑坡体的形成也都与天然气水合物的分解有直接关系（Field, 1990；Weaver et al., 2000）。而且还有人指出，百慕大三角区域内发生的诡异灾难都与天然气水合物有直接关联（史斗等, 1999）。

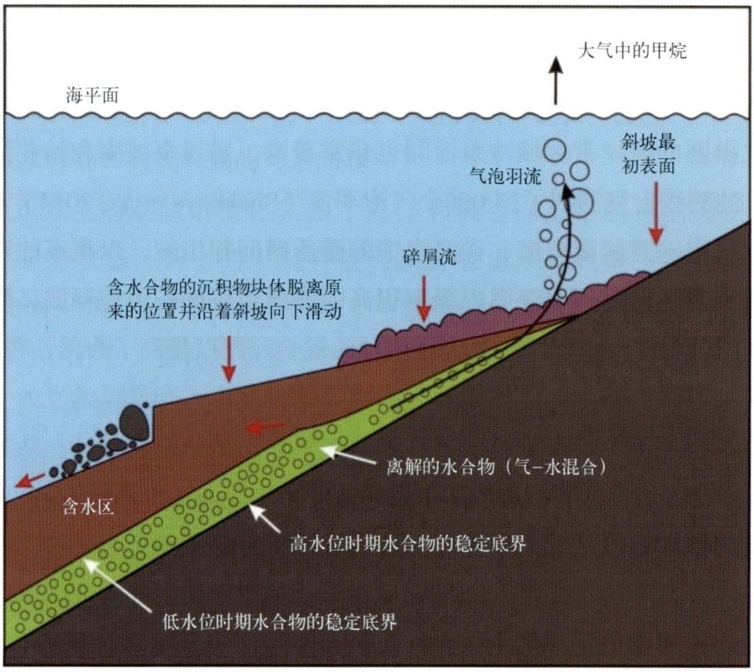

图7–2　天然气水合物失稳分解导致上部沉积物滑坡并释放出大量气体示意
（修改自：Maslin et al., 2004）

在未来的自然环境效应调查中，应利用土工力学等多种手段对天然气水合物造成的地质灾害进行全方位的调查、监测和模拟（Vanneste et al., 2014），一方面，可以预防潜在的环境灾难和风险，制定详尽而周密的措施保证天然气水合物勘探开采的施工安全，降低人为活动造成的甲烷泄漏，避免其带来的温室效应；另一方面，大陆边缘的一些地质灾害（如滑坡、崩塌和浊积岩）经常是与下伏天然气水合物的动态变化联系在一起的，系统识别这些特征有助于迅速锁定天然气水合物资源勘探、开发的靶区。

7.1.2　海洋浅表层天然气水合物自然环境效应调查方法

海洋浅表层天然气水合物自然环境效应调查依托于前期高勘探程度成果，通过高分辨率三维地震、热流、电磁、钻探、取样及深潜器潜航等调查手段确定浅表层天然气水合物赋存情况和形态。主要调查方法包括海底测绘、海洋观察、海底环境调查和海底环境长期监测。

1）海底测绘

海洋浅表层天然气水合物海底测绘主要包括3个内容：①通过地形数据获取，以分析海底天然气水合物丘等特征地貌和羽状流。②通过面上调查对裸露的浅表层天然气水合物、冷泉碳酸盐岩、菌席等异常点进行研究，以提高海底环境调查的效率。③通过人工智能分析判断底栖生物的数量，以掌握其栖息地的详细信息。

2）海洋观测

海洋浅表层天然气水合物海洋观测主要包括两个内容：①通过海水水体的物理场测量，来预测羽流的流动特征。②通过海水、底层水和孔隙水取样分析地质化学和生物化学特征，以确定环境基线。

3）海底环境调查

海底环境调查主要分为物质循环调查和生物调查，其中物质循环调查主要对冷泉海域的沉积物化学和微生物学特征进行评价，以详细阐明与天然气水合物相关的物质元素运移（碳、硫和重金属等）及微生物作用；而生物调查主要通过遗传分析，评价天然气水合物赋存区的生物特殊性、多样性和连续性。

4）海底环境长期监测

海底环境长期监测主要通过对全年海底环境状态的了解，分析季节波动和长期波动。通过海底工作站、锚系潜标等设备对浅表层天然气水合物泄漏区的甲烷羽流气泡通量、底层水体甲烷微渗漏通量、硫化氢、温度、盐度、溶解氧等与甲烷泄漏相关的参数进行监测，适用于浅表层开采前环境基线调查，也可以用于开采中环境监测和开采后环境跟踪评价。而对于地形和地层变形等土力学监测是开采中和开采后的海底环境长期监测必不可少的方法，是避免开采引发的地质灾害的必要手段。

7.2 海洋浅表层天然气水合物开采环境效应

天然气水合物开采环境评价是指在确定能够产生经济效益矿藏区，结合对物理、化学和生物影响分析，确定对环境的影响程度。海洋浅表层天然气水合物环境效应需要回答两个基本问题："有没有影响"和"影响有多大"，即需要明确浅表层天然气水合物开采对局部或全球气候是否有影响、地质灾害威胁程度有多大、对生态系统是否有破坏。

海洋浅表层天然气水合物环境评价是实现商业化开采的保障，取决于对环境物理效应、化学效应和生物效应的把握。虽然浅表层天然气水合物释放甲烷量可能更大，但对环境的影响可能远远低于石油泄漏的影响。鉴于浅表层天然气水合物分布范围有限，对海底沉降和沉积物稳定性等地质灾害影响不大。但与强渗漏活动有关的强流体对流和海底作业会直接影响到渔业、海底航行及海底工程设施，也可能破坏冷泉生物群落、菌席和海底生物等稀有的化学合成生态系统。

目前，在中国和日本率先进行的海域天然气水合物试采工作中，现场环境监测成为开采过程中一项必不可少的环节（何涛等, 2017；Yokoyama et al., 2007），两国均系统地进行了天然气水合物开采前环境基线调查、开采中环境监测和开采后环境跟踪评价。

针对浅表层天然气水合物试开采而开展的环境监测，是一项探索性和创新性很强的工作，当前并无太多可借鉴的先例，也缺乏可用的技术体系以及相关仪器装备；在浅表层天然气水合物开采过程中要面对一系列关键问题，这些问题都是前人所不曾涉及的，因此颇具挑战性。

海洋浅表层天然气水合物开采环境效应研究需要达到4个目的：①基于生产技术的研讨以及试采海域的选定，预测试采的潜在影响并考虑将影响降至最低的措施。②构建试采过程中适用于监测对象的环境影响方法体系。③评价环境变化的主要影响因素，是自然变化还是试采的人为影响，并针对试采引起的变化提出针对性的缓解和修复措施。④试采工程结束后，根据环境变化短期监测和长期监测的结果，总结提出可避免出现的问题和相应干预措施，制定长期方案进行管理。

7.2.1 海洋浅表层天然气水合物开采环境监测内容

海洋表层型天然气水合物环境影响评价研究既需要在调查初期了解其所处的环境如何，对生物特殊性、生态系统、物质循环、食物链和海洋物理环境进行系统分析，又需要在试采前明确施工可能带来的影响，进行影响预测、评价和监测，做好环境基线调查，还需要做好长期环境监测，对试采中、试采后、痕迹调查乃至长期管理。

海洋浅表层天然气水合物开采中环境监测属于短期监测内容，主要包括：①高强度气羽流和产出水羽流，造成海底泥强扰动现象，并伴随天然气水合物分解形成的含硫化氢、金属等物质的流体排放。②噪声和光损伤，其对海洋生物的生理生态学和摄食行为的影响。

开采后长期监测内容主要包括两个方面，就负面影响而言，甲烷通量的显著增加，这可能影响到水体中深层生物，也可能增加大气中的甲烷排放量；排泥海丘形成，将导致底质性质发生变化，进而造成生物栖息地消失；麻坑的形成，将影响海底流场和化学场变化，造成海水滞留，溶解氧的消耗及氧化氢的产生将导致氧化作用和蓝潮。对于正面影响主要体现在，造成海底地形的多样化，斜坡（洼地和海丘）和露头造成的栖息地扩大；有利于天然气水合物的再次生成，相应的甲烷天然气水合物生态系统也再次形成。另外，长期监测还应包括海床稳定性监测和开采可能诱发的海洋灾害监测。

1）海床稳定性监测

天然气水合物分解对海床稳定性造成不利影响的机制有多种，它们通常都与改变海床土体的力学性质有关。首先，当天然气水合物在孔隙中逐渐成核后，就会与沉积颗粒胶结在一起，造成土体强度的改变。如在室内开展的三轴试验表明，无论是含有天然气水合物岩芯，还是含人工合成天然气水合物沉积物，其强度都大于不含天然气水合物的沉积物，并且随着天然气水合物饱和度的增加，含天然气水合物沉积物的抗剪强度和黏聚力明显增强（孙中明等，2013）。反过来，当天然气水合物发生分解时，就会导致沉积物显著变软甚至液化，从而降低海底斜坡的稳定性；其次，当天然气水合物填充沉积物颗粒间的孔隙后，就会阻止正常压实过程的继续，一旦发生分解，土体也会随之变软（Li and He, 2012）；再次，标准状态下，1 m^3的天然气水合物分解能在原地产生164 m^3的甲烷（Max and Clifford, 2000），远超过甲烷的溶解度，这些释放出来的水气流体会导致沉积物体积快速膨胀。然而，由于大部分海洋土体渗透性较低，就会产生超孔隙气、水压力（Handwerger et al., 2017），使沉积物有效应力减小，从而导致海底斜坡不稳定，最典型结果就是海底滑坡、海床塌陷、形成麻坑等。

近年来，人们逐渐意识到天然气水合物分解和海底地质灾害之间的有机联系，并开展了一系列研究工作。Li和He（2012）总结了与天然气水合物分解有关的海底滑坡模型，主要包括：楔形滑坡模型、崩塌滑坡模型和逆向滑坡模型；Paull等（2007）分析了加拿大西北岸Beaufort陆架天然气水合物分解与超压层形成、海床塌陷之间的关系；罗敏等（2012）综述了全球范围海底麻坑的分布、成因机制及研究方法。Vanneste等（2014）总结了天然气水合物引起的海洋地质灾害及其探测方法，谈及了天然气水合物分解引起海底滑坡和麻坑的典型实例；秦志亮等（2011）还注意到了天然气水合物分解诱发的海洋工程设施破坏等小规模地质灾害问题。

2）开采诱发的海洋灾害监测

目前，探测与天然气水合物相关的海底地质灾害的最重要方式依然是地球物理手段，包括多波束测深、侧扫声呐、浅地层剖面和高分辨率地震等，探测到的地质灾害类型包括海底滑坡（Locat and Lee, 2002）、麻坑（Panieri et al., 2017）、底辟等沉积物变形结构体（Bouriak et al., 2000）。随着高新技术的发展，人们又借助于ROV、海底摄像等可视化技术手段进行了海底灾害原位观测（Chen et al., 2010）。与之相配合，还对沉积物钻孔取芯进行相应的地球化学分析，以获得同位素年代学（Paull et al., 1996）和流体地球化学特征等（Pennino et al., 2014）。总体来说，地球物理探测手段虽然探测速度快、范围广，但往往存在一定的“短板”，无法监测灾害发生的自然过程和缺乏对细节的捕捉。可视化监测技术正处于起步阶段，因高精度的优势，逐渐受到重视和利用。地球物理和可视化监测技术等多种技术紧密结合，才是海底地质灾害监测的有效工作方式。

尽管如此，就目前来看，大多数海底灾害的调查研究仍限于发生之后再利用上述物探、地化等手段进行分析，十分缺乏预测性和前瞻性。为应对该问题，近年来，随着海域天然气水合物开采研究的不断深入，兴起了预警海底地质灾害的原位观测技术，主要面向沉积物孔隙压力和海底变形开展原位监测。下面对这两个内容进行简要介绍。

首先，沉积物超孔隙压力的产生和演化是导致海床沉积物不稳定的一个关键因素，在天然气水合物环境效应原位监测中是一项重要内容。对海床沉积物孔隙压力观测，通常是将孔压传感器内置在预定长度的探杆内，将带有配重、密封舱的孔压观测设备贯入到海床中，实施原位监测。刘涛等（2015）总结了国内外深海海床孔隙水压力原位观测设备及应用实例，提出当下流行的压差式传感器能直接测量超孔压且具备良好的精度。法国海洋开发研究院（Ifremer）研制深海沉积物孔隙水压力静力触探设备（PENFELD）和自由落体式孔隙水压力测量计（Piezometer），对麻坑周围沉积物土体压缩系数、超孔隙水压力进行测量，其数据成功被应用于浅层天然气水合物分解导致麻坑形成的机理研究中（Sultan et al., 2010，2014）。

就海底变形的监测而言，最重要的指标包括海床水平滑动和垂直沉降。Yokoyama 等（2007）针对日本南海海槽天然气水合物开采海床变形监测，研发了三分量伺服加速度传感器系统，其具体操作是将传感器安装在压力舱中装有万向接头的机械装置上，将三轴加速传感器监测仪获取的加速波形数据，通过二重积分法计算海床变形；日本还研发了监测海床垂向沉降的高精度压力计（Fujimoto et al., 1998）和监测海床倾斜度的液体电解质传感器（Yokoyama et al., 2013），并成功应用于2013年日本南海海槽天然气水合物首次试开采中。美国科学家在墨西哥湾C118区块海底观测网的水平监测列阵中，搭载了水听器和三分量加速度传感器，而在其垂直列阵中，搭载水听器、倾角计和罗盘，以全面记录沉积物声波波速，来判断海床稳定性（Higley, 2008）；中国科学家何涛等（2017）提出了将倾斜传感器和水压传感器组合实现海底变形监测的概念设计，并配合惯性陀螺仪和地磁传感器使用，能得到完整的海床倾斜信息；其他测量海床变形的方法还有声波测距法（Blum et al., 2010）、光纤传感器光纤拉伸长度测量（Zumberge, 1997）、海洋重力仪法（Zumberge et al., 2008）等，但多为海床垂向位移监测法，目前还没有资料显示应用到天然气水合物赋存区进行观测。与上述声学、压力传感器相比，微电机系统传感器（MEMS）分辨率高、能耗低、成本低，具有较好的应用前景。Wang等（2017）利用MEMS传感器研发了一套针对天然气水合物开采的海床位移监测系统，MEMS传感器垂直布放在监测井中，能够监测海底不同深度地层的水平位移及倾斜度，并能对含天然气水合物地层变形进行实时三维尺度展示。

7.2.2 海洋浅表层天然气水合物开采环境监测技术应用

随着天然气水合物商业开采步伐的加快，对海底天然气水合物储层和浅表层天然气水合物区实施原位监测、模拟预测和综合评估成为当前一项紧迫的任务。目前，已经应用于天然气水合物环境监测的仪器设备监测对象有所不同，开展环境监测的海域遍及全球大陆边缘。天然气水合物的开采活动需要在靶区实施与传统天然气开发活动类似的钻井作业，这无疑会对海底环境产生一定的环境风险，如生产井周围的甲烷等气体（包括甲烷、硫化氢和其他可能产生的气体，如氮气、二氧化碳、乙烷等）泄漏、生产过程中废水和泥浆向海洋中排放、海底沉陷和滑坡。另外，气体泄漏直接或通过消耗水体中的氧气对周围生物群落产生不利影响。因此，世界各国对海域天然气水合物开采多保持谨慎态度，在室内试验和数值模拟综合研究的前提下，进行天然气水合物开采前环境基底调查，在勘探开发过程中，需要布设一定数量的传感器，监测周围海水化学特征、海底稳定性以及生态系统的动态变化。对海水的化学特征而言，溶解甲烷、硫化氢等特征气体的含量、溶解氧、水体温度、盐度、碱度和浊度等都是监测的重要指标（Awashima et al., 2008；Ryu, 2016），尤其是在开采的初期必须予以重视，以便收集资料、积累经验、预防生态灾害和工程风险，开采后也要对环境效应进行跟踪监测。但是由于相关地质灾害产生的随机性强、技术成本高、回报率低等局限因素，很多研究还仅限于实验模拟（蒋明镜等，2010；刘锋，2010）。

目前，全球尚未实现对海域天然气水合物的商业化开采。迄今为止，仅日本2013年和2017年在南海海槽实施了两次短期试开采，中国2017年和2020年在神狐海域进行了两轮试采，实现了从“探索性试采”向“试验性试采”的重大突破。美国墨西哥湾和韩国郁陵盆地曾计划于2015年进行海域天然气水合物试采，但因各种原因，其计划均推迟。在海域天然气水合物开采之前，各国就已开展天然气水合物开采环境监测系统设计和布放，并有着各自独特的设计理念。以下重点介绍日本南海海槽和韩国郁陵盆地天然气水合物开采环境效应综合监测系统。

7.2.2.1 日本南海海槽

2001年，日本经济贸易产业省提出的“21世纪甲烷水合物研发计划”（MH-21），在天然气水合物开采环境监测技术方面的研究主要包括核心传感器（甲烷传感器、海床沉降传感器、甲烷氧化菌群落识别传感器等）和天然气水合物开采环境效应综合监测系统的研发，以及其他的辅助设备，如供电系统、海底电缆等。2013年日本在南海海槽东部第二渥美海丘东北部陆坡实施了海域天然气水合物首次试开采。天然气水合物试采区水深1 000 m，天然气水合物储层在海床以下300 m，厚度为50 m，主要为砂质浊积岩（Fujii et al., 2015），其环境监测系统，包括温度监测井、甲烷泄漏监测系统和海床变形监测系统（Chee et al., 2014）。

天然气水合物分解是吸热过程，在开采过程中，对海底地层和天然气水合物储层温度的监控能有效指示天然气水合物分解和储层稳定性的变化情况（Kanno et al., 2014）。日本在松散含天然气水合物浊积岩储层内布设监测井面临着诸多挑战。本着布设易操作且充分原则，在温度监测井内布放两种类型温度传感器，分布式温度传感器（DTS）和阵列式温度电阻传感器（RTD）（Chee et al., 2014；Wilson, 2014）。温度监测井系统在天然气水合物开采前一年将DTS布放于整个监测井，传感器间隔0.5 m，连续监测18个月，数据储存在系统储存舱，监测系统从海床回收后，分析温度数据。RTD布设在天然气水合物储层中，传感器间隔2 m，共35个，在开采过程中对天然气水合物储层温度进行实时监测。井内的RTD传感器列阵能直接通过水下机器人（ROV）连接到插拔连接器，再通过电缆将数据直接传输到海面船只。

同时，在本次试开采过程中，利用一个边长约为1 m的立方体装置对海床位移进行监测。该装置搭载压力计和倾角计传感器，分别用来监测海床沉降和海床倾斜度（Yokoyama et al., 2013）。压力计是一个石英晶体共振器，其原理是通过计算参照点和监测点之间的压力差来表征海床沉降程度。倾斜计则是一个液体电解质传感器，通过计算两个电极之间电导率的相对变化量来表示海床倾斜度。海床监测系统在开采前两个月安置好，开采停止后两个月内仍继续监测，然后利用ROV协助、在监测仪器自身浮力下进行回收，分析数据。

另外，在试开采过程中，利用一条光电混合式四分量时移地震4C-OBS阵缆（Deep-sea seismic system，DSS）实现了对开采区天然气水合物储集层的时移地震监测。但结果并不理想，只得到了一条二维剖面图，没有准确地实现对天然气水合物在储层中分布的刻画（Asakawa et al., 2013）。另外，多个海床甲烷泄漏监测装置搭载溶解甲烷传感器以及温度、溶氧、流速等传感器布设在生产井周围，主要监测天然气水合物开采区附近海床甲烷泄漏（Lee et al., 2013）。

7.2.2.2 韩国郁陵盆地

自2012年，韩国开展了针对海域天然气水合物环境效应研究，主要内容包括两部分：盆地尺度上的天然气水合物环境基线调查和围绕生产井的钻孔尺度的环境风险要素分析（Lee and Chun, 2013）。为了进行天然气水合物环境基线调查，韩国研制了海床观测系统KISOS，用以研究韩国郁陵盆地水深超过2 000 m的天然气水合物开采前、后主要的环境风险。KISOS包含超短基线定位系统、照相机、摄像机、水样采集器、多种测量传感器等，调查参数包括海水浊度、溶解甲烷含量、溶解氧、盐度、温度、叶绿素、金属含量和营养物质等。其中，海底成像（摄像机和静物照相机）和地球物理数据（多波束、多道地震、三维地震勘探）用以评定天然气水合物开采区域的海底特征；同时，环境风险要素分析包括天然气水合物分解释放甲烷监测、海床变形、海底滑坡、钻井泥浆碎屑的排出监测等，并对甲烷气体泄漏和钻取碎屑、泥浆、开采产水的排出利用SIMAP/CHEMMAP模型进行了数值模拟研究。

值得注意的是，韩国曾计划于2015年进行天然气水合物试开采，虽然推迟，但其开采环境监测系统的研制却一直没有中断。在韩国地质矿产研究院的努力下开发了另一套科考船及海底监测系统KIMOS专门应用于天然气水合物试开采环境监测（Lee and Chun, 2013），它主要由近场开采平台（Near-field platform）、远场开采平台（Farfield platform）、供电系统（Battery Pod）和数据管理系统组成（Lee et al., 2013；Ryu, 2016），主要监测指标包括气体泄漏、海床变形、底层海水的化学性质变化以及由于开采产水和钻孔泥浆岩屑引起的底水浊度变化（图7-3）。该系统中，近场开采平台距离开采井不超过50 m，利用ROV将各平台用电缆连接，搭载的传感器包括海底压力记录仪（BPR）、海床倾斜度测量仪（Tilt meter）、多个化学传感器（CO_2、pH、CH_4、O_2）、CTD、声学多普勒海流计（ADCP）、浊度计、McLane水样采集器、摄像机、数据记录仪和电池；而远场开采平台搭载的传感器有海底压力记录仪（BPR）、化学传感器（CH_4、O_2）、CTD、浊度计、声学多普勒海流计（ADCP）、McLane水样采集器、沉积物收集器、数据记录仪和电池。此外，韩国科学家还计划应用AUV和电磁勘探监测天然气水合物开采前、后储层条件的变化。

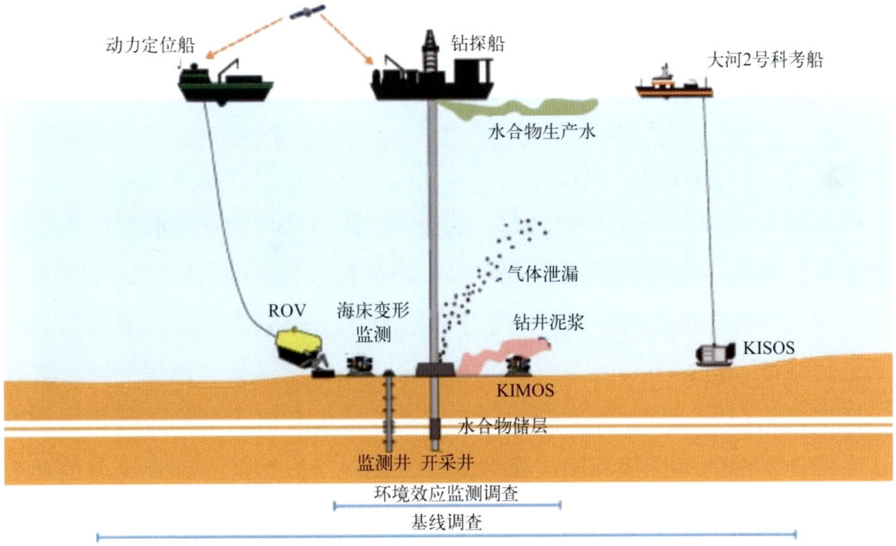

图7-3 郁陵盆地天然气水合物开采环境监测系统示意（Ryu, 2016）

7.2.2.3 我国南海神狐海域

我国为确保南海神狐海域天然气水合物试采的安全性及环境影响的可控性，在试采前和试采过程中开展了安全性评估和环境监测评价工作。2011—2017年，我国在试采区开展了10个航次的监测调查工作，调查内容包括海洋环境质量、海洋生物生态、海底地质灾害特征3个方面，如海水物理化学及水文特征、海水溶解甲烷含量、海洋生物特征、海底环境监测、海表大气甲烷含量、海底工程地质特征、地质灾害特征等。2017年5月，我国首次海域可燃冰试采成功，通过布设海底地形、气体渗漏等监测设备，构建了海水-海底-井下一体化环境安全监测体系，实现对温度、压力、甲烷浓度及海底稳定性参数的实时、全过程监测。第一次试采成功的经验是按照每天一万立方米以上的产能通过环境监测，可以做到安全生产和环境友好。2020年3月26日，自然资源部宣布我国海域可燃冰第二轮试采圆满成功，日均产气量2.87万立方米，实现了从“探索性试采”向“试验性试采”的重大跨越，向天然气水合物勘查开采产业化迈出了极为关键的一步。在第二轮水合物试采过程中，以自主研发装备为主，构建了井下-海底-水体-海面“四位一体”环境监测体系（图7-4）。利用水合物储层温压监测、海底沉积物孔压参数监测、海底甲烷泄漏及海底地层稳定性监测（沉降、滑坡）、全剖面海水环境监测、试采平台及周边区域水气甲烷交换通量监测等多种技术手段，开展自海床至中层海水达海平面的全方位环境监测，客观评价天然气水合物试采的环境影响。监测结果表明，试采期间，平台周边大气、海水及井口附近甲烷含量均为背景值范围内，表明试采未引起海底甲烷泄漏，对海洋生态环境影响可忽略不计（叶建良等, 2020）。

7.3 当前天然气水合物环境效应监测技术面临的挑战

据统计，全球已有30多个国家和地区开展实施天然气水合物研究及试开采项目（王丽忱和甄鉴，2014）。值得注意的是，人们对天然气水合物环境效应调查研究与资源开发利用两方面的关心程度不相上下。鉴于地震等构造活动外因诱发天然气水合物动态演化或开采过程对天然气水合物稳定状态的破坏，对天然气水合物储集层及周边环境进行监测不仅为评估天然气水合物潜在环境风险提供参考，而且为实验室数值模拟提供实际监测数据进行验证，进而为开发方案的优化提供基础数据支持，减少环境灾害和生态灾难的发生概率，在获取这种巨量能源的同时，有效地保护好人类和各种生物赖以生存的环境，从而实现资源的可持续利用（魏合龙等，2016）。因此，建立完整的环境监测技术和环境评价体系尤为重要。

在海域天然气水合物开发环境监测方面，仍处于单点、固定观测和单一指标监测的初级阶段。当前，只有日本和中国实现了海域天然气水合物的短期试开采，从已有的天然气水合物储集层环境监测资料（魏伟等，2018；吴时国和王吉亮，2018）可以看出，采用的方法仍是采用多种单一指标仪器进行定点观测，缺乏多点观测和多指标动态监测能力。在已有的天然气水合物开采实例中，对天然气水合物储集层的监测方法也是在距离生产井较近的监测井中布设温度传感器进行定点纵向观测，难以实现大范围监测（Awashima et al., 2008；Chee et al., 2014；Wilson, 2014；魏伟等, 2018）。同时，国内外天然气水合物开采环境效应缺乏大规模监测经验，对相关的技术系统的规划也比较少。何涛等（2017）基于天然气水合物动态演化过程中天然气水合物饱和度和孔隙赋存状态对声学和电学响应的规律，提出了由井中温度、压力、电阻率监控系统，三维全光纤四分量时移地震和搭载集成海床变形、甲烷传感器海底观测站的三部分针对南海天然气水合物生产过程环境监测系统，但目前仍处于概念性设计阶段。不仅如此，当前，还迫切需要拓展监测井内参量的范围，形成一套天然气水合物储层井孔多参量长期原位监测系统，以监测天然气水合物储层在开采过程中多个参数的变化，包括温度、电阻率、孔压、甲烷浓度、沉积层应力等，以此追踪天然气水合物储层动态。Sun等（2018）提出了一套针对于海洋天然气水合物的三维环境监测系统，以实现水合物区几百米范围内包括水体化学、气体泄漏、海床变形沉降、微地形地貌和生态系统等综合参数三维动态监测。

图7-4 针对于海洋天然气水合物的三维环境监测系统（Sun et al., 2018）

1. 生产井；2. 监测井；3. 海床基工作站；4. 锚系；5. 海床变形监测系统；6. 海床沉降监测；7. 供电系统和数据存储系统（图中暂未显示连接电缆）；8. ROV；9. AUV

同时，相比于其他海底环境的监测水平，天然气水合物开采环境的监测系统还缺乏多功能化、动态化、长期化和组网化的特征，其中面临的一个关键难题就是供电技术。虽然电缆供电可以长期供给，但是投入大、维修困难；相比较而言，电池组供电成熟可靠，可以短期供电，但是对长期监测来说，电池组更换比较麻烦；当前，新兴的海水电池具有不需携带电解质、能量密度高、安全性高等优点，但同时又面临电极材料优化和体积庞大的问题，这些问题都对海洋工程装备工程师提出了挑战。盛堰等（2012）将低功耗控制系统嵌入式设计的概念引入天然气水合物海底环境效应长期观测系统中，提出了根据系统工作需求间歇性供电的理念，是当前一个比较理想的解决方案。但总体而言，目前，世界各国尚未完全解决海底长期监测的供电问题，未来需要在此领域加大投入，研制高安全性、高容量的电源，并在天然气水合物储层监测和试开采工作中逐步得到完善。

7.4 小结

以海洋浅表层天然气水合物环境影响、天然气水合物勘查、试采、开发需求为主线，建立环境效应评价体系。在充分做好试采前的井位优选工作，详细查明目标区的地质构造、岩石物性、天然气水合物储层结构、储层的温压条件以及天然气水合物饱和度等信息后，做好以下5个方面的工作。

一是评价海洋天然气水合物区碳循环过程及其控制因素。重点解决甲烷泄漏区（冷泉）甲烷碳的来源、碳的转换和关键的生物地球化学过程、海底甲烷合成、消耗的机理、微生物屏障的调控机制。

二是评价浅表层天然气水合物与环境的相互关系及其影响因素。重点解决由天然气水合物区甲烷渗漏系统进入海洋的碳通量及其对深海环境的影响，明确环境气候条件变化与甲烷天然气水合物富集、运移的相互影响关系。

三是评价典型冷泉生态系统群落结构特征。重点解决海底冷泉生物群落物种、分布特征及其与天然气水合物/甲烷的相互关系，为天然气水合物绿色开发提供保障。

四是海洋天然气水合物开发气藏耦合地质力学动态变化过程。重点解决浅表层天然气水合物形成、分解的土力学响应，建立天然气水合物试采/开采过程中地层与结构安全的热—流体—结构—土体耦合力学响应评价模型，为天然气水合物绿色开发提供基本依据。

五是重点开展试采、开采过程中和开采后的监测工作，包括甲烷羽流、甲烷通量、排放水、水体浊度、海底流场、原有冷泉生态系统、海床稳定性以及由天然气水合物试开采引发的海洋灾害等，并分析监测对象变化的发生过程、影响因素、影响程度、影响范围等，形成科学评价体系，对预防天然气水合物勘探开发引发的海洋和气候灾害有极其重要的指导意义。

综上所述，海洋浅表层天然气水合物环境效应评价是十分必要的。深海天然气水合物开采最大的风险和挑战是天然气水合物分解与甲烷气体的泄漏和逃逸。泄漏和逃逸的甲烷进入或溶解于海水，可影响海洋的氧化还原条件，破坏海洋的生态平衡。大规模、突发性的天然气水合物分解和甲烷泄漏会破坏海床下地层的平衡和天然气水合物储层的稳定性，引发海床塌陷、陆坡地层的滑塌和滑坡、甚至诱发海啸和地震。即使轻微的甲烷气体逃逸也可对海底钻探和开采设施造成威胁或破坏。运用现代科学研究成果和开采技术方法，海底的天然气水合物可以被安全地开采，开采潜在的风险和对环境的影响是可以规避和预防的。浅表层天然气水合物储量巨大且更易于开采，相比于深层天然气水合物而言，其对海底地质灾害、生态环境、水体、大气的环境影响更加明显，因此浅表层天然气水合物开采前后的环境效应评价是从勘探阶段到商业化开采过程中不可或缺的重要环节，是浅表层天然气水合物资源开采的安全保障。

参考文献

陈晨, 2016. 基于水声通信的海底天然气水合物环境监测系统的设计[D]. 广州：华南理工大学.

陈忠, 杨华平, 黄奇瑜, 等, 2007. 海底甲烷冷泉特征与冷泉生态系统的群落结构[J]. 热带海洋学报, 26(6): 73-82.

何涛, 卢海龙, 林进清, 等, 2017. 海域天然气水合物开发的地球物理监测[J]. 地学前缘, 24(5): 368-382.

蒋明镜, 肖俞, 刘芳, 2010. 深海能源土开采对海床稳定性的影响研究思路[J]. 岩土工程学报, 28(9): 1412-1417.

刘锋, 2010. 南海北部陆坡天然气水合物分解引起的海底滑坡与环境风险评价[D]. 青岛：中国科学院研究生院（海洋研究所）.

刘涛, 崔逢, 张美鑫, 2015. 深海海床孔隙水压力原位观测技术研究进展[J]. 水利学报, (s1): 111-116.

陆红锋, 陈芳, 廖志良, 等, 2007. 南海东北部HD196A岩芯的自生条状黄铁矿[J]. 地质学报, 81: 519-525.

罗敏, 吴庐山, 陈多福, 2012. 海底麻坑研究现状及进展[J]. 海洋地质前沿, 28(5): 33-42.

秦志亮, 吴时国, 王志君, 等, 2011. 天然气水合物诱因的深水油气开发工程灾害风险——以墨西哥湾深水钻井油气泄漏事故为例[J]. 地球物理学进展, 26(4): 1279-1287.

盛堰, 肖波, 陈宗恒, 2012. 天然气水合物海底环境长期监测系统设计[J]. 海洋地质前沿, (4): 67-70.

史斗, 郑军卫, 1999. 世界天然气水合物研究开发现状和前景[J]. 地球科学进展, 14(4): 330-339.

孙治雷, 魏合龙, 王利波, 等, 2016. 海底冷泉系统的碳循环问题及探测[J]. 应用海洋学报, 35: 30-31.

孙中明, 张剑, 刘昌岭, 等, 2013. 沉积物中甲烷天然气水合物饱和度测定及其力学特性研究[J]. 实验力学, 28(6): 747-754.

王家生, SUESS E, RICKERT D, 2003. 东北太平洋天然气水合物伴生沉积物中自生石膏矿物[J]. 中国科学：地球科学, 33(5): 433-441.

王丽忱, 甄鉴, 2014. 天然气水合物项目研究典型案例及对我国的启示[J]. 非常规油气, 1(3): 6.

魏合龙, 孙治雷, 王利波, 等, 2016. 天然气水合物系统的环境效应[J]. 海洋地质与第四纪地质, 36(1): 1-13.

魏伟, 张金华, 于荣泽, 等, 2018. 2017年天然气水合物研发热点回眸[J]. 科技导报, 36(1): 83-90.

吴时国, 王吉亮, 2018. 南海神狐海域天然气水合物试采成功后的思考[J]. 科学通报, 63(1): 2-8.

吴时国, 王秀娟, 陈瑞新, 等, 2014. 天然气水合物地质概论[M]. 北京: 科学出版社, 44-76.

杨涛, 蒋少涌, 葛璐, 等, 2009. 南海北部神狐海域浅表层沉积物中孔隙水的地球化学特征及其对天然气水合物的指示意义[J]. 科学通报, 54(20): 3231-3240.

杨涛, 蒋少涌, 葛璐, 等, 2013. 南海北部琼东南盆地HQ-1PC沉积物孔隙水的地球化学特征及其对天然气水合物的指示意义[J]. 中国科学: 地球科学, 43(3): 329-338.

叶建良, 秦绪文, 谢文卫, 等, 2020. 中国南海天然气水合物第二次试采主要进展[J]. 中国地质. 47(3): 557-568.

AQUILINA L, DIA A N, BOULEGUE J, et al., 1997. Massive barite deposits in the convergent margin off Peru: implications for fluid circulation within subduction zones[J]. Geochimica et Cosmochimica Acta, 61: 1233-1245.

ASAKAWA E, HAYASHI T, TSUKAHARA H, et al., 2013. Multicomponent Seismic for Gas Hydrate Monitoring[C] //Proceeding of 75th EAGE Conference & Exhibition. SPE EUR-OPEC. London, UK, 10-13 June.

AWASHIMA Y, SAITO H, HOAKI T, et al., 2008. Development of Monitoring System on Methane Hydrate Production[C]//Oceans. IEEE: 1-7.

BAKER P A, BURNS S J, 1985. The occurrence and formation of dolomite in organic-rich continental margin sediments[J]. AAPG Bulletin, 69:1917-1930.

BHATNAGAR G, CHAPMAN W G, DICKENS G R, et al., 2008. Sulfate methane transition as a proxy for average methane hydrate saturation in marine sediments[J]. Geophysical Research Letters, 35: L03611.

BIRGEL D, HIMMLER T, FREIWALD A, et al., 2008. A new constraint on the antiquity of anaerobic oxidation of methane: late Pennsylvanian seep limestones from southern Nambia[J]. Geology, 36: 543-546.

BLUM J A, CHADWELL C D, DRISCOLL N, et al., 2010. Assessing slope stability in the Santa Barbara Basin, California, using seafloor geodesy and CHIRP seismic data[J]. Geophysical Research Letters, 37(13): 438-454.

BOETIUS A, WENZHFER F, 2013. Seafloor oxygen consumption fuelled by methane from cold seeps[J]. Nature Geoscience, 6(9): 725-734.

BOHANNON J, 2008. Weighing the climate risks of an untapped fossil fuel[J]. Science, 319: 1753.

BOHRMANN G, GREINERT J, SUESS E, et al., 1998. Authigenic carbonates from the Cascadia subduction zone and their relation to gas hydrate stability[J]. Geology, 26:647-650.

BOROWSKI W S, RODRIGUEZ N M, PAULL C K, et al., 2013. Are ^{34}S enriched authigenic sulfide minerals a proxy for elevated methane flux and gas hydrates in the geologic record[J]. Marine and Petroleum Geology, 43: 381-395.

BOURIAK S, VANNESTE M, SAOUTKINE A, 2000. Inferred gas hydrates and clay diapirs near the Storegga Slide on the southern edge of the Vøring Plateau, offshore Norway[J]. Marine Geology, 163(1-4): 125-148.

BRISKIN M, SCHREIBER B C, 1978. Authigenic gypsum in marine sediments[J]. Marine Geology, 28: 37-49.

BUGGE T, BEFRING S, BELDERSON R H, et al., 1987. A giant three stage submarine slide off Norway[J]. Geo-Marine Letters, 7: 191-198.

BURNS S J, 1997. Early diagenesis in Amazon Fan sediments[M]//In: Flood R D, Piper D J W, Klaus A, Peterson L C(eds), Proceedings of the Ocean Drilling Program, Scientific Results, 155: 497-504.

CAMPBELL K A, FARMER J D, DE MARAIS D, 2002. Ancient hydrocarbon seeps from the Mesozoic convergent margin of California: carbonate geochemistry, fluids and paleoenvironment[J]. Geofluids, 2: 63-94.

CHEE S, LEOKPRASIRTKUL T, KANNO T, et al., 2014. Japan Oil, Gas & Metals Natl. Corp. A Deepwater Sandface Monitoring System for Offshore Gas Hydrate Production[C] // offshore technology conference. Texas: OTC, 1-8.

CHEN S C, HSU S K, TSAI C H, et al., 2010. Gas seepage, pockmarks and mud volcanoes in the near shore of SW Taiwan[J]. Marine Geophysical Researches, 31(1-2): 133-147.

CRANSTON R E, 1999. Pore-water geochemistry, JAPEX/JNOC/GNC Mallik 2L-38 gas hydrate research well[J]. Geological Survey of Canada Bulletin, 544: 165-175.

DICKENS G R, CASTILLO M M, WALKER J G C, 1997. A blast of gas in the latest Paleocene:simulating first-order effects of massive dissociation of oceanic methane hydrate[J]. Geology, 25(3):259-262.

DICKENS G R, 2001. Sulfate profiles and barium fronts in sediment on the Blake Ridge: present and past methane fluxes through a large gas hydrate reservoir[J]. Geochimica et Cosmochimica Acta, 65: 529-543.

DOMACK E, ISHMAN S, LEVENTER A, et al., 2005. A chemotrophic ecosystem found beneath Antarctic ice shelf[J]. Eos, Transactions American Geophysical Union, 86: 269-276.

FENG D, ROBERTS H H, 2011. Geochemical characteristics of the barite deposits at cold seeps from the northern Gulf of Mexico continental slope[J]. Earth and Planetary Science Letters, 309: 89-99.

microbes[J]. Oceanography and Marine Biology, 43: 1-46.

LI X P, HE S M, 2012. Progress in stability analysis of submarine slopes considering dissociation of gas hydrates[J]. Environmental Earth Sciences, 66(3): 741-747.

LIM Y C, LIN S, YANG T F, et al., 2011. Variations of methane induced pyrite formation in the accretionary wedge sediments offshore southwestern Taiwan[J]. Marine and Petroleum Geology, 28: 1829-1837.

LOCAT J, LEE H J, 2002. Submarine landslides: advances and challenges[J]. Canadian Geotechnical Journal, 39(39): 193-212.

LONSDALE P, 1979. A deep-sea hydrothermal site on a strike-slip fault[J]. Nature, 281: 531-534.

LUFF R, WALLMANN K, 2003. Fluid flow, methane fluxes, carbonate precipitation and biogeochemical turnover in gas hydrate bearing sediments at Hydrate Ridge, Cascadia Margin: Numerical modeling and mass balances[J]. Geochimica et Cosmochimica Acta, 67: 3403-3421.

MAEKAWA T, 2004. Experimental study on isotopic fractionation in water during gas hydrate formation[J]. Geochemical Journal, 38: 129-138.

MASCARELLI A L, 2009. A sleeping giant[J]. Nature Reports Climate Change, 3: 46-49.

MASLIN M A, OWEN M, DAY S, et al., 2004. Linking continental slope failure to climate change: testing the clathrate gun hypothesis[J]. Geology, 32: 53-56.

MASLIN M, OWEN M, BETTS R, et al., 2010. Gas hydrate: past and future geohazard[J]. Philosophical Transactions of The Royal Society A, 368: 2369-2393.

MATSUMOTO R, BOROWSKI W S, 2000. Gas hydrate estimates from newly determined oxygen isotopic fractionation aGH-IW and δ^{18} O anomalies of the interstitial waters: Leg 164, Blake Ridge[M] //In:Paull C K, Matsumoto R, Wallace P J, Dillon W P (eds), Proceedings of Ocean Drilling Program, Scientific Results, 164: 59-66.

MAX M D, CLIFFORD S M, 2000. The state, potential distribution, and biological implications of methane in the Martian crust[J]. Journal of Geophysical Research Planets, 105(E2): 4165-4171.

MOZLEY P S, CAROTHERS W W, 1992. Elemental and isotopic compositions of siderite in the Kuparuk Formation, Alaska: effect of microbial activity and water/sediment interaction on early pore-water chemistry[J]. Journal of Sedimentary Petrology, 62: 681-692.

NAEHR T H, STAKES D S, MOORE W S, 2000. Mass wasting, ephemeral fluid flow, and barite deposition on the California continental margin[J]. Geology, 28: 315-318.

NAUDTS L, GREINERT J, ARTEMOV Y, et al., 2006. Geological and morphological setting of 2778 methane seeps in the Dnepr paleo-delta, northwestern Black Sea[J]. Marine Geology, 227: 177-199.

NERETIN L N, BOTTCHER M E, JRGENSEN B B, 2004. Pyritization processes and greigite formation in the advancing sulfidization front in the upper Pleistocene sediments of the Black Sea[J]. Geochimica et Cosmochima Acta, 68: 2081-2093.

OLU K, DUPERRET A, SIBUET M, et al., 1996. Structure and distribution of cold seep communities along the Peruvian active margin: relation to geological and fluid patterns[J]. Marine Ecology Progress Series, 132: 109-125.

PANIERI G, BUNZ S, JOHNSON J, et al., 2017. An integrated view of the methane system in the pockmarks at Vestnesa Ridge, 79°N[J]. Marine Geology, 390: 282-300.

PAULL C K, BUELOW W J, USSLER W I, et al., 1996. Increased continental-margin slumping frequency during sea-level lowstands above gas hydrate bearing sediments[J]. Geology, 24(2): 143-146.

PAULL C K, III W U, DALLIMORE S R, et al., 2007. Origin of pingo-like features on the Beaufort sea shelf and their possible relationship to decomposing methane gas hydrates[J]. Geophysical Research Letters, 34(1): 223-234.

PENNINO V, SULLI A, CARACAUSI A, et al., 2014. Fluid escape structures in the north sicily continental margin[J]. Marine and Petroleum Geology, 55: 202-213.

POHLMAN J W, BAUER J E, WAITE W F, et al., 2010. Methane hydrate-bearing seeps as a source of aged dissolved organic carbon to the oceans[J]. Nature Geoscience, 4: 37-41.

REEBURGH W, 2007. Oceanic Methane Biogeochemistry[J]. Chemical Reviews, 107: 486-451

RIEDINGER N, KASTEN S, GROGER J, et al., 2006. Active and buried authigenic barite fronts in sediments from the Eastern Cape Basin[J]. Earth and Planetary Science Letters, 241: 876-887.

RISTOVA P P, WENZHOFER F, RAMETTE A, et al., 2014. Spatial scales of bacterial community diversity at cold seeps (Eastern Mediterranean Sea)[J]. The ISME Journal, 9: 1306-1318.

RISTOVA P P, WENZHOFER F, RAMETTE A, et al., 2012. Bacterial diversity and biogeochemistry of different chemosynthetic habitats of the REGAB cold seep (West African margin, 3160 m water depth)[J]. Biogeosciences, 9: 5031-5048.

ROSSEL P E, ELVERT M, RAMETTE A, et al., 2011. Factors controlling the distribution of anaerobic methanotrophic communities in marine environments: Evidence from intact polar membrane lipids[J]. Geochimica et Cosmochimica Acta, 75(1): 164-184.

ROSSEL P E, LIPP J S, FREDRICKS H F, et al., 2008. Intact polar lipids of anaerobic methanotrophic archaea and associated bacteria[J]. Organic Geochemistry, 39(8): 992-999.

RYU B J, 2016. Gas Hydrate Research and Development in Korea[J]. New & Renewable Energy, 12(3): 104-138（in Korean with English abstract）.

SAHLING H, GALKIN S V, SALYUK A, et al., 2003. Depth related structure and ecological significance of cold-seep communities-a case study from the Sea of Okhotsk[J]. Deep-Sea Research

I, 50: 1391-1409.

SHAKHOVA N, SEMILETOV I, LEIFER I, et al., 2014. Ebullition and storm-induced methane release from the East Siberian Arctic Shelf[J]. Nature Geoscience, 7: 64-70.

SHARKE A, RUPPEL C, KODIS M, et al., 2014. Widespread methane leakage from the sea floor on the northern US Atlantic margin[J]. Nature Geoscience, 7: 657-661.

SOLOMON E A, KASTNER M, MACDONALD I A, et al., 2009. Considerable methane fluxes to the atmosphere from hydrocarbon seeps in the Gulf of Mexico[J]. Nature Geoscience, 2: 561-565.

SUESS E, BOHRMANN G, VON HUENE R, et al., 1998. Fluid venting in the eastern Aleutian subduction zone[J]. Journal of Geophysical Research, 103: 2597-2614.

SUESS E, TORRES M, BOHRMANN G, et al., 1999. Gas hydrate destabilization: enhanced dewatering, benthic material turnover and large methane plumes at the Cascadia convergent margin[J]. Earth and Planetary Science Letters, 170: 1-15.

SUESS E, 2014. Marine cold seeps and their manifestations: geological control, biogeochemical criteria and environmental conditions[J]. International Journal of Earth Sciences, 103: 1889-1916.

SULTAN N, BOHRMANN G, RUFFINE L, et al., 2014. Pockmark formation and evolution in deep water Nigeria: Rapid hydrate growth versus slow hydrate dissolution[J]. Journal of Geophysical Research Solid Earth, 119(4): 2679-2694.

SULTAN N, MARSSET B, KER S, et al., 2010. Hydrate dissolution as a potential mechanism for pockmark formation in the Niger delta[J]. Journal of Geophysical Research Atmospheres, 115(B8): 4881-4892.

SUN Z L, CAO H, GENG W, et al., 2018. A three dimensional environmental monitoring system for production of marine gas hydrates[J]. China Geology, 4: 570-571.

TAYLOR K G, CURTIS C D, 1995. Stability and facies association of early diagenetic mineral assemblages: an example from a Jurassic ironstone-mudstone succession, UK[J]. Journal of Sedimentary Petrology, 65: 358-368.

THATCHER K E, WESTBROOK G K, SARKAR S, et al., 2013. Methane release from warming-induced hydrate dissociation in the west svalbard continental margin: timing, rates, and geological controls[J]. Journal of Geophysical Research: Solid Earth, 118(1): 22-38.

TORRES M E, BOHRMANN G, SUESS E, 1996. Authigenic barites and fluxes of barium associated with fluid seeps in the Peru subduction zone[J]. Earth and Planetary Science Letters, 144: 469-481.

TORRES M E, BRUMSACK H J, BOHRMANN G, et al., 1996. Barite fronts in continental margin sediments: a new look at barium remobilization in the zone of sulfate reduction and formation of heavy barites in diagenetic fronts[J]. Chemical Geology, 1996, 127:125-139.

VAN DOVER C L, AHARON P, BERNHARD J M, et al., 2003. Blake Ridge methane seeps: characterization of a soft sediment chemosynthetically based ecosystem[J]. Deep-Sea Research Ⅰ, 50: 281-300.

VANNESTE M, SULTAN N, GARZIGLIA S, et al., 2014. Seafloor instabilities and sediment deformation processes: the need for integrated, multi-disciplinary investigations[J]. Marine Geology, 352(3): 183-214.

VANREUSEL A, DE GROOTE A, GOLLNER S, et al., 2010. Ecology and Biogeography of Free-Living Nematodes Associated with Chemosynthetic Environments in the Deep Sea: A Review[J]. Plos One, 5(8): 12449.

WANG J, HAN J, JING D, et al., 2017. MEMS-based strata deformation monitoring system for methane hydrate production areas: a conceptual design[J]. Journal of Marine Science and Technology, 1-10.

WEAVER P P E, WYNN R B, KENYON N H, et al., 2000. Continental margin sedimentation with special reference to the Northeast Atlantic margin[J]. Sedimentology, 47: 239-256.

WHITICAR M J, HOVLAND M, KASTNER M, et al., 1995. Organic Geochemistry of Gases, Fluids, and Hydrates at the Cascadia Accretionary Margin [M]//Carson B, Westbrook G K, Musgrave R J(eds), Proceedings of the Ocean Drilling Program, Scientific Results, 146: 385-397.

WILSON A, 2014. System Monitors Sandface for Deepwater Offshore Gas-Hydrate Production[J]. Journal of Petroleum Technology, 66(9):102-105.

YANG J Y, CHUNG K H, JIN Y K, et al., 2011. Characterizing lipid biomarkers in methanotrophic communities of gas hydrate bearing sediments in the Sea of Okhotsk[J]. Marine and Petroleum Geology, 28(10): 1884-1898.

YOKOYAMA T, SAITO H, KAMEYA H, et al., 2007. Seafloor displacement monitoring by double integral technique using servo-accelerometer system[C]//Proceedings of the Seventh (2007) ISOPE Ocean Mining Symposium. Lisbon, Portugal: The International Society of Offshore and Polar Engineers(ISOPE), 75-82.

YOKOYAMA T, SHIMOYAMA M, MATSUDA S, et al., 2013. Monitoring System for Seafloor Deformation during Methane Hydrate Production Test[C]//Proceedings of the Tenth (2013) ISOPE Ocean Mining and Gas Hydrates Symposium. Poland: International Society of Offshore and Polar Engineers, 132-135.

ZACHOS J, PAGANI M, SLOAN L, et al., 2001. Trends, rhythms, and aberrations in global climate 65 Ma to present[J]. Science, 292: 686-693.

ZACHOS J, ROHL U, SCHELLENBERG S, et al., 2005. Rapid acidification of the ocean during the Paleocene-Eocene thermal maximum[J]. Science, 308: 1611-1615.

ZUMBERGE M A, 1997. Precise optical path length measurement through an optical fiber: application to seafloor strain monitoring[J]. Ocean Engineering, 24(24): 531-542.

ZUMBERGE M, ALNES H, EIKEN O, et al., 2008. Precision of seafloor gravity and pressure measurements for reservoir monitoring[J]. Geophysics, 73(6): WA133.

第 8 章

浅表层水合物资源评价体系及开采潜力

水合物一般分布于气烟囱上部、内部构造高部位和周围地层，饱和度相对较高；而与断裂相关型水合物常受断裂分布控制，分布局限，饱和度中等。因此，在对不同类型的浅表层水合物藏进行地质评价时，应予以区分。

8.1.2 评价原则

由于浅表层水合物独特的形成机制，其评价不但与常规油气明显不同，与中深层扩散型水合物也有所差异（表8-1），总体来说如下。①常规油气系统所依赖的沉积环境会随时间变化，因此热史研究对于常规油气的生成，运移和圈闭至关重要，水合物是一种更现代的现象，因而盆地的热史对水合物的重要性远不如常规油气重要，水合物更注重于对现今温压场的描述，然而，考虑到深部气源的影响，热史研究对于动态评价仍然是必要的。②常规油气系统中必须具有明确的烃源岩，而已发现的水合物储层极少与深部烃源岩直接连通，因而目前的评价方法多注重对气体来源的总体评价而非烃源岩，但由于在GHSZ内部产生的微生物甲烷不足以解释水合物富集区的气体含量，因此需要外部和下方的气源，这些来源既可能是生物气源也可能是热解气源，且浅表层水合物藏对甲烷通量的依赖程度远大于中深层水合物藏。③对油气运移史的研究是常规油气系统分析的，油气系统的形成常伴随盆地演化整个过程进入相对稳定的状态，而水合物系统主要取决于现有沉积物和气体通量的供应及温压环境的变化，对大型古迁移系统的长期地质过程研究意义不大。④渗漏现象与水合物形成关系密切，其特征识别及分布规律研究是水合物评价的重要内容，对于浅表层水合物藏来说，渗漏构造更是重点评价目标，但在常规油气系统评价中仅将其作为油气指示。⑤中深层水合物可通过识别水合物稳定域内的地质、地球物理及地球化学异常来圈定和划分评价单元，有据可依，而浅表层水合物通常没有明显的地震指示标志，声学特征模糊，地球化学数据有限。

海洋浅表层水合物评价原则的选取必须依赖于对储层性质的分析，储层的沉积物类型、储集空间有效性和非均质性等因素影响水合物的生长和空间分布，进而影响储层性质，与资源量大小、开发难易程度密切相关。①在储集空间方面，海洋沉积物的孔隙与沉积层的裂隙就是浅表层水合物的生成与储集空间。沉积物孔隙可细分为粒间孔隙和粒内孔隙两种。粒间孔隙是由粗碎屑颗粒相互接触形成的空间，粒内孔隙主要指生物死亡后未被填充或部分填充的微生物壳体空间，大部分有孔虫壳体大小相当于砂粒级，所提供的粒内孔隙比粒间孔隙要大得多。一般来说，砂质沉积物孔隙空间大、连通性好、渗透率高，有利于含烃流体通畅运移和水合物生成与就地存储。粉砂质沉积物如果富含有孔虫和钙质化石颗粒等生物碳酸盐、硅藻化石和火山灰等，可改变沉积物的孔隙结构、连通性和渗透率等重要储层特征参数，使其粒度级别可达砂级或粗粉砂级，大大改善了水合物生成与储集环境。泥质沉积物孔隙度小、渗透率低、有机质丰富、储层性能较差，但由于构造作用、差异压实和流体影响可形成断裂、气烟囱、泥底辟和泥火山等构造，这些沉积层内广泛存在的高角度断层或裂隙，可有效扩展细粒沉积物的储集空间，形成块状、脉状、结核状等不同产状的裂隙填充型水合物。②在非均质性方面，由于海洋沉积物粒度、矿物种类分布不均匀，水合物生成具有随机性，使得水合物分布极不均匀。矿物表面附近孔隙水活性降低，粒径越小其比表面积越大，孔隙水活性越低。因此，细粒沉积物内水合物生长受到抑制，水合物更倾向于在粗粒沉积物中形成，导致水合物优先生长于储集空间大的沉积物中。对于低孔、低渗的细粒沉积物储层而言，基质孔隙已基本不具备有效渗滤条件，水合物并不占据孔隙空间，而是形成于沉积层裂隙内，迫使地层裂隙增大并填充其中。因此，裂隙不仅起着流体运移通道的作用，同时，还起着储集空间的作用。例如，印度近海的克里希纳—戈达瓦里盆地在细粒沉积物为主的地层内发现近125 m 的水合物填充裂隙，美国路易斯安那州近海发现构造作用引起的低通量、低渗透的含裂隙型水合物系统，布莱克海台发现构造、差异剥蚀、水合物抬升和自由气毛细管压力共同作用下形成的低通量、中等渗透、含大量游离气体的裂隙型水合物系统，水合物脊在黏土层段发现水力压裂作用下发育的高通量、高渗透含水合物裂缝系统。

因而在宏观上，资源评价过程应更注重不同类型浅表层水合物形成的地域局限性和聚集时效。一方面，做好基础地质条件分析，充分利用地球物理、地球化学及地质取样数据，提取相关渗漏地质构造参数及其时空分布，评价单元划分时应优选渗漏构造聚集区，兼顾渗漏特征零散区；优选多类数据异常集中区，兼顾单一特征显示区；确定浅表层水合物的空间分布特征，以圈定富集区域；另一方面，基于三维地震数据、可控源电磁数据、测井和钻探资料、流体通量监测等手段，精细刻画储层特征并开展数值模拟研究，以落实地质资源量。

表8-1 海洋浅表层水合物与常规油气及中深层水合物资源评价对比

	常规油气	水合物	
		浅表层水合物	中深层水合物
分布特征	离散型，有明显圈闭界限	离散型，无明显圈闭界限	连续型，无明显圈闭界限
构造位置	背斜等正向构造	渗漏构造区	斜坡为主
聚集机制	浮力运聚为主	渗漏为主、温压条件	扩散为主、温压条件
源储关系	源储分离	源储分离	源储分离/源储一体
勘探目标	有利圈闭	甜点区	甜点区
目标深度	中深部	浅部：一般不超过100 mbsf，50 mbsf左右	浅部：一般不超过600 mbsf，200 mbsf左右
评价重点	生、储、盖、圈、运、保及匹配关系	温压条件、气源条件、输导条件、储集条件及匹配关系	

8.1.3 评价方法

区域基础地质条件及异常特征分析是确定海洋浅表层水合物资源聚集区的基础，而资源量估算是量化资源评价结果的直接手段。虽然海洋浅表层水合物甲烷供给更为充足，聚集性更强，但地球物理手段往往失效，储集层参数难以获取。常规的体积法、成因法和类比法对于中深层、大面积连续分布的、扩散型水合物是适用的，因为其参数可直接通过有效的数据处理及解释技术得到，但针对浅表层水合物却具有很大的局限性，主要体现在以下4点。①浅表层水合物没有明显的地震反射特征，常规采集手段及处理技术难以获取高精度速度资料，因而难以确定其垂向分布。②浅表层水合物常与泥火山、泥底辟、麻坑等渗漏构造伴生，分布范围局限（$<1\ km^2$），因而其横向展布状态难以判定。③受高流体通量控制，水合物分布特征具有多样性，既可能呈环带状分布、柱状分布、沿断裂分布，还可能呈多层分布，无论何种形式均不能采用简单体积法描述。④渗漏构造内部结构复杂，不同的渗漏构造形成机理不同，运移和封堵机制也具有显著差异，因而对沉积物的孔隙度、饱和度及渗透率等物性参数评价也不能采用统一的标准，即使是统一渗漏构造，各物性参数也具有明显的非均质性。浅表层水合物资源量评价方法和参数的选择决定了资源评价的工作质量和预测精度，因而亟须寻找一种更具有针对性的方法用于海洋浅表层水合物资源评价。目前，国际上用于浅表层水合物资源评价的方法主要包括体积法和成因法。

8.1.3.1 体积法

体积法通过结合地质、地球物理及地球化学等多学科手段，直接从储集层的有效储集空间入手，不考虑烃源岩，通过获取评价区的水合物分布面积、厚度、孔隙度、饱和度及产气因子等参数，用数理统计的方法建立圈闭水合物资源量与单位体积油气资源密度和体积变量的关系，通过蒙特卡洛法估算资源潜力，其主要公式为：

$$Q = A \times z \times c \times G$$

式中：Q为资源量（m^3）；A为水合物富集带面积（m^2）；z为水合物富集厚度（m）；c为水合物浓度（%）；G为水合物产气因子（无量纲）。

面积：浅表层水合物与中深层水合物不同，通常难以识别常见的BSR特征，因而不能仅依靠BSR来圈定其分布范围。底辟控制型水合物其分布面积常与含烃流体沿渗漏通道向海底流动过程中向围岩扩散—分离的范围有关，一般不超过1 km^2。从稳定域分布来看，喷口处一般流体通量大、热流量高，不利于水合物的保存，故主通道处的水合物厚度一般较小，主通道附近水合物呈环带状连续分布，如Andresen和Huuse（2011）基于Bullseve渗漏系统研究建立的气烟囱模型和Paganoni等（2018）基于Sabah海域发现建立的流体管道模型，此时的水合物分布面积一般通过预测渗漏构造的分布范围推算。而一些学者通过可控源电磁勘探发现，渗漏喷口附近可能比周围地区具有更多的水合物，并提出了水合物在冷泉通道和麻坑下部富集的柱状模型，认为水合物分布面积即主通道面积。具体选择何种模型需结合精细地球物理资料解释结果和钻探资料验证。断裂控制型水合物分布面积与地下密集裂隙带或断层分布区有关，气烟囱型水合物虽然范围局限但分布较聚集，而断层相关型水合物分布范围通常较大。一旦确定了海洋浅表层水合物在地下的分布规律，其面积确定依据主要基于多波束资料、浅地层剖面资料和三维地震资料。异常点特征主要包括：①海底丘：表层明显起伏，侧扫声呐显示为强振幅。②麻坑：凹陷构造，地形清晰，海底平缓。③含气异常构造：可划分为强反射型和衰减型，块状水合物多表现为强反射型。

厚度：海洋浅表层水合物本质上受控于温压条件，由于缺少有效的地球物理数据限制，一般认为浅表层水合物厚度即稳定带厚度。然而，北美卡斯卡迪亚边缘的钻探和黑海Kerch渗漏区取样的结果显示，在多个深度的稳定带内可以形成水合物，此时厚度的计算需借助更高精度的速度分析和电阻率数据。

浓度：浓度为孔隙度和饱和度的乘积。浅表层水合物浓度可通过目视观测、无机地球化学数据、地球物理（例如电阻率）数据和现场天然气浓度直接测量进行估算。浅表层水合物浓度变化很大，几乎从0（分散状）~100%（脉状或块状）。

基于评价依据的不同，浅表层水合物体积法资源评价可细分为4种方法。

1）基于三维地震资料的评价方法

以特定地震相带或属性异常区为评价区，采用Riedel等（2013）常规评价方法或Lee等（2013）等厚时间切片法评估储集参数，基于蒙特卡洛法估算资源量。

2）基于测井资料的评价方法

伽马射线测井记录了地层的放射性元素信息，由于黏土沉积物往往具有更高的天然辐射，所以伽马射线测井可以定性区分富黏土和富砂岩性。综合伽马射线测井与电阻率测井来识别高角度裂缝中的水合物。其他类型的测井资料，如密度测井、中子孔隙度测井、井径测井、纵波速度测井等，通常只能用来评估比水合物稳定带埋藏更深的常规油气藏。Umitaka丘资源量评价以测井异常站位划分评价区，基于随钻测井（LWD）数据，结合电阻率测井、速度测井和密度测井等分析结果估算储层参数，利用测井高纵波速度异常估算水合物饱和度，通过三维空间差值建立三维模型估算资源量。但实际勘探结果表明，每个气烟囱构造以及所分布的甲烷水合物的特征各不相同，因此，目前该方法尚需进一步研究，以实现应用推广。

3）基于海洋电磁资料的评价方法

基于海洋电磁资料的评价方法以海洋可控源电磁方法识别高阻体为评价区，采用经验公式估算水合物厚度及储层饱和度等参数，估算具有强电阻的甲烷水合物分布范围内的资源量。美国墨西哥湾对于填充有水合物的裂缝储层，利用ANISBEDS软件建立了10个模型。在这些模型中，将电阻率背景值设为1 Ω·m。虽然这些模型有助于理解曲线分开程度以及水合物潜在资源量，但不能改变模型中的裂缝宽度、间距，或裂缝倾斜角度，目前正在积极开发可变参数模型来弥补认识上的不足。

4）基于岩芯资料的评价方法

基于岩芯资料的评价方法以取芯位置为基准划分评价区，基于岩芯资料直接计算水合物资源量：①保压岩芯基于全量分解实验通过气体总量换算水合物资源量。②对于非保压岩芯通过孔隙水Cl^-浓度异常对水合物分解的量进行估算。该方法要求较高的钻井密度，否则基于有限钻探站位空间插值的算法，很难实现对水合物的产状、连续分布和地质结构进行的准确评估。

综上所述，由于浅表层水合物储层非均质性强，地球物理响应特征不明显，难以对水合物饱和度等关键储层参数界定，但结合高精度水深测量、三维地震数据、电阻率数据及钻探数据等，实现对含水合物沉积层的三维精细刻画是可行的，因而可作为浅表层水合物评价的有效方法。

8.1.3.2 成因法

成因法通过盆地分析，建立地质过程的概念模型或地质模型，抽提其中最主要的作用变化控制因素，使用数学方法将原因变量与结果数据联系起来，构建地质过程的数学模型，对盆地地质过程进行恢复计算、结果预测或研究分析，最终得出可靠的定量地质结论。评价结果主要依赖于对生烃、运移和聚集等主要石油地质问题的全面理解以及对地球化学参数的正确选取。基于水合物生成模式不同，海洋浅表层水合物藏成因法可细分为4种模型。

1）原位生物气模型

假设水合物的浓度与含有机碳沉积物埋藏过程有关。甲烷通过微生物降解在硫酸盐还原带底部生成，当产生的甲烷超过甲烷水合物溶解度时，水合物开始形成。甲烷水合物的浓度随深度增加而增加。微生物甲烷的产生和沉降速率是控制甲烷水合物深度分布的主要因素。该模型可用于模拟与断裂相关水合物的生成，裂缝即可由局部构造应力形成，也可在水合物形成过程中产生的结晶压力下形成（Daigle and Dugan，2010），由于裂缝处的毛细管压力较低，因此甲烷水合物的溶解度较低，来自局部微生物过程的甲烷容易扩散到这些先前存在的裂缝中，甲烷水合物优先形成（例如KC151站位；Cook et al.，2008）（图8-1）。

该模型的局限性在于，可以生成的水合物总量受沉积物所掩埋的活性有机碳总量和沉积物年龄的限制，从而导致水合物饱和度在1%～10%，但难以解释已发现的高饱和度水合物沉积。

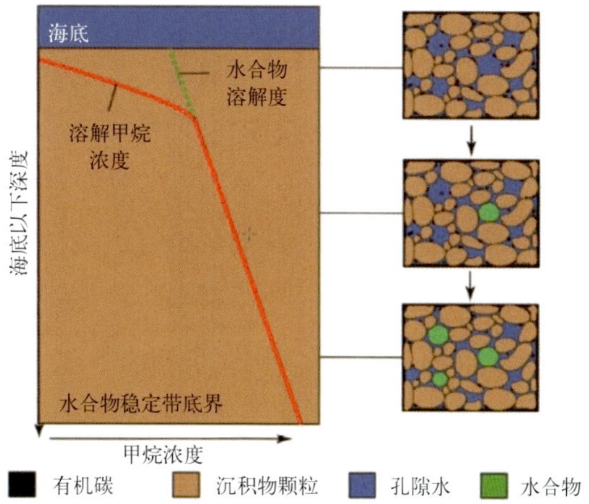

图8-1 原位生物气模型（You et al., 2019）

2）流体传输模型

假设流体通过两种方式由深部向上运移。①通过扩散作用在GHSZ下方生成，气体溶解度向上降低，溶解度梯度在GHSZ处最大，因而水合物在稳定带底部形成最快，饱和度向上降低。该方式需要大量的向上的流体通量以形成水合物（Rempel and Buffett, 1997）。②通过渗漏作用以游离态随流体向上运移，如果溶解的甲烷浓度在GHSZ处未饱和，则最深水合物的出现将在GHSZ之上，并且将不存在游离气区。如果来自底部的甲烷通量足够大，则甲烷水合物发生区的底部与GHSZ和游离气区的顶部重合（Xu and Ruppel, 1999），低渗透沉积物受水合物形成影响，发生脆性变形产生裂缝（图8-2）。

该模型的局限性包括：①水合物形成速率太低，不足以解释钻探已发现的大量现场数据。②需要大量的水向上流动才能生成大量的水合物，在许多地质环境中很难达到这一要求。

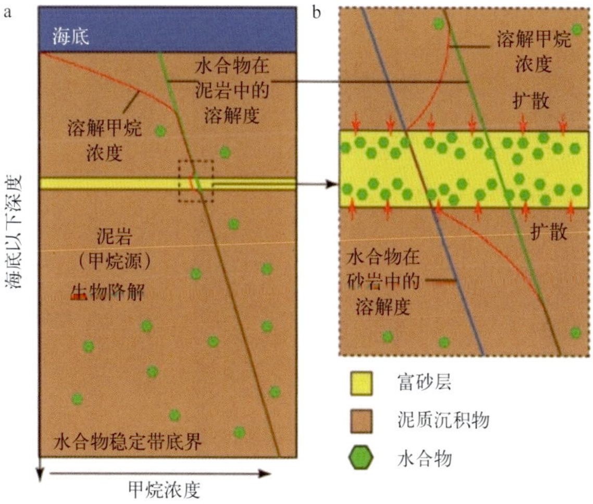

图8-2 流体传输模型（You et al., 2019）

3）远源输入模型

模型假设游离气有效运移通道为具有低毛细管压力和高渗透率的断层或高密度裂缝带。游离气由GHSZ下方垂向流入（有时穿过GHSZ）形成水合物，局部饱和度可能超过90%（You and Flemings，2018）（图8-3）。该模型可细分为3类。①热力学平衡模型，该类模型考虑了排盐和放热效应对水合物形成的影响，因而游离气可迁移至GHSZ（Liu and Flemings，2006）。②动力学模型，该类模型考虑供气速率大于固定在水合物中的气体动力学受限速率（Haeckel et al., 2004）。③传质受限模型，其中水合物形成速率限制了甲烷（Meyer et al., 2018）或水对水合物形成的贡献（Riedel et al., 2006）。远源输入模型解释了水合物垂向分布的非均质性（Malinverno et al., 2018），揭示了高通量流体对甲烷富集的贡献。但根据大洋钻探结果，水合物赋存区稳定带下方并非均存在明显的垂向运移通道，且在远浅于GHSZ底界深度的近海底也钻遇了水合物，表明稳定带下方的断层或裂隙带并非不可或缺（Hillman et al., 2017），因此，该模型也被学者质疑。

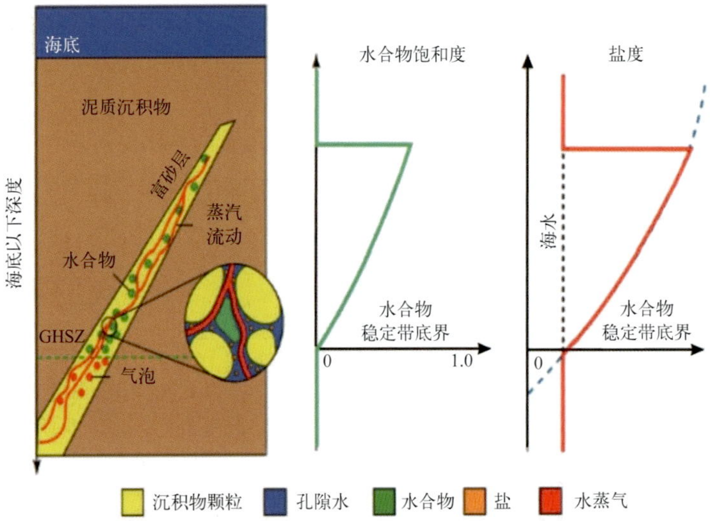

图8-3　远源输入模型（You et al., 2019）

4）油气地质模型

该模型采用传统油气成藏理论，通过分析水合物稳定场的空间分布和时间演化，热成因和生物成因甲烷气的生成和运移，以及水合物的形成过程，利用三维数值模拟进行资源量评价，多基于成熟的商业软件模拟，如美国斯伦贝谢公司开发的PetroMod软件等。

成因法适用于不考虑水合物赋存方式的大尺度综合评价，模型结合单个站位数据描述垂向非均质性，利用温压和岩性数据控制横向非均质性，但评价结果准确性和精度受水合物勘探及研究程度的限制，结果不确定性较大。

8.1.4 典型海域评价结果

目前，发现浅表层水合物比较典型的区域主要有日本熊野盆地（上越盆地）、印度洋、郁陵盆地、墨西哥湾北部陆坡、南海北部陆坡、巴伦支海和鄂霍次克海等。而已开展系统评价区域主要包括北冰洋巴伦支海泥火山区、日本上越盆地和韩国郁陵盆地气烟囱群分布区（Ryu et al., 2013）、印度K-G盆地（Collett et al., 2019）和墨西哥湾断裂分布区等。MITI、NGHP、UBGH、JIP及大洋钻探航次钻探成果为评价底辟控制型和断裂控制型海洋浅表层水合物提供了新认识。

基于国际水合物钻探实例，从成藏过程角度，可将浅表层水合物简化为两类：底辟控制型水合物（泥火山型、泥底辟型和麻坑型）和断裂控制型水合物（气烟囱型和断层相关型）。

8.1.4.1 底辟控制型水合物

泥火山型水合物主要出现在渗漏站位，饱和度一般小于25%，面积一般不超过4 km^2，通常存在于海底附近至大约50 mbsf。存在超压导致的上覆层破裂、泥浆和泥质角砾岩，海底或附近存在大量的水合物。多波束成像通常显示近圆形、椭圆形或不规则的喷口或海底凹陷，地震剖面显示周围地层的强反射振幅、呈现与游离气存在相关的负极性（如麻坑）。

位于北冰洋巴伦支海的Håkon Mosby泥火山是反映泥火山和水合物关系最典型的例子。该泥火山周围存在固结的泥岩，含丰富的水合物，呈现圆丘状的几何形态，顶部伴随大量的甲烷和二氧化碳排出。泥火山面积1.395 km^2，周围地层底水温度−0.8℃，沉积中心20℃，地温梯度0.2 ~ 17.4℃/(100 m)，水合物稳定带最大厚度47 m，硫酸盐带厚度0 ~ 0.6 m。据孔隙水氯浓度推算水合物最大饱和度为25%，饱和度介于1.6% ~ 21.3%，结合实测甲烷浓度、气体组分、热流数据、孔隙水测试及水深数据推算的水合物资源量为1.4×10^8 m^3。泥火山及其周围可长期观察到气体释放，上覆水体羽状流特征明显。Milkov（2000）基于Håkon Mosby泥火山的观察和分析提出了泥火山—水合物系统模型，在该模型中水合物出现在泥火山中及其周围，以同心圆带状分布，认为泥火山中央通道处孔隙流体包含着高温溶解或游离的气体，水合物通常不会出现于此，当温度下降时气体溶解度会随之下降，此时可能会有水合物形成。在泥火山周围，沉积物孔隙中的气体会通过扩散的方式从中央通道向四周运移，除了来自深部的气体，地层浅部的生物成因气体也会参与到水合物形成过程中。

8.1.4.2 断裂控制型水合物

1）气烟囱型水合物

气烟囱型水合物主要出现在渗漏站位，饱和度范围为40% ~ 90%，通常存在于海底附近至大约50 mbsf，最深可达160 mbsf。排出的流体通常来自GHSZ下方的可渗透体顶部或背斜结构内，存在超压导致的上覆层破裂和碳酸盐硬地，海底或附近存在大量的水合物，几乎没有沉积物，并且化学合成群落很普遍。地震剖面有时可见从距离喷口位置较远处至海底逐渐变浅的BSR反射（Boswell et al., 2012；Shedd et al., 2012）。

日本在日本海东部边缘和北海道周边63 700 km^2的盆地和海槽范围内识别了三类浅表层水合物相关特殊地质体：A型水合物丘、B型水合物丘和麻坑三类。其中A型水合物丘300余个，B型水合物丘900余个，麻坑500余个。高精度三维地震显示，气烟囱内部结构为层状，BSR的上拉结构为高速块状水合物的显示，气烟囱中的BSR深度在A型水合物丘为0.12 ~ 0.14 s（TWT），在B型水合物丘为0.16 ~ 0.18 s（TWT），而气烟囱之外的BSR深度在0.20 ~ 0.22 s（TWT）。这表明，高浓度的水合物分布在A型、B型水合物丘中。此外，通过海底钻探，直接测量了气烟囱构造内的特性，并根据获得的地质样品分析了地层和其他单元中孔隙水的化学成分。预测这些构造中具有海洋浅表层水合物藏潜力。其中，在A型水合物丘，块状水合物分布在三层：10 ~ 45 mbsf、50 ~ 70 mbsf和80 ~ 115 mbsf，水深902 m，地温梯度10℃/(100 m)，水合物稳定带基底深度为115 mbsf。水合物丘中的气体组分主要为甲烷，$C_1/(C_2+C_3)>400$或更高，$\delta^{13}C$：−74‰ ~ −30‰。来自Mogami海槽和隐岐海槽的A型水合物丘的水合物的$\delta^{13}C$为−74‰ ~ −68‰，为典型的生物成因。相反，来自上越盆地的A型水合物丘的水合物的$\delta^{13}C$为−65‰ ~ −30‰，典型的热解成因气。根据8个LWD钻孔的Vp和9个常规岩芯孔隙水Cl^-浓度异常，预测水合物饱和度为35% ~ 86%，估算上越盆地A型水合物丘的资源量约为6×10^8 m^3。

韩国郁陵盆地识别出超1 000个气烟囱构造，几乎均为裂隙填充型水合物。2005年UBGH1-09和UBGH1-10站位中，水合物主要以裂缝充填的形式富集于泥质沉积物中。在UBGH1-09站位中，水合物在海底以下63 ~ 151 m的富泥质和富砂质层中都有发现。UBGH1-10站位的水合物在海底至海底以下141 m的泥质层中，岩芯游离气和水合物气主要成分为微生物成因甲烷，水合物在不连续的砂层中以“孔隙充填”的形式存在，在渗漏站位则以“裂隙充填”脉或结壳的形式存在。UBGH2-3、UBGH2-7和UBGH2-11站位的测井和取芯活动也证实了郁陵盆地的烟囱构造含有大量的裂隙充填型水合物。随钻测井和岩芯数据的初步分析显示，韩国郁陵盆地水合物的饱和度变化较大，但与印度近海的相似（约占孔隙空间的25%）。钻探已确认存在高饱和度水合物，估算水合物总资源量约为6.2×10^8 t油当量。

2）断层相关型水合物

断层相关型水合物主要出现在非渗漏站位，饱和度低至中等（少于50%），通常存在于50 ~ 300 mbsf。2006年印度K-G盆地NGHP-1-10号站位的钻探表明富泥质沉积物中普遍分布有以裂隙充填为主的脉状和透镜状水合物。该站位150 m厚的地质单元下伏于约20 m厚的无水合物富泥质沉积层，且没有明显的似海底反射。岩芯样品揭示了水合物矿床顶部存在早期海底化学合成群落的化石遗迹，表明相对近期的一次海底沉降掩埋了一处曾经活跃的冷泉，促进了该区域海底以下水合物的富集。基于地球物理技术圈定了水合物的聚集面积为1.5 km^2。岩芯数据证实整个水合物藏水合物饱和度为25%。在10号站位钻探之前，普遍认为在泥质沉积物中水合物饱和度不会超过10%～15%，且在这类沉积环境中的水合物一般会分散在沉积物孔隙空间里，而钻探结果从根本上改变了对细粒水合物系统的观点。在NGHP-01站点也遇到了地层约束的裂隙填充型水合物，在73～94 mbsf，水合物饱和度约为10%；在137～185 mbsf，水合物饱和度约为20%（Shankar and Riedel，2011），间隔约13 m的两口井在同一地层中遇到了充满水合物的裂缝（Cook et al., 2014）。根据Kumar等（2016）估算，印度洋原位水合物气总量可达1.894×10^{15} m^3（Kumar et al., 2016）。

断层在墨西哥湾浅表层水合物赋存过程中发挥重要作用，与“特定地层”有关的水合物分布范围可能横向延伸数千米，而其他位置，裂缝填充水合物层并没有明显的途径将这些矿床与更深的气源联系起来（Cook et al., 2014）。Bush Hill区域是墨西哥湾浅表层水合物发现最多的区域，两条反向断层为深部流体向上运移提供了重要通道，加之该区热成因甲烷和深部油气的贡献，相比于中深层孔隙型水合物，浅表层裂隙填充型水合物更为发育。2005年美国墨西哥湾陆坡发现两种赋存形态水合物：一种为赋存于沉积物/水界面几厘米之下的地层中，浅表层5 m之内地层中均获取到水合物实物样品；另一种直接出露于海底。JIP航次WR313-H孔厚的砂岩水合物层下发现一厚度很大（约120 m）的含裂隙充填型水合物的破碎细粒沉积岩层，根据电阻率估算的水合物饱和度介于5%～22%。这些充满水合物的裂缝层长达数千米（Cook et al., 2014）。Milkov和Sassen（2003）对墨西哥湾7个构造油气藏的水合物资源进行了初步评估，发现这些浅表层水合物分布广泛，饱和度高（50%～80%），厚度30 m以上，经估算，这些油气藏可能含有4.7×10^{8}～1.3×10^{11} m^3的天然气，研究认为海洋浅表层水合物是可开采的海底能源资源。

综上所述，海洋浅表层水合物在主动大陆边缘和被动大陆边缘均有发现，地质评价的重点在于对渗漏系统相关构造的研究，而关键是对成藏规律的认识。海洋浅表层水合物有效储层主要集中在泥火山、气烟囱、麻坑及断层等渗漏构造发育区，其赋存形态多样。现阶段，用于流体识别、断裂及裂隙刻画的地球物理勘探技术可提高对裂隙填充型水合物的识别能力，实现对浅表层水合物的空间分布特征刻画，各类样品测试技术、CTD技术及钻井技术也可用于分析浅表层水合物的动态特征，结合底辟控制型水合物和断裂控制型水合物评价方法可实现对浅表层水合物的资源量评价。典型构造区资源评价结果表明，浅表层水合物可作为有效能源资源。

8.2 海洋浅表层水合物资源经济评价

海洋浅表层水合物经济评价是指在圈定优势储层，确定技术可采基础上，结合勘探和开发成本分析，评价经济效益，确定商业开采可能性。尽管海洋水合物因可采用常规油气生产技术回收而被认为是技术上可行的（Collett et al., 2015），由于尚无成功的商业生产先例可循，海洋水合物至今尚未被证明是一种经济上可行的非常规天然气资源，国内外对水合物矿藏的经济评价也没有完整、详细的论述（Milkov and Sassen，2002；刘晓宇等2007；张金华等，2010；Deepak et al., 2019）。尽管如此，由于海洋水合物主要在大陆边缘聚集，且大多隶属于沿海国家的专属经济区，如果水合物被证明是一种可行的能源资源，对于能源依赖型的沿海国家来说，它的存在将改变全球能源分布。故基于区域能源需求，从水合物聚集量、基础设施共用、钻采平台及开采方法改进等方面，对商业化开采水合物提出建议，认为水合物开采经济性理论上是可行的。海洋浅表层水合物经济评价需要回答两个基本问题是：“能不能开采”和“效益有多少”，即何种开采方式最合适、对商业化而言其经济性如何。

8.2.1 海洋浅表层水合物经济评价特点

与现有常规与非常规油气资源评价类似，海洋浅表层水合物资源的开发利用同样具有高度的综合性、宏观性和战略性，因此对海洋浅表层水合物资源的经济评价包括各生产部门和各种经济活动的要求，除了对资源类型、品质、规模及开发利用潜力的一般评价外，更重要的是综合性、全面性、经济合理性的评价。其特点主要包括以下4点。①评价目标需要具有针对性：对于尚未确定经济可行性的海洋浅表层水合物资源由于无法采用常规的技术和方法进行经济性勘探开发，缺少必要的计算参数，常规的现金流方法不能完全满足经济评价的需求，而从地质任务和勘探效益的根本任务出发，通过指标评价法等定性评价方法分析影响资源经济性的地质因素、工程技术因素和市场因素等，可作为明确其潜在经济价值的一种选择。②评价方法需偏重宏观性：海洋浅表层水合物类型多样，勘探也具有明显的阶段性，评价对象从浅层到深层，评价单元从远景区到矿体，评价成果从远景资源量到探明储量逐步升级，各阶段环环相扣，整体评价需从宏观、战略角度出发进行直观、有效的经济评价。③评价过程需考虑各类风险：经济评价涉及区域地形地貌、政策、环保、工程技术等多个方面，不同类型、评价单元和埋深的勘探风险存在差异，分类型分阶段评价可避免不必要的风险。④评价内容需粗中有细：海洋浅表层水合物资源价值取决于自身具有的效用和供求关系，相比于其他商品具有更大的波动和振荡，储量的价格不仅受供求关系影响，同时受到剧烈振荡的石油价格控制，资源量作为储量的基础，预期未来价值具有更大的不确定性，在经济评价中宜粗不易细。

8.2.2 海洋浅表层水合物经济评价方法

海洋浅表层水合物储层经济评价是水合物实现商业规模开发的前提。储层经济性评价需要了解总开采成本（勘探、钻井、完工、增产和生产等）以及随时间变化的可能生产率。为了最大限度地增加投资的收益率，在较短时间内获得较大的产出，需要对水合物开采项目的经济性量化评价。针对水合物藏开采过程中的技术经济因素、投入与产出的财务情况、资料数据进行调查、分析，对开采的经济效益进行计算、分析、比较和评价，综合考虑水合物藏是否值得开采，避免或最大限度地减少投资风险，以实现水合物藏开发效益的最大化。由于目前没有有关水合物的这些参数，也没有发现以目前的天然气价格可以经济开采的水合物聚集区，因此，对水合物资源的经济评价仍然具有很大的推测性。国际上鲜有关于浅表层水合物资源经济评价的成果发表，关于水合物资源评价的方法主要借鉴于常规油气，可分为5种（侯晓雅，2016）。

（1）净现值法

净现值法是以企业的目标收益率为贴现率，计算开发项目在开采期内的现金流入现值与现金流出现值的差额。净现值是目前评价项目在开采期内是否盈利的重要经济指标。当NPV>0时，表明项目开发可以获得期望的投资收益，实现经济效益，项目可行；当NPV=0时，表明方案达到了所期望的最低财务盈利水平；当NPV<0时，表明方案达不到预期投资收益目的，方案不可行或有待改进。NPV的值越大，表明方案越可行，项目投资所获得的经济效益越大（刘亚平，2009）。

（2）投资回收期法

投资回收期法是指通过计算项目从开始生产到收回全部投资时所需要时间的一种计算方法。按照是否考虑资金时间价值，又可将投资回收期法细分为两类：即静态投资回收期法、动态投资回收期法。静态投资回收期法是指在不考虑资金时间价值下收回全部投资所需时间；而动态投资回收期是把投资期限内各年的净现金流量都按照企业的目标收益率转换成现值后，再推算投资所需时间。相比于静态投资回收期，动态投资回收期考虑了资金时间价值的缺点，更符合实际。投资回收期越短，则表明开发方案越可行，投资风险越小；投资回收期超过开发年限，则表明方案不可行或者有待改进，投资风险大。

（3）内部收益率法

内部收益率法是指项目开发期内流入与流出现金流量净现值等于零时的折现率。可以根据它的取值大小来评价开发方案是否可行。内部收益率越高，则表明经济效益越好。若内部收益率大于或等于目标收益率时，则认为方案具有经济效益；否则，方案在经济上不可行或者有待改进。

（4）净现金流曲线法

利用计算得到的净现金流量绘制出针对开发方案的累计现金流曲线和贴现现金流曲线，来判断开发方案的经济性。

（5）追加投资回收期法

追加投资回收期主要用于两个开发方案对比。追加投资回收期越短，表明开发的效果越好，否则，方案不可取或者有待改进（徐可达，2005）。

总之，尽管全球已采用不同的技术方法进行了多次成功试采，但这些技术方法尚处于现场测试阶段，还存在不同程度的缺陷，实现商业开采的路还很长。减压法是经济性相对较好的方法，但其对水合物藏的性质有特殊要求，只有当水合物位于温度与压力平衡边界附近时，才具有可行性。热采法尚未解决热利用效率低的问题，且水合物藏受热面积小，有待进一步完善。抑制剂法容易造成严重的环境问题，不能长时间大规模地使用。置换法和固体开采法提出时间尚短，相关测试极少，有待进一步研究和优化，这些技术方法的缺陷直接影响海洋浅表层水合物开采的可行性。另外，尽管水合物商业化的实现受政治、经济、环境等诸多因素的制约，但浅表层水合物勘探成本、开发基础设施成本、钻采成本及开采回收成本总体相对不高，因此通过开采技术的不断创新有望实现较高的经济效益。

8.2.3 海洋浅表层水合物经济性探讨

从海洋水合物在全球能源消费的趋势中可以看出，水合物仍然属于高风险项目。究其原因，主要有以下3个方面。①水合物弥散在沉积层中，其浓度相当低，同时，由于地层渗透性较低，导致可开采系数非常低，单井产量较低。②大部分含水合物区海水较深且水合物埋深仍然较大，导致水合物的开采费用非常昂贵。③目前，全球海域水合物勘探开发程度、开采技术研发水平及资源量评价结果存在巨大差异，在未来一段时间内，为了实现连续、稳定地产气，客观条件决定水合物开采需要投入更高成本。

要实现水合物商业化，解决回收、安全、技术和成本问题至关重要。①就勘探成本而言，高勘探程度区可作为最佳开发地点，尤其是地震测网密度较大的地区。②从开发基础设施来说，如果采用与常规油气储层开发类似的技术，将固态水合物转化为气体，则可直接利用常规油气基础设施，而若采用与大洋固体矿产相近方法开发，直接采掘水合物固体，则可使用大洋固体矿产开采装备，无论哪种方式，均可依托于现有的海洋资源基础设施。③在钻采成本方面，水合物沉积相比于油气埋深浅、沉积物未固结，钻探环境相对稳定，对钻探深度和钻井材料要求少，对钻探能力要求不高，钻井成本和深海作业成本也相对较低。④从开采回收方面，与页岩气、致密气和煤层气等非常规资源不同，水合物提取甲烷环节不需要消耗大量热量的燃烧环节，中间过程可大幅度简化，极大地节约了成本。

相比于中深层扩散型水合物，海洋浅表层渗漏型水合物具有埋藏深度更浅、分布范围局限、流体通量大、渗漏通道发育、水合物丰度高等特点，理论上具有更高的经济性，主要体现在以下几方面。

（1）基础地质环境更优。不同类型储层及其内部流体特性存在差异，一般来说，较浅的水深（$<$2 000 m）水合物能源密度更大。例如，在水深1 000 m时，饱和度为5%的水合物分解释放0.082 m^3天然气，而水深3 000 m时，相同条件下的水合物分解仅产生0.027 m^3气体。如果主要目标是通过其原位分解从水合物中回收气体，那么浅水区水合物分解产生的气体流动效应明显要强于深水区，开发更为容易，回收效率更高，因而，可作为更好的勘探目标。故就最佳基础地质环境而言，相对浅水区的海洋浅表层水合物经济性更佳。

（2）回收位置更佳。在水合物可采资源总量一定的情况下，产气速率决定回收效率。对于砂质储层，最常见的方法即通过降压法、热激发法或二者混合方法破坏水合物相平衡条件进行开采。但水合物最佳开采位置仍存在争议，一方面孔隙充填型水合物优先形成于高渗透率地层，导致开发过程中流向井孔的压差较小，且水合物具有明显的横向不均质性，水合物二次生成的速率相比于排气速度要慢，容易导致分解出来的水合物气难以被有效捕获，开采效率较低；另一方面分解产生的水会再度溶解水合物气，以重新达到平衡状态，若下伏气体供应充足，水合物自保护效应会明显降低开采效率，不利于回收。而对于浅表层水合物发育的海底渗漏喷口位置（或气烟囱顶部）由于溶解的高通量游离气与海水接触时迅速冷却，并拥有持续、高通量的物质供给保障，可促进浅表层水合物藏储层长期稳定存在，且在高密度裂隙加持下，回收率较高，因而被认为是理想的经济开发站位。因而，就最佳回收位置而言，气烟囱型水合物和泥火山型水合物经济性最佳。

（3）储层开发更容易。商业气体水合物的开发需要足够的产能以抵消运营费来产生可接受的利润。常规天然气开采要么依赖于深部超压，要么基于人工加压以加大驱气效率。对于中深层孔隙充填型水合物，气体从水合物转化出来时，如果气体产量不足以抵消水对气体的溶解效应，气体转化率将大大降低。例如，在2002年的Mallik气体生产测试中，由于水合物分解量低，而不得不通过人工诱导裂缝来提高产能，但对于浅表层水合物而言，由于气烟囱型水合物和与断裂相关的水合物主要富集于断层和裂隙中，无须人工诱导裂缝即可实现水合物气的快速逸出，可大大提高生产效率。因而，就最佳生产效率而言，气烟囱型水合物和与断裂相关型水合物经济性最佳。

（4）采收技术更佳多样化。与中深层水合物相比，浅表层水合物开采难度更小，采收水合物所需的技术要么已经存在，要么可以相对容易地改进现有技术，无论哪种采收技术，其经济性均不低于中深层水合物。

8.2.4 浅表层水合物开采潜力预测

海洋浅表层水合物经济评价可借鉴油气资源经济评价的一般流程，可分为以下5个步骤：基础数据图件准备、资源区经济特点分析、评价方法选择、经济评价和综合分析（郭秋麟等，2016）。浅表层水合物开采潜力预测可从技术层面、环境层面、经济性层面和可采储量层面分析。

8.2.4.1 技术层面

与勘探和评价技术相比，真正限制水合物开发的是开采技术。水合物赋存特征认识程度及现有的生产技术水平决定了哪些气体水合物矿床可以商业化开发。其中，水合物分解技术是关键。与天然气、煤层气和页岩气相比，水合物开采条件更为复杂，除常规气体收集外，还需经历“将甲烷与水分子分离”，许多用于常规气体开发的技术可用于气体水合物开发。然而，分离必须在提取之前发生这一事实意味着必须开发额外的技术。当水合物充分升温或减压时，或引入溶剂（如甲醇或乙二醇）时，会发生气体水合物分解。寻找具有成本效益的分解方法是实现水合物商业化的前提。降压法被认为是目前最经济的开采方法，但可能不会产生足够高的流速来实现商业可行性，如果含气体水合物砂具有足够大的自由气段，则减压可能是可行的，游离气体通过常规方法开采后，储层压力下降，压力变化导致水合物层不稳定而发生分解，从而实现游离气至井孔的持续运移。而注热法虽然可显著增加储层的产气速率，但成本也会相应增加。而且，现阶段的试采案例分析表明，采用单一方法来开采水合物是不经济的，只有结合不同方法的优点才可能实现对水合物的高效开采。加热法和降压法组合开采被认为是最合理的方式，即先用加热法分解水合物，后用降压法提取天然气。

目前可利用的开采技术主要包括如下3种方法。

（1）固体开采法

固体开采法是利用采矿机将海底的水合物以固体形式采出，然后应用海底集矿系统对浅表层水合物进行初步分离，再利用水力提升系统将水合物提升到海平面。水合物在提升过程中，温度和压力均发生变化，水合物会不断分解，所以开采过程中利用固–液–气三相混合输运技术。采出的水合物固体经粉碎机磨碎后送往分离器，然后使用水泵将海水引入分离器，利用表层海水温度对水合物加热使其充分分解。影响固体开采法的主要因素就是对三相流动过程的精准把握与控制。固体开采法克服了海底水合物分解效率低的缺点，但是水合物由深水区提升至浅水区时涉及复杂的三相流动且需要消耗大量能量，还有许多技术瓶颈需要攻克。

（2）原位破碎抽取法

通过从地层中钻采出含水合物的岩石，然后将碎屑举升至海面，再利用海水实现水合物压力、温度的改变进而分解水合物，彻底避免了传统开采技术面临的沙堵、冰堵、井眼垮塌等难题。与降压法相比，该技术的最大特点在于水合物分解于井筒内，而降压法则是在储层中分解。

2017年，中国海洋石油集团有限公司利用固态流化法在南海进行试采作业，应用效果证明了该技术的可行性和优越性。但该技术存在作业成本高、单井产量低等问题，未能实现海域水合物的商业化开采，还需进一步发展完善。目前，中国正在进行机械-热联合开采技术研究，该技术与固态流化法的不同之处在于，储层碎屑并不是直接举升到海面上进行分解，而是在井筒中混入海水，利用海水的温度破坏水合物的温-压平衡，水合物在井筒中分解后，碎屑直接填充回地层，分解出的天然气则上升到海面进行存储。该技术较固态流化法安全性和经济性得到进一步提升，但仍面临一些挑战，包括水合物多相流的状态分析、水合物分解热动力学特征等理论问题，水合物海底破碎、输运设备和工艺等工程问题，水合物采空区的海底稳定性及海底环境修复等安全问题。

（3）针对泥火山的覆盖加热法

由于深海泥火山型水合物赋存位置较浅，甚至裸露在海底表面，且赋存范围一般较集中，上部呈丘状突出于海表，中心位置发育气体流经的通道，针对此特殊构造，可设计专用绝热隔气罩和热电极加热来开采水合物。利用太阳能发电对热电极加热，若太阳能转化效率不足，则可切换到船载自主供电装置，以确保生产能稳定持续地进行；绝热隔气罩根据泥火山的形状任意铺设，需确保具有很好的防气体渗漏能力，以阻止水合物分解气体从侧翼溢出，还应具有均匀加热功能，在隔气层和发热层之间利用石棉材料做绝热处理，使发热层单向面对下部向水合物，以最大限度地减少能耗，同时，在水合物饱和度高、厚度大的位置还可集成多个热电极，与绝热隔气罩发热元件有效连接，统一供电。每个热电极可以根据水合物层的实际深度贯入，进一步加热目标区水合物。这样，就可将分解的水合物在井底压差的作用下，从产出井的射孔流进产出井。最后，在产出井中布设降压装置，进一步分解水合物，完成泥火山型水合物的热采流程。

截至目前，开展的现场试验和模拟已证实生产的技术可行性，如北美最初的经济评价模型显示，参照以往天然气价格，浅表层水合物的商业前景是存在的。从经济地质的角度来看，最具开发前景的水合物资源为浅表层水合物藏，扩散型水合物藏由于其分散性和低渗透性，其经济性大幅度降低，仅在成层厚度较大、储层条件好的粗粒沉积物区域具有开采经济性。但世界各地的经济标准可能存在很大差异，即使开采经济性的区域也需要克服一些复杂的技术和作业难题。另外，除简单的经济因素外，其他因素，如国家能源安全等，也可能会影响政策和监管，进而影响经济性评价结果。因而在水合物勘探及开发初期，应重点针对有利构造发育的区域进行研究，勘探发现浅表层渗漏型水合物藏，并对水合物藏及其周围沉积物进行物性研究，评价经济地质可采性，提出合理的开采开发方案，加强水合物开采开发试验，以推动水合物商业化运行。

8.2.4.2 环境层面

据有关研究，水合物开采过程中排放的甲烷约是常规天然气开采的2倍，而单位体积的甲烷在空气中释放后产生的温室效应是等体积CO_2的30倍，能够加剧全球气候变暖，可能对全球生态环境造成灾难性后果。而且水合物开采中的氮、硫和碳氧化物排放量也是常规天然气的2～3倍。开采过程可能导致水合物在海洋中发生液化而破坏海洋生态系统，也有可能改变海底及大陆架的地质构造，诱发地震乃至大规模海啸。现阶段的水合物生产试验都是在小范围内进行的，对地质和海洋生态的影响较小。在生产规模扩大前，还要考虑和应对地盘下沉、矿区发生滑坡等地质灾害发生的可能性。此外，冷泉生物生态的环境响应与试采后恢复性过程、低空大气甲烷波动及对局部气候的影响和浅表层水合物开发的环境影响监测等问题均表明现行技术条件下进行水合物开发，面临着很大的环境风险。

迄今为止，仅有几个国家就海域水合物的环境效应开展过研究，但根据不同的研究目标和海域特征，其涉及的内容也并不一致。总体上看，这些调查研究是孤立且不连续的，缺乏统一性。相比较而言，日本高度重视水合物环境效应的调查和研究，早在其水合物调查的第一阶段（2001—2006年）就由其“甲烷水合物2001协会（MH21）”制订了周密的环境调查评价计划，包括基线调查、开发评估和环境管理计划等内容，并在第二阶段予以全面实施；而欧美对水合物环境的调查内容进行了分解，按生物、水体化学、地球物理特征各自调查，强调对地质历史时期水合物的环境效应和记录进行挖掘，并将一系列重大的地学事件与之联系起来。其中，美国对于现代海域的水合物勘探也兼顾了环境效应的调查研究，其技术方法和科研思路引领了该领域的前沿，为世界各国广为效仿。

海洋浅表层水合物环境效应不仅包含海洋水合物环境效应的内容，而且海洋表层型水合物环境影响评价更具有特殊性，主要体现在：①浅表层水合物多与强渗漏活动有关，强流体对流和海底作业引起的海底环境直接扰动均会引起甲烷泄漏。②浅表层水合物距离海底更浅，会直接影响到渔业、海底航行及海底工程设施。③浅表层水合物常与冷泉生物群落、细菌垫和海底生物等稀有的化学合成生态系统相伴生。由此产生的调查成本、修复成本和社会成本必须予以考虑。

8.2.4.3 可采储量层面

截至目前，全球水合物资源量评价结果已达40余组，但针对全球海洋浅表层水合物资源量估算研究很少。且由于对多赋存类型水合物藏基础地质条件与富集规律之间的复杂关系缺乏系统的认识，不同研究人员采用不同方法，利用不同勘探精度数据在不同时期对全球水合物资源量的评价结果差异很大。Gornitz和Fung（1994）考虑了沉积物中水合物积聚的“原位细菌生成”和“流体运移”两种不同模型，在“流体运移”模型中，基于活动流体特征估算浅表层水合物资源量为$26.4\times10^{15}\ m^3$；Ginsburg和Soloviev（1994）考虑了甲烷渗漏与水合物聚集关系，估算资源量为$6\times10^{13}\ m^3$，并认为在全球范围内，与海底渗漏有关的浅表层水合物资源量比以扩散形式赋存于中深层沉积物中的水合物少一个数量级，但对于特定区域，浅表层水合物与断层和泥火山等地质构造直接相关，具有高甲烷通量和浓度（Milkov and Sassen，2002），可能是全球GIP值的重要组成部分（Boswell and Collett，2011）。“水合物资源金字塔”是从资源利用角度提出的水合物可开采性概念模型。由模型可以看出，尽管海洋浅表层水合物在工业角度存在未知性，但资源量和开采前景仅次于现已被广泛认同的海底砂质水合物，资源量和开采价值均较大（图8-4）。与全球海洋水合物资源评价类似，尽管估算的资源量很高，但由于地质环境不同、水合物赋存形式多样且饱和度差异很大，可作为资源的浅表层水合物藏可能仅占很少比例。

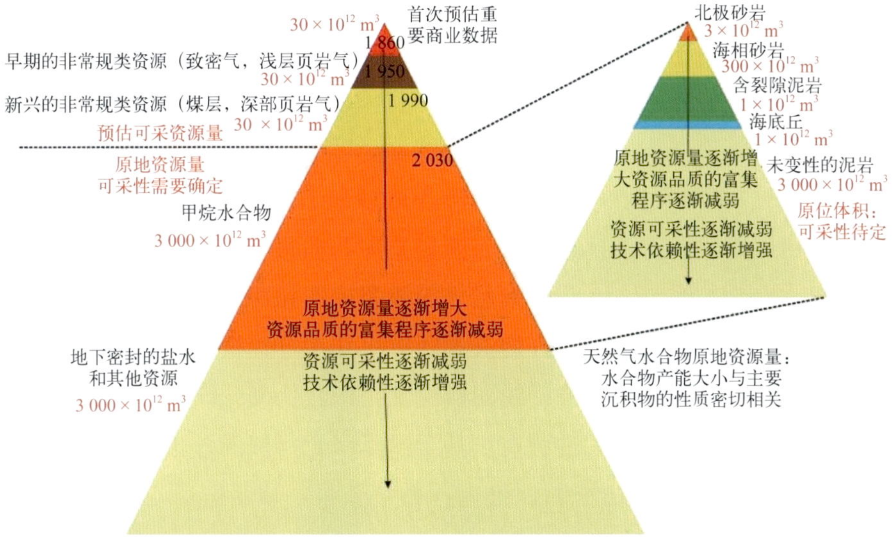

图8-4　能源资源与水合物资源金字塔（Boswell and Collett，2011）

8.2.4.4　经济性层面

日本是迄今为止做过最多尝试的国家，以独立或联合研究的方式参与了全球诸多水合物项目的研究和试采工作，技术也相对成熟。但相比于印度和美国等水合物区与深水油气区共存的情况，日本海域水合物缺乏深水油气资源，缺少联合开采的可能性，其经济性相对较低。根据日本国家石油天然气和金属公司（JOGMEC）估算，从海底水合物藏中开采天然气的成本大致在11.3 ~ 45.3美元/百万英热单位，而2016年日本的LNG现货进口价格约7美元/百万英热单位。另据费氏全球能源咨询公司的统计和预测，日本现有的LNG长期供货合同在2030年前的平均价格不到11美元/百万英热单位，2030年之前的现货LNG采购价格约8美元/百万英热单位，未来新增的LNG长期供应合同价格为6～11美元/百万英热单位。因而，相比之下，水合物完全没有成本优势。新计划将甲烷水合物确定为液化天然气的替代品。根据假设，日本在21世纪30—50年代期间每百万英热单位将支付11～12美元。因此，“蓝图”将该期间的甲烷水合物目标生产成本定为6～7美元。JOGMEC基于目前获取的地质资料和模拟结果以及假设一定开发情形下的分析结果，构建了5个水合物富集带模型，用于估算水合物开发利用的能源经济收益率和经济指标。在现有条件下，据JOGMEC估算，当前水合物开采成本为0.46～1.74美元/m^3。2016年，日本天然气年均价格为0.24美元/m^3。要实现每百万英热单位6～7美元的产气成本必须满足下列两个条件：①高产能：单井平均日产气量应超过15×10^4 m^3。②富集带：存在原地资源量约500×10^8 m^3以上的富集带。由此可见，相对于常规天然气、煤层气和页岩气开采，水合物开采成本存在明显劣势。以目前开采成本测算，水合物开采尚不具备经济性。如未来水合物的开采技术大幅度提高、成本大幅度降低，则有望提升其经济性。要使甲烷水合物中的甲烷生产实现商业化，还需要漫长的时间。

8.3　小结

2017年11月3日，国务院批准水合物为我国第173个矿种。海洋水合物调查已经进入了试开采阶段，目前面临的主要挑战就是如何找到并评估具有开采价值的水合物藏。作为一种新矿种，水合物与煤炭、石油和天然气等能源矿产相比在赋存特征、成因和成藏等方面有诸多不同。而海洋浅表层水合物资源既有海洋水合物资源的普遍特点，又有所区别。对海洋浅表层水合物资源评价问题的研究既是水合物理论研究的重要组成部分，又是有效指导水合物勘探活动的关键所在。基于国际水合物资源评价和我国油气资源评价工作经验，海洋浅表层水合物资源评价应遵循“数量、质量、生态三者并举”的原则，本章重点讨论了地质评价和经济性评价。

（1）海洋浅表层水合物地质评价是商业化开采的基本要求，取决于对浅表层渗漏型水合物藏生成、运移和聚集过程的理解。海洋浅表层水合物主要聚集于气烟囱、断裂和泥火山等地质构造中，其中气烟囱型水合物主要出现在渗漏区，埋藏浅、分布范围局限、渗透率高、饱和度高；断裂相关型水合物主要出现在非渗漏区的垂直或近垂直裂缝中，埋藏较浅、分布范围较广、渗透率较高、饱和度低至中等；泥火山型水合物在渗漏区和非渗漏区均有发现，埋藏浅、分布范围局限、渗透率较高、饱和度变化范围较大。体积法和成因法是目前海洋浅表层水合物资源评价的主流方法。国外地质评价结果表明，浅表层水合物可作为有效储层，水合物资源丰度高，利用现有基础设施、钻探设备和环境评价仪器在技术上实现开采是可行的。

（2）海洋浅表层水合物经济评价是实现商业化规模开采的前提，取决于对区域能源需求、水合物富集程度和开采成本估算等问题的全面分析。浅表层水合物多位于相对浅水区和海底附近，具有最佳的回收区域；断裂或裂隙系统发育，气体回收效率更高；现有的开采技术和基础设施经过改进均可用于浅表层水合物开发，因而与中深层水合物相比，开采难度更小，投资风险更低，经济性更高。降压法和固体采掘法被认为是最佳的开采方式。国外地质评价结果表明，对勘探程度较高的浅表层水合物资源开发具备更大的经济优势。

参考文献

郭秋麟, 谢红兵, 黄旭楠, 等, 2016. 油气资源评价方法体系与应用[M]. 北京：石油工业出版社.

侯晓雅, 2016. 水合物藏开采方式适应性及经济评价[D]. 北京：中国石油大学.

刘晓宇, 樊栓狮, 梁德青, 等, 2007. 水合物气资源经济评估模型[J]. 天然气地球科学, 18(4):601-606.

刘亚平, 2009. 天然气水合物藏降压开发方案基础研究[D]. 青岛：中国石油大学.

卢海龙, 尚世龙, 陈雪君, 等, 2021. 天然气水合物开发数值模拟器研究进展及发展趋势[J]. 石油学报. 42(11):1516-1530.

徐可达, 2005. 海外油气田开发经济评价方法研究[D]. 大庆: 大庆石油学院.

张金华, 魏伟, 咨文, 等, 2010. 天然气水合物经济地质分析[J]. 天然气技术, 4(6): 42-45.

张炜, 邵明娟, 姜重昕, 等, 2018. 世界天然气水合物钻探历程与试采进展[J]. 海洋地质与第四纪地质, 38(5):1-13.

ANDRESEN K J, HUUSE M, 2011. “Bulls-eye” pockmarks and polygonal faulting in the Lower Congo Basin: Relative timing and implications for fluid expulsion during shallow burial[J]. Marine Geology, 279(1-4): 111-127.

BOSWELL R, COLLETT T S, FRYE M, et al., 2012. Subsurface gas hydrates in the northern Gulf of Mexico[J]. Marine and Petroleum Geology, 34: 4-30.

BOSWELL R, COLLETT T S, 2011. Current perspectives on gas hydrate resources[J]. Energy and Environment Science, 4(4): 1206-1215.

COLLETT T S, BOSWELL R, WAITE W F, et al., 2019. India National Gas Hydrate Program Expedition 02 Summary of Scientific Results: Gas hydrate systems along the eastern continental margin of India[J]. Marine and Petroleum Geology, 108: 39-142.

COLLETT T, BAHK J J, BAKER R, et al., 2015. Methane hydrates in nature-current knowledge and challenges[J]. J Chem Eng Data, 60: 319-329.

COOK A E, GOLDBERG D S, KLEINBERG R, 2008. Fracture-controlled gas hydrate systems in the northern Gulf of Mexico[J]. Marine and Petroleum Geology, 25: 932-941

COOK A E, GOLDBERG D S, MALINVERNO A, 2014. Natural gas hydrates occupying fractures: A focus on non-vent sites on the Indian continental margin and the northern Gulf of Mexico[J]. Marine and Petroleum Geology, 58: 278-291.

DAIGLE H, DUGAN B, 2010. Effects of multiphase methane supply on hydrate accumulation and fracture generation[J]. Geophysical Research Letters, 37(20).

DEEPAK M, KUMAR P, SINGH K, et al., 2019. Techno-economic forecasting of a hypothetical gas hydrate field in the offshore of India[J]. Marine and Petroleum Geology, 108: 741-746.

GINSBURG G D, SOLOVIEV V A, 1994. Mud volcano gas hydrates in the Caspian Sea[J]. Bulletin of the Geological Society of Denmark, 41: 95-100.

GORNITZ V, FUNG I, 1994. Potential distribution of methane hydrates in the world's oceans[J]. Global Biogeochemical Cycles, 8(3): 335-347.

HAECKEL M, SUESS E, WALLMANN K, et al., 2004. Rising methane gas bubbles form massive hydrate layers at the seafloor[J]. Geochimica et Cosmochimica Acta, 68: 4335-4345.

HILLMAN J I T, COOK A E, DAIGLE H, et al., 2017. Gas hydrate reservoirs and gas migration mechanisms in the Terrebonne Basin, Gulf of Mexico[J]. Marine and Petroleum Geology, 86: 1357-1373.

KUMAR R, DAS B, CHATTERJEE R, et al., 2016. A methodology of porosity estimation from inversion of post-stack seismic data[J]. Journal of Natural Gas Science and Engineering, 28: 356-364.

LEE G H, YI B Y, YOO D G, et al., 2013. Estimation of the gas-hydrate resource volume in a small area of the Ulleung Basin, East Sea using seismic inversion and multi-attribute transform techniques[J]. Marine and Petroleum Geology, 47: 291-302.

LIU X, FLEMINGS P B, 2006. Passing gas through the hydrate stability zone at southern Hydrate Ridge, offshore Oregon[J]. Earth and Planetary Science Letters, 241(1-2): 211-226.

MALINVERNO A, COOK A E, DAIGLE H, et al., 2018. Glacial cycles influence marine methane hydrate formation[J]. Geophysical Research Letters, 45: 724-732.

MEYER D W, FLEMINGS P B, DICARLO D A, et al., 2018. Experimental investigation of gas flow and hydrate formation within the hydrate stability zone[J]. Journal of Geophysical Research: Solid Earth, 123: 5350-5371.

MILKOV A V, SASSEN R, 2002. Economic geology of offshore gas hydrate accumulations and provinces[J]. Marine and Petroleum Geology, 19(1): 1-11.

MILKOV A V, SASSEN R, 2003. Preliminary assessment of resources and economic potential of individual gas hydrate accumulations in the Gulf of Mexico continental slope[J]. Marine and Petroleum Geology, 20: 111-128.

MILKOV A V, 2000. Worldwide distribution of submarine mud volcanoes and associated gas hydrates[J]. Marine Geology, 167: 29-42.

PAGANONI M, CARTWRIGHT J A, FOSCHI M, et al., 2018. Relationship between fluid-escape pipes and hydrate distribution in offshore Sabah (NW Borneo)[J]. Marine Geology, 395: 82-103.

REMPEL A W, BUFFETT B A, 1997. Formation and accumulation of gas hydrate in porous media[J]. Journal of Geophysical Research, 102(B5):10 151-10 164.

RIEDEL M, BAHK J J, KIM H S, et al., 2013. Seismic facies analyses as aid in regional gas hydrate assessments. Part-Ⅰ: Classification analyses[J]. Marine and Petroleum Geology, 47: 248-268.

RIEDEL M, NOVOSEL I, SPENCE G D, et al., 2006. Geophysical and geochemical signatures associated with gas hydrate-related venting in the northern Cascadia margin[J]. GSA Bulletin, 118(1/2): 23-38.

RYU B J, COLLETT T S, RIEDEL M, et al., 2013. Scientific results of the Second Gas Hydrate Drilling Expedition in the Ulleung Basin (UBGH2)[J]. Marine and Petroleum Geology, 47: 1-20.

SHANKAR U, RIEDEL M, 2011. Gas hydrate saturation in the Krishna-Godavari basin from P-wave velocity and electrical resistivity logs. Marine and Petroleum Geology, 28(10): 1768-1778.

SHEDD W, BOSWELL R, FRYE M, et al., 2012. Occurrence and nature of "bottom simulating reflectors" in the northern Gulf of Mexico[J]. Marine and Petroleum Geology, 34: 31-40.

XU W, RUPPEL C, 1999. Predicting the occurrence, distribution, and evolution of methane gas hydrate in porous marine sediments[J]. Journal of Geophysical Research, 104(B3): 5081-5095.

YOU K, FLEMINGS P B, MALINVERNO A, et al., 2019. Mechanisms of methane hydrate formation in geological systems[J]. Reviews of Geophysics, 57: 1-51.

YOU K, FLEMINGS P B, 2018. Methane hydrate formation in thick sandstones by free gas flow[J]. Journal of Geophysical Research: Solid Earth, 123: 4582-4600.